LISA SIGNORILE

Die seltsamsten Tiere der Welt

Im Zuge der Evolution haben sich unzählige skurrile Tierarten entwickelt, von deren Existenz die meisten Menschen nichts wissen. Und natürlich gibt es auch viele Tiere, die zwar gemeinhin bekannt sind, mit denen sich aber nur die Wenigsten näher befassen möchten. Diese jedoch faszinieren bei näherer Betrachtung umso mehr, haben sie doch im Laufe der Evolution ganz eigene Mechanismen entwickelt, um auf dieser Welt zu überleben.

Die promovierte Biologin Lisa Signorile stellt 37 bemerkenswerte Arten vor, von Insekten über Reptilien und Vögeln bis hin zu Säugetieren, und wartet dabei mit beeindruckenden Erkenntnissen, spannenden Geschichten und unvermuteten Überraschungen auf: Begeben Sie sich geschrumpft in ihr eigenes Bett, wo Sie sich Auge in Auge einer Hausstaubmilbe gegenübersehen. Lernen Sie echte Vampire kennen, gewinnen Sie winzige Beutelratten lieb, die wie Äffchen aussehen, und staunen Sie über Elysia, einem Mischwesen aus Schnecke und Pflanze.

LISA SIGNORILE hat nach ihrem Diplom in Biologie und einer zeitweiligen Laufbahn als Biochemikerin an verschiedenen Orten der Welt gearbeitet, um Lurche umzusiedeln, tropische Mäuse zu zählen oder Wölfe und Eichhörnchen zu beobachten. Zurzeit lebt sie in London, wo sie sich mit Populationsgenetik beschäftigt.

LISA SIGNORILE

Die seltsamsten Tiere *der* Welt

SKURRILE SCHÖPFUNGEN DER EVOLUTION

Aus dem Italienischen von
Franziska Kristen

Mit Illustrationen von
Inka Hagen

Bassermann

INHALT

9 DER KURZSICHTIGE UHRMACHER

15 DIE EVOLUTION IST KEIN FESTSCHMAUS: ANPASSUNG AN EXTREMBEDINGUNGEN

19 Vampire aus der Hölle *(Vampyroteuthis infernalis)*

26 Würstel mit Zähnen: die Nacktmulle *(Heterocephalus glaber)*

36 Unbekannt wie die Schleichenlurche *(Gymnophiona)*

43 Aus der Trias mit Schrecken *(Triops)*

52 Asselspinnen auf dem Laufsteg *(Pycnogonida)*

60 Im Wunderland: Reise in die Welt der Hausstaubmilben

70 Fumarolen und Riesenwürmer, oder: die unglaubliche Welt von *Riftia pachyptila*

77 DAS MONSTER IN UNS: EINIGE BEISPIELE FÜR PARASITISMUS

81 Die Wahrheit über Alien *(Sacculina carcini)*

89 Candiru: der Harnröhrenwels zwischen Mythos und Realität *(Vandellia cirrhosa)*

96 Der beste Freund des Menschen: die Laus *(Pediculus humanus)*

102 Weder Menschen- noch Pferdehaar: der merkwürdige Fall der Saitenwürmer *(Nematomorpha)*
109 Der Schrecken des Frühlings *(Ixodes ricinus* & Co*)*
122 Der Drache in uns *(Dracunculus medinensis)*
130 Flohmarkt *(Ctenocephalides felis, Pulex irritans* & Co*)*
144 Die Fliege, die Ameisen enthauptet *(Pseudacteon* spp.*)*
148 Evolution der Vampire *(Buphagus* spp.*)*

159 DIE SCHÖNEN UND VERDAMMTEN: SÄUGETIERE AM RANDE DES AUSSTERBENS
163 Die Chiloé-Beutelratte sagt… »Nein!« (zum Aussterben) *(Dromiciops gliroides)*
174 Der Preis der Freiheit: Drama in drei Akten *(Equus ferus przewalskii)*
185 Blau wie ein Kaninchennasenbeutler *(Macrotis lagotis)*
192 Vom Desman wird nichts weggeschmissen *(Galemys pyrenaicus und Desmana moschata)*
199 Armer schwarzer Kater oder arme gescheckte Kaffeekatze? Der Fleckenmusang *(Paradoxurus hermaphroditus)*
205 Hello Kitty ist nichts im Vergleich zur Riesenohr-Springmaus *(Euchoreutes naso)*
211 Ratte, Igel oder Ungeheuer? *(Echinosorex gymnura)*
216 Entdeckt mich, bitte! Die Rotschopf-Baumratte *(Santamartamys rufodorsalis)*

221 WENN DER KURZSICHTIGE UHRMACHER SEINE SPÄSSE TREIBT: AUSSERGEWÖHNLICHE EVOLUTIONÄRE ANPASSUNGEN

225 Do octopi dream of eight-legged sheep? *(Octopoda)*

239 Die photosynthetische Schnecke *(Elysia spp.)*

247 Feinstes Vogel-Öl: der Fettschwalm *(Steatornis caripensis)*

254 Verde que te quiero verde *(Prasinohaema virens)*

260 Lurch à la Peter Pan (mit einem Einschlag von Gollum) Der Grottenolm *(Proteus anguinus)*

269 Außerirdische Teddys: die Bärtierchen *(Tardigrada)*

278 Glatt wie die Schleimaale *(Myxine glutinosa)*

287 Hihi (*Notiomystis cincta)*

293 DIE GIFTMISCHER

296 Der Pitohui: Die Geschichte der Entdeckung des ersten Giftvogels *(Pitohui dichrous)*

305 Giftige Säugetiere

315 Der bemerkenswerte Schlitzrüssler *(Solenodon paradoxus* und *Atopogale cubana)*

322 Alle Spinnen sind giftig, aber manche sind giftiger: die Einsiedlerspinne *(Loxosceles rufescens)*

332 Die Vipern Italiens

343 DER BAMBI-EFFEKT UND DER KATZENKADAVER-EFFEKT

353 BIBLIOGRAFIE

373 DANK

DER KURZSICHTIGE UHRMACHER

Mir ist bewusst, dass die Überschrift dieses Kapitels (und des gleichnamigen Blogs) ziemlich rätselhaft klingt. Es scheint mir daher angebracht, zunächst den Zusammenhang zwischen Uhrmacherhandwerk, Zoologie und Sehschwäche zu klären.

Die ganze Geschichte begann vor über zwei Jahrhunderten und hat für alle, die sich eingehend mit der faszinierenden Komplexität der Evolution beschäftigen, nunmehr folkloristischen Charakter – eine Geschichte, die es lohnt, ein weiteres Mal erzählt zu werden.

Man schreibt das Jahr 1802, als der ehrwürdige britische Philosoph William Paley sein Werk *Natural Theology* veröffentlicht, das man insofern als Meilenstein der Evolution definieren kann, als es exakt deren Gegenteil vertritt. Es genügte allerdings, um eine Debatte auszulösen, zu der Charles Darwin seinen mehr als entscheidenden Beitrag leistete und die trotz allem noch immer nicht gänzlich verstummt ist. Der entscheidende Abschnitt ist eine Metapher von wenigen Zeilen zu Beginn des Buches. Der ehrwürdige Paley behauptet dort:

»Ich ging einst über eine Haide, und stieß meinen Fuß an einen Stein. Da war mir's, als fragte mich Jemand, wie der

Stein hieher komme? Ich weiß nicht anders, als daß er von jeher da gelegen, gab ich zur Antwort, und dachte, es sollte dem Frager nicht leicht werden, mir zu beweisen, daß ich etwas Widersinniges gesagt habe. Setze ich aber den Fall, ich hätte eine Uhr auf dem Boden gefunden, und würde gefragt, wie die Uhr hieher komme, so würde ich mich sehr bedenken, die vorhin gegebene Antwort – ich wisse nicht anders, als daß sie von jeher da gelegen – nochmals zu geben.«

In einem anderen Abschnitt ergänzt Paley,

»[...] daß die Uhr einen Urheber haben müsse, daß zu irgendwelcher Zeit und an irgendwelchem Orte ein oder mehrere Künstler gelebt haben müssen, die sie zu dem Zwecke, dem sie, wie wir sehen, wirklich entspricht, absichtlich verfertigten.«

Die Uhr mit ihren kleinen, komplizierten Mechanismen ist offensichtlich eine Metapher für die »Schöpfung«, also für die komplexe Formen- und Artenvielfalt lebender Organismen. Der Gedanke ist, dass die Uhr in ihrer Komplexität in jedem Fall von jemandem – eben dem vielzitierten Uhrmacher – erschaffen worden sein muss. Damit kommt der Kerngedanke dessen zum Ausdruck, was man heute als *Intelligent Design* bezeichnet, demzufolge Gott Urheber der uns bekannten Welt ist.

Zu den ersten, die Paleys Argumentation widerlegten, gehörte natürlich Charles Darwin, der *Natural Theology* am College gelesen hatte und davon tief beeindruckt war.

Allerdings nicht tief genug, um nicht die Irrtümer jener Erörterung im Licht seiner eigenen Theorien zur natürlichen Evolution zu erkennen. So entkräftet Darwin in seiner Autobiografie die Paleysche Analogie:

»Obgleich ich vor einer sehr viel späteren Periode meines Lebens nicht viel über die Existenz eines persönlichen Gottes nachdachte, so will ich doch hier die allgemeinsten Schlußfolgerungen mitteilen, zu denen ich getrieben worden bin. Das alte Argument vom Plan in der Natur, wie Paley es vorbrachte, das mir früher so schlüssig erschien, versagt heute, nachdem das Gesetz der natürlichen Auslese entdeckt worden ist. Wir können zum Beispiel nicht länger folgern, daß das wunderschöne ›Scharnier‹ einer Muschel von einem intelligenten Wesen gebildet worden sein muß wie das Scharnier einer Türe vom Menschen. In der Variabilität der organischen Wesen und in der Wirkungsweise der natürlichen Zuchtwahl scheint nicht mehr Zweckmäßigkeit zu liegen als in der Richtung, in die der Wind weht. Alles in der Natur ist das Ergebnis feststehender Gesetze.«

Die Evolution ist also lediglich das Ergebnis chemischer und physikalischer Gesetze und folgt keinem Plan oder besonderem Ziel. Es gibt keinen Uhrmacher, der die Zahnrädchen entwirft. Die komplexen Räderwerke der »Uhr« sind das Werk der natürlichen Selektion, also jenes Mechanismus, der von Mal zu Mal die der jeweiligen Umwelt am besten angepassten zufälligen Mutationen auswählt.

Richard Dawkins hat das Beispiel des Uhrmachers in

seinem Buch *Der blinde Uhrmacher* wieder aufgegriffen und in brillanter Weise zur Diskussion gestellt. Er schreibt dort:

»Die Analogie zwischen [...] Uhr und Lebewesen ist falsch. Allen Anzeichen zum Trotz: Der einzige Uhrmacher in der Natur sind die blinden Kräfte der Physik, wenn sie sich auch auf ihre besondere Weise entfalten. Ein echter Uhrmacher plant: Er entwirft seine Rädchen und Federn, ebenso ihren Zusammenhang, und zielt dabei auf einen künftigen Zweck. Die natürliche Zuchtwahl, der blinde, unbewußte, automatische Vorgang, den Darwin entdeckte und von dem wir heute wissen, daß er die Erklärung für die Existenz und scheinbar zweckmäßige Gestalt alles Lebens ist, zielt auf keinen Zweck. Sie hat keine Augen und blickt nicht in die Zukunft. Sie plant nicht voraus. Sie hat kein Vorstellungsvermögen, keine Voraussicht, sieht überhaupt nicht. Wenn man behauptet, daß sie die Rolle des Uhrmachers in der Natur spielt, dann die eines blinden Uhrmachers.«

Ich will das Bild von Dawkins in diesem Zusammenhang ein wenig entschärfen: Die Evolution, die weder vorausplant noch ein Ziel hat, erinnert mich weniger an den Propheten Teiresias als vielmehr an Mister Magoo, eine alte, sehr kurzsichtige Zeichentrickfigur, die dauernd ihre Brille verliert. Es liegt eine Spannung in der Blindheit, und andere Sinne werden impliziert, die dem Uhrmacher die Richtung weisen können. Wenn ich die Kontaktlinsen verloren habe, stoße ich mich an allen Ecken und Kanten und ziehe mir überall blaue Flecken zu, bis ich den Heimweg gefunden habe.

Um beim Thema Kurzsichtigkeit zu bleiben: Ich habe mich mit der Evolution nicht durch eine Betrachtung derselben als Ganzes auseinandergesetzt, sondern mich hier darauf beschränkt, einige ihrer Protagonisten aus der Nähe zu betrachten.

DIE EVOLUTION IST KEIN FESTSCHMAUS: ANPASSUNG AN EXTREMBEDINGUNGEN

Die Arten verändern sich ständig. Die hier und jetzt besonders überlebensfähigen Tiere sind jene, mit denen wir am vertrautesten sind. Aber was ist mit den anderen, den weniger angepassten? Sie haben nur zwei Möglichkeiten: Entweder sie sterben aus, oder sie entwickeln sich weiter, indem sie eine alternative Nische zum Leben finden. Die Veränderung kann einfach in einer anderen Ernährungsweise bestehen oder in einem veränderten Lebensrhythmus oder in der Wahl weniger begehrter, da ressourcenärmerer Lebensräume. Als Gegenhypothese ließe sich auch behaupten, dass die Tiere, die in einem extremen, ressourcenarmen Umfeld leben, in Wahrheit besonders begünstigt und die Tiere im Amazonas-Urwald eigentlich an einem unwirtlichen Ort beheimatet sind, da dort der Wettbewerb derart groß ist, dass sie sich entweder spezialisieren oder untergehen müssen. In jedem Fall sei betont, dass die Lebewesen unter dem Druck der Evolution einfach großartig darin sind, alle zur Verfügung stehenden Ressourcen zu nutzen und alle möglichen ökologischen Nischen zu erobern. Wenn schließlich alle möglichen Nischen eines bestimmten Lebensraums erobert sind, neigen sie dazu, auch die unmöglichen zu erobern – und genau darum wird es in diesem Kapitel gehen. Sich eine unmögliche Nische zum Leben zu schaffen ist kein unmögliches Unterfangen, auch wenn das wie ein Widerspruch klingt. Wie jeder gute Handwerker weiß, sind für das Gelingen einer komplexen Arbeit zwei fundamentale Elemente nötig: Zeit und passendes Werkzeug.

Eine halbe Milliarde Jahre hat sich in vielen Fällen als ausreichend lang erwiesen, um die notwendigen Anpassungen (Adaptationen) für ein Überleben an unwirtlichen Orten wie den Tiefen der Sandwüste, den Steilhängen von Unterwasservulkanen oder den kalten Wassern der Ozeane zu entwickeln, dort, wo weder Sonnenlicht noch Frischluft vordringen. Aber letztendlich auch, um das Festland zu erobern, das uns selbstverständlich erscheint, für die ersten Fische, die aus dem Wasser auftauchten, jedoch mit Sicherheit einen extremen Lebensraum darstellte: Was wir als »extrem« definieren, ist im Grunde bloß eine Frage des Standpunktes.

Die Anpassung an extreme Lebensräume geht oft mit tiefgreifenden Veränderungen der Körperstruktur und Physiologie einher. In vielen Fällen kommt es zu merkwürdigen Entwicklungen, wie etwa der Verlagerung des Magens in die Beine oder der zunehmenden Schmerzunempfindlichkeit. Für die Lebewesen steht zu viel auf dem Spiel, um dabei nicht mitzumachen: Immerhin geht es ums Überleben, und zwar in einem Winkel der Welt, in den kein Räuber vorzudringen vermag und der daher letztlich der angenehmste Ort ist. Das Ergebnis dieser Anpassungen ist in unseren Augen jedoch oft ziemlich beunruhigend. Es ist nicht Angst oder Schaudern, wie wir sie angesichts eines

Wurmparasiten empfinden, oder morbide Faszination wie beim Anblick einer Spinne, die einen ins Netz gegangenen Schmetterling verspeist, sondern eher ein unbestimmtes Gefühl der Neugierde und des Interesses, gepaart mit einem gewissen Argwohn, wenn wir etwa an Nacktmulle oder an die Fauna Schwarzer Raucher denken.

Ich glaube, dass wir Tiere aus extremen Lebensräumen oft deshalb beunruhigend finden, weil es uns nicht gelingt, sie an dem einzigen uns bekannten Maßstab zu messen: an uns selbst. Bisweilen ist es der Anblick, der uns abschreckt, bisweilen sind es die Verhaltensweisen oder die Ernährung. Aber es bleibt die anthropozentrische Sicht, derzufolge wir umso beeindruckter von etwas sind, und zwar meist in einem negativen Sinne, je stärker es von unseren ästhetischen Standards und Gewohnheiten abweicht. Uns bleibt vor Staunen der Mund offen – zumindest meiner Wenigkeit –, wenn wir erfahren, dass etwas derart Anomales denselben Planeten mit uns teilt … und wir keine Ahnung davon hatten. Es ist etwa so, als würde man entdecken, dass im eigenen Wohnzimmer Elfen leben. Allerdings besteht keine Notwendigkeit, auf die Fantasie zurückzugreifen, denn diese unvorstellbaren Kreaturen existieren wirklich.

VAMPIRE AUS DER HÖLLE

Vampyroteuthis infernalis

Es herrscht Dunkelheit in der sogenannten *Dämmerzone* der Ozeane, zwischen 500 und 1000 Metern Tiefe. Das Sonnenlicht dringt nicht so weit vor. Nie. Die gleichbleibende Temperatur entspricht der einer Krypta. Sie liegt zwischen 2 und 6 °C und verändert sich nicht einmal im Sommer. Es fehlt die Luft in diesem Unterseegrab: Der Sauerstoffgehalt ist derart gering (rund 3 % gegenüber den 21 % der Erdatmosphäre), dass hier kaum ein Tier normal atmen kann. Deshalb wird die Dämmerzone auch *Oxygen Minimum Zone* (OMZ) genannt. Sie ist eine leblose, finstere und kalte Wüste, der sich die Lebewesen in allen Weltmeeren fernhalten.

Und dennoch streift durch diese Abgründe seit Hunderten von Millionen Jahren ein schwarzes Gespenst. Ein auf wunderbare Weise an diesen unwirtlichen Ort angepasstes Geschöpf, das einfach erstaunlich, ja geradezu außerirdisch erscheint.

Der *Vampyroteuthis infernalis* ist der letzte Vertreter der Vampyromorpha (oder Vampirtintenfischähnlichen), aber das war nicht immer so. Die Vorfahren dieser zarten Wesen entwickelten sich in der Trias aus den Nautiliden, und im Jura, als die Dinosaurier über die Erde herrschten, bevölkerten die Vampyromorpha in vielfältiger Form die Meere. Doch unter dem Druck immer schnellerer und wettbewerbsfähigerer Arten starben sie schließlich einer nach dem anderen aus. Der einzige Überlebende, der Vampirtintenfisch, hat bis in unsere Zeit überdauert, weil es ihm gelungen ist, »in die Hölle« zu gehen, also in jene unmöglichen Gewässer der OMZ, und sich dort anzupassen.

Der Name dieses Tintenfisches ist allerdings irreführend, denn mit einem Vampir hat er nichts gemeinsam. Er saugt niemandem das Blut aus (schon deshalb nicht, weil es, selbst wenn er es wollte, niemanden gibt, dem er es aussaugen könnte). Vielmehr ernährt er sich von Ruderfußkrebsen, Garnelen und Nesseltieren, von kleinen Tieren also, die es zumindest für kurze Zeit schaffen, den Sauerstoffmangel zu kompensieren. Der Vampirtin-

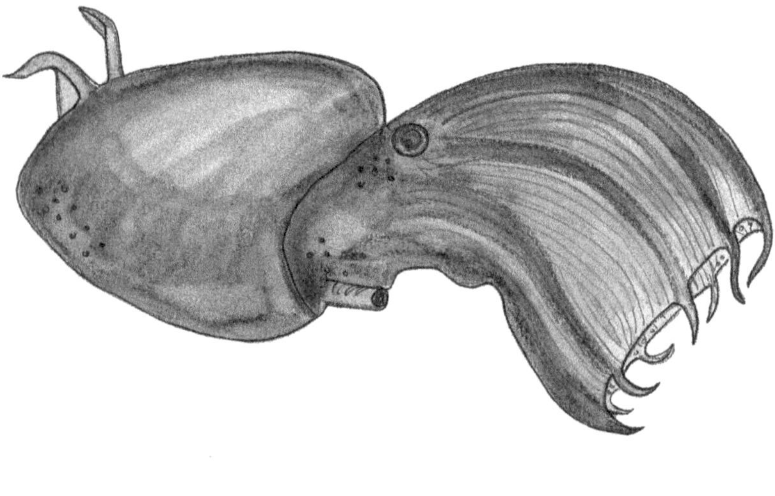

tenfisch ist ein Zwischenglied zwischen Kalamaren und Kraken, von beiden hat er einige Merkmale. Das heißt jedoch nicht, dass eine direkte Abstammungslinie besteht. Die Evolution ist, wie man weiß, unberechenbar, und es gibt zu wenige Fossilien dieser weichen, gallertartigen Geschöpfe, als dass über ihre Entwicklungsgeschichte Gewissheit herrschen könnte.

Vom Kraken hat er seine allgemeine Gestalt, die Flossen auf dem Kopf (die für eine primitivere Krakenform, die sogenannten Cirrata, typisch sind), acht mit Membranen verbundene Tentakeln und das einzelgängerische Gebaren. Vom Kalamar hat er zwei weitere, längere Tentakeln, die allerdings einziehbar und für anderes bestimmt sind, den inneren Knorpel, ein Überbleibsel der Gehäuse der Nautiliden, sowie die fehlende Mantelhöhle.

Und dann sind da natürlich noch die Adaptationen an die Hölle. Die wichtigste betrifft das Überleben unter Sauerstoffmangel: Die beiden Kiemen sind im Verhältnis zur Körpergröße riesig, und das Blut wird durch drei Herzen dorthin gepumpt. Wie alle Tintenfische (oder Coleoidea), so hat auch der Vampirtintenfisch blaues Blut, das Hämocyanin enthält – einen dem Hämoglobin entsprechenden Stoff mit Kupfer an Stelle von Eisen. Das Hämocyanin des *Vampyroteuthis* ist allerdings in besonderer Weise verändert, so dass es in der Lage ist, das bisschen vorhandenen Sauerstoff zu binden und nach und nach dem Gewebe zuzuführen. Ohne diese Besonderheit könnte auch der Vampirtintenfisch nicht in der Dämmerzone überleben. Allerdings ist er auf diese Weise für ein Leben an irgendeinem anderen Ort der Welt ungeeignet: Im Aquarium beispielsweise sterben *Vampyroteuthis* nach einem mehrmonatigen Todeskampf.

Mag das Hämocyanin des Vampirtintenfisches auch ganz besonders sein, waren doch weitere Anpassungen nötig. So hat sich beispielsweise der Stoffwechsel auf ein unglaubliches Maß reduziert. Es ist der niedrigste Stoffwechsel für ein Tier dieser Größe. Beim Schwimmen bedient er sich nicht, wie alle anderen Kopffüßer, des Rückstoßantriebes durch Herauspressen des Wassers durch einen Trichter, sondern benutzt die seitlichen Kopfflossen und scheint dabei sanft durch sein schwarzes Meer zu schweben. Die Bewegungen werden dadurch langsamer, der Energieverbrauch verringert sich. Der Körper ist gallertartig, von der Konsistenz einer Qualle, und reich an Ammonium*, das ihm dieselbe Dichte wie Wasser verleiht, so dass das Treibenlassen keinerlei Anstrengung erfordert. Nur ganz junge Vampirtintenfische benutzen den Rückstoßantrieb zur Fortbewegung: Es ist ja bekannt, dass die Jugend voller Energie steckt.

Fühlt er sich bedroht, greift der Vampirtintenfisch auf energiesparende Verteidigungssysteme zurück. Er stülpt sich um wie ein Handschuh und kehrt die mit stachelartigen Zirren übersäte Mantelinnenseite nach außen. In dieser sogenannten *Kürbishaltung* sieht er fast aus wie ein Igel. Wahlweise »entzündet« er auch seine großen biolumineszenten Leuchtorgane, die sogenannten Photophoren, die sich am Flossenansatz befinden. Die leuchtenden Photophoren sehen aus wie Augen, und Räuber mögen es

* Was jeden Zweifel aus dem Weg räumt, falls Sie sich gefragt haben, ob er zum Verzehr geeignet sei: Nein, er schmeckt nach Katzenpipi.

nicht, beobachtet zu werden. Dann lässt er sie nach und nach erlöschen und erzeugt so den Eindruck, als würde er sich entfernen. Alternativ dazu bedient er sich eines Systems, das den Gegenlichteffekt ausnutzt: Indem er die auf der Körperoberfläche verteilten Photophoren zum Leuchten bringt, insbesondere jene an den Tentakelenden, lässt er seine Umrisse »erstrahlen«, die in den Augen eines an die Dunkelheit gewöhnten Räubers somit undeutlich und verschwommen erscheinen.

Die Lichtproduktion basiert auf zwei Mechanismen, dem des Luciferins, das auch die Glühwürmchen verwenden, und dem des Coelenterazins, das für die Kopffüßer der Tiefsee typisch ist. Beide Systeme verbrauchen Energie, haben also einen ziemlichen Bedarf an Sauerstoff, um zu funktionieren. Plan B sieht entsprechend vor, dass der Vampirtintenfisch statt Tinte einen Schleim aus biolumineszenten Partikeln verspritzt, die an Ort und Stelle bleiben, um den Räuber zu blenden, während sich der Vampir langsam entfernt und in der Dunkelheit verliert. Allerdings in Maßen, denn auch die Erneuerung der biolumineszenten Partikeln kostet. Der Vampirtintenfisch hat teilweise die Fähigkeit bewahrt, die Farbe zu verändern, wie es für andere Kopffüßer typisch ist, etwa für Sepien, die diese Technik zur Tarnung verwenden. Doch bis in diese Tiefen dringt kein Licht vor, und eine Veränderung der Farbe ist keine große Hilfe, um sich zu verstecken. Der *Vampyroteuthis* hat verglichen mit den anderen Kopffüßern tatsächlich weniger Chromatophoren, hauptsächlich rote und schwarze, und ihm fehlen die Ringmuskeln, die einen raschen Farbwechsel ermöglichen. Seinem Namen

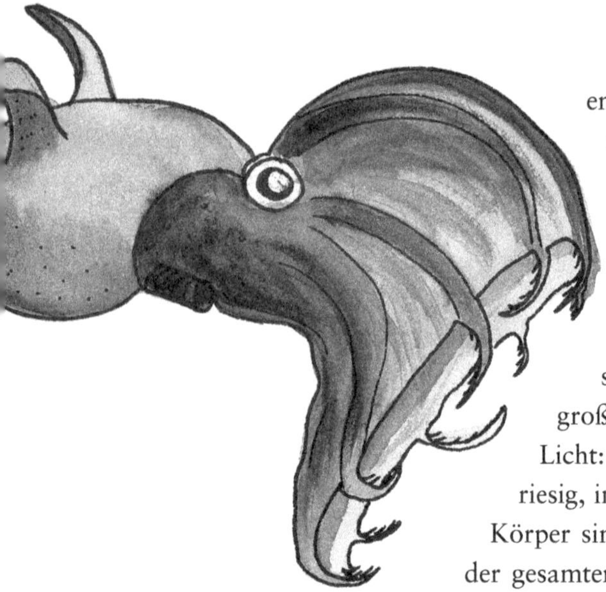

entsprechend variiert die Farbe des Vampirtintenfisches zwischen Dunkelrot und Schwarz.

Dieses Tier hat seinerseits kein großes Bedürfnis nach Licht: Seine Augen sind riesig, im Verhältnis zum Körper sind es die größten der gesamten Tierwelt. Wenn es nach oben schaut, erscheint ihm die Welt wie ein gestirnter Himmel aus vagen, durchschimmernden, möglicherweise essbaren Formen. Darüber hinaus verfügt es über Reihen kleiner zusammengesetzter Organe, die das Licht wahrnehmen und es ihm ermöglichen, auch nach hinten wachsam zu sein. Für die Jagd greift es vermutlich nicht auf den Gesichtssinn zurück, sondern spürt die Beute mit den beiden langen einziehbaren Tentakeln auf, den sogenannten *Filamenten*, bei denen es sich um Tastorgane handelt. Als guter Vampir umschließt es die Beute mit dem um die Tentakeln gespannten Mantel und schnappt sie mit dem spitzen, schnabelähnlichen Kiefer.

Über die Fortpflanzung der Vampirtintenfische weiß man sehr wenig. Aus einer Untersuchung der Drüsen, die mit den Geschlechtsorganen in Verbindung gebracht werden, hat man den Schluss gezogen, dass die Eier sehr klein sind, und da sich die Jungtiere in ziemlicher Tiefe aufhalten, müssen jene in den tiefen Meeresschichten abgelegt werden. Viel mehr ist nicht bekannt, und niemand hat die Tiere jemals bei der Fortpflanzung beobachtet.

Die frisch geborenen Vampirtintenfischchen bewegen sich, wie bereits erwähnt, durch Rückstoßantrieb fort, aber sie haben auch ein Paar Flossen auf dem Kopf. Wenn sie älter werden, bildet sich ein zweites Flossenpaar, weshalb die Vampirchen in einem bestimmten Entwicklungsstadium wie Schmetterlinge mit vier »Flügeln« zu »fliegen« scheinen. Das erste Flossenpaar bildet sich allmählich zurück, und am Ende bleibt nur noch das zweite Paar übrig, das jedoch nach hinten wandert und seine Form leicht verändert. All diese Veränderungen der Flossen haben zunächst den Gedanken nahegelegt, es handle sich um drei verschiedene Arten des *Vampyroteuthis*. Es ist nicht leicht, eine Art zu untersuchen, die in derartiger Tiefe lebt und praktisch unsichtbar ist, ein schwarzes Wesen in einem schwarzen Meer. Alles, was wir über die Verhaltensweisen dieser Art wissen, verdanken wir den seltenen und zufälligen Begegnungen mit unbemannten Tauchrobotern *(Remotely Operated Vehicles)* während der Erkundung von Kontinentalhängen und Tiefseebecken.

Die Geheimnisse der Vampire aus der Hölle bleiben daher vorläufig in Dunkel gehüllt.

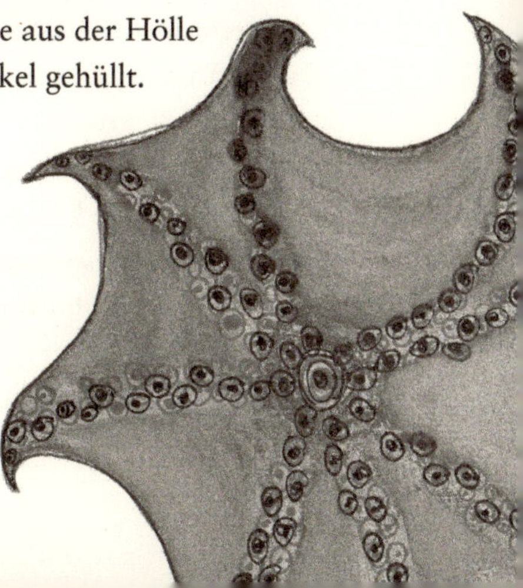

WÜRSTEL MIT ZÄHNEN: DIE NACKTMULLE

Heterocephalus glaber

Denkt man an diese Nagetiere, fallen einem sofort zwei Merkmale ein:

1. Sie sind unglaublich hässlich.

2. Es sind die einzigen Säugetiere, die, wie die Bienen, über eusoziale Strukturen verfügen.

Beide Behauptungen sind meiner Ansicht nach zu oberflächlich. Tatsächlich ist die Eusozialität der Nacktmulle lediglich die Spitze des Eisberges einer wunderbaren Reihe notwendiger Anpassungen an ein unwirtliches, ressourcenarmes Habitat wie die Halbwüste auf dem Horn von Afrika; Anpassungen, die, warum auch immer, zu Gunsten der oben genannten Eigenschaften unter den Tisch fallen, in meinen Augen aber weitaus überraschender und bemerkenswerter sind als diese.

Die Nacktmulle haben sich, gemeinsam mit allen Vertretern ihrer Familie, den Sandgräbern (oder Bathyergidae), vor langer Zeit von den übrigen Nagetieren fortentwickelt. Obwohl sie deren allgemeine körperliche Strukturen beibehalten haben, hat doch die unterirdische Lebensweise zahlreiche Anpassungen mit sich gebracht. Einige davon entsprechen anderen grabend lebenden Tieren wie den Maulwürfen (die allerdings Insektenfresser und keine Nagetiere sind): der Verlust der Ohrmuschel, die Rückbildung der Augen, die nur noch hell und dunkel unterscheiden können, die (bei Bedarf) aus demselben Grund verschließbaren Nasenlöcher sowie fünf Finger sowohl an den Vorder- als auch an den Hinterpfoten, um besser graben zu können. Was dagegen die Sandgräber von anderen grabend lebenden Tieren unterscheidet, ist die Eigenschaft, dass die Schneidezähne auch bei geschlossenen Lippen vorstehen, so dass beim Graben kein Sand ins Maul kommt. Die Sandgräber sind in der Regel Einzelgänger, und einige von ihnen, wie der merkwürdig gefärbte *Georychus capensis* (oder Kap-Blessmull), verfügen über ein weitläufiges Areal und weisen eine geringe Dichte auf, so dass sie sich in einer ohnehin kargen Gegend nicht ums Futter streiten müssen. Wegen der Anpassung an Trockengebiete trinken die Sandgräber nie. Sie entziehen alles nötige Wasser den Pflanzen, von denen sie sich ernähren, und haben ganz besonders angepasste Nieren, um – ähnlich wie die Fremen aus Frank Herberts Science-Fiction-Serie *Dune* – nicht den geringsten Tropfen Wasser zu vergeuden.

So weit haben wir es bei den Sandgräbern mit einer hübschen Sammlung von Adaptationen zu tun, die zwar merkwürdig, aber bis auf die sich vor den Lippen schließenden Schneidezähne alles in allem nicht beispiellos

Heterocephalus glaber

sind. Zwei Arten von Sandgräbern leben jedoch in Kolonien und in Eusozialität: der Nacktmull *(Heterocephalus glaber)* und der Damara-Graumull *(Cryptomys damarensis)*. Genau, Sie haben ganz richtig gelesen: *zwei.* So verliert der Nacktmull den Primat als einziges eusoziales Säugetier. Der außerordentliche Ruf des Nacktmulls verdankt sich allerdings der Tatsache, dass er besonders große Kolonien bildet (bis zu dreihundert Tiere gegenüber den gerade einmal fünfzig der Damara-Graumulle) und, für unsere Begriffe, sehr *hässlich* ist. Interessant, dass wir ein Tier als hässlich bezeichnen, weil es sein Fell verloren hat. Ich schaue mich um und sehe jede Menge große Affen, die kein Fell haben und eine scheußliche rosafarbene Haut. Merkwürdig. Der Damara-Graumull hat dagegen, zu seinem Glück, ein dichtes, seidig grau-beiges Fell und ein weniger ausgedehntes Areal im Damaraland, in Namibia.

Schluss mit den Abschweifungen, kehren wir zur Sache zurück: Was heißt denn nun *Eusozialität?* Die Bezeichnung wurde vor nicht sehr langer Zeit (1966) von Suzanne Batra eingeführt und anschließend von Edward Osborne genauer definiert. Formal gesprochen sind Tiere eusozial, wenn sie folgende Bedingungen erfüllen:

- Aufteilung in Kasten, mit einem einzigen fortpflanzungsfähigen Weibchen
- Sich überschneidende Generationen
- Kooperative Brutpflege

Meiner Meinung nach ist diese Definition ein wenig vage, da sie sich leicht auch auf ein Rudel Wölfe oder Wildhunde anwenden lässt. Aber mangels einer besseren gebe ich mich mit ihr zufrieden.

Die Gesellschaft der Nacktmulle ist in drei Kasten unterteilt: 1. Die *Königin,* das einzige sich fortpflanzende Weibchen, das mit seinen 80 g Körpergewicht deutlich größer ist als die 30 g schweren Arbeiter. Während sie die ersten Male trächtig ist, vergrößern sich dauerhaft die Zwischenräume der Wirbel, und der Unterleib weitet sich beträchtlich, wie das zum Beispiel auch bei Termitenköniginnen der Fall ist. 2. Die *Soldaten*, weibliche oder männliche Tiere mittlerer Größe, die die Kolonie bei Bedarf verteidigen, indem sie die Zugänge zum Nest verschließen und den Räuber am Eindringen hindern. Unter ihnen sind mindestens drei Männchen, die sich um die Befruchtung der Königin kümmern, und wenn diese stirbt, so sind es die weiblichen Soldaten mittlerer Größe, aus denen sich, nach erbitterten Kämpfen, die neue Königin erhebt. 3. Zu guter Letzt die *Arbeiter,* beiderlei Geschlechts, die die Stollen graben, sich um die Jungen kümmern, Nahrung beschaffen und ganz allgemein für die Aufrechterhaltung der Kolonie sorgen.

Die Arbeiter sind offensichtlich unfruchtbar, aber selbst nach jahrelangen Untersuchungen weiß man noch nicht sicher, wie es der Königin gelingt, die Unfruchtbarkeit herbeizuführen. Es gibt zwei mögliche Mechanismen: zum einen das Auslösen von Stress seitens der Königin, die sie schubst und »die Dicke raushängen lässt« (bedenken wir, dass sie mehr als das Doppelte wiegt). Wenn man gestresst ist, spielen bekanntlich manche Körperteile nicht mehr mit, und Sexualität wird in den Hintergrund gedrängt. Sie sollten sie wegen Mobbing verklagen. Der zweite Mechanismus ist vermutlich hormonell bedingt: Kurz bevor die

Königin die Jungen wirft, schwellen allen Arbeitern, ob Weibchen oder Männchen, die Zitzen an. Das legt die Vermutung nahe, dass die Hormone der Königin einen starken Einfluss auf die Hormonproduktion der Arbeiter haben und den Eisprung der Weibchen verhindern. Scheinbar kommt es jedoch nicht zu einer Freisetzung von Pheromonen wie bei den eusozialen Insekten.

Aber machen Sie sich nicht so viele Sorgen um die Arbeiter: Ihre Gewerkschaft scheint besser zu funktionieren als unsere, denn in Wahrheit verbringen sie eine ganze Menge Zeit mit Faulenzen und Schlafen. Bei der schlechten Ernährung bleibt ihnen auch gar nichts anderes übrig, im Unterschied zu den Bienen, die niemals ruhen, aber dafür Honig futtern. Für den Nacktmull hat das nicht zuletzt positive Auswirkungen: Die langen Phasen der Untätigkeit vermindern den oxidativen Stress in den Zellen und lassen ihn zu einem wahren Methusalem werden. Während eine etwa gleich schwere Hausmaus ein oder zwei Jahre lebt, bringt es ein Nacktmull in Gefangenschaft auf bis zu achtundzwanzig Jahre, ein absoluter Rekord für Nagetiere dieser Größe!

Die Nahrung der Nacktmulle besteht im Wesentlichen aus Pflanzenwurzeln,

Knollen und Zwiebeln, etwa von Akazien oder von wildem Wein (Cissus spp.). Kleinere Knollen und Pflanzen werden von den Arbeitern in Kammern geschafft, die als Vorratsspeicher dienen, den größeren kommt dagegen eine besondere Behandlung zu: Sie bleiben an Ort und Stelle und werden von innen ausgehöhlt, wobei nur das Speicherorgan der Wurzel angezapft wird, ohne die äußere Schicht mit den Transportgefäßen der Pflanze zu beschädigen. So kann die Pflanze überleben und weiterhin Speisestärke für die Nacktmulle produzieren. Wenn eine Wurzel hinreichend genutzt wurde, wird die Öffnung mit Sand verschlossen und bis zur Regeneration des Gewebes nicht mehr verwendet. *So gesehen haben die Nacktmulle die Landwirtschaft erfunden.*

Wegen des hohen Nahrungsanteils an für alle Säugetiere unverdaulicher Zellulose verfügen die Nacktmulle, wie alle Pflanzenfresser, über besondere Darmbakterien, die diese zersetzen. So wird die Koprophagie begünstigt, ähnlich wie bei den Kaninchen, die ihre »Magenpillen« wiederkäuen (zweimal verdaut ist besser als einmal), und die Arbeiter bieten den zu entwöhnenden Jungtieren stets ihre Fäkalien an, um ihnen die Bildung einer stabilen Darmflora zu ermöglichen. Eklig, aber wirksam und vielleicht auch nicht schlimmer als die im Handel erhältlichen Breichen für Menschenbabys.

Der Bau der Nacktmulle entsteht durch ein ausgeklügeltes System gemeinschaftlicher Grabungsarbeiten, und das Stollennetz kann sich bis zu vier Kilometern erstrecken. Das an vorderster Stelle arbeitende Tier entfernt mit den Zähnen nach und nach das äußerst harte und feste Erdreich und schiebt es mit den breiten Pfoten unter sich durch. Das Tier dahinter schaufelt es seinerseits unter sich hindurch, wobei es bisweilen zurückweicht, um es seinem Hintermann zu übergeben, und so weiter, bis die Reihe an den Letzten, den *Pechvogel,* kommt, der die Erde mit den Hinterpfoten nach draußen wirft und einen kleinen Erdvulkan, ähnlich einem Maulwurfshügel, bildet. Weshalb Pechvogel? Gehen wir von der Annahme aus, die unterirdische Lebensweise sei eine Anpassung, um sich vor Räubern zu schützen. Der Letzte der Reihe, am Außenrand des Stollens, ist dem Blick zahlreicher Schlangen preisgegeben, die es auf Nacktmulle abgesehen haben, aber auch dem von Raubvögeln und Säugetieren, und höchstwahrscheinlich wird er einem von ihnen zum Opfer fallen. Ich habe keine Informationen darüber, wie dieser Letzte ausgewählt wird, aber ich befürchte, es ist das schwächste Tier. Doch wer weiß, vielleicht entscheiden sie auch per Würfel.

Der Bau der Nacktmulle mit einer Mittelkammer in über zwei Metern Tiefe ist so gestaltet, dass im Zentrum stets um die 30 °C herrschen, eine Art Höhle mit Dauertemperatur. Wegen ihres Lebens unter der Erde und bei gleichbleibenden Temperaturen haben die Nacktmulle sowohl ihr Fell als auch die Fähigkeit verloren, die eigene Körpertemperatur von innen heraus zu regulieren, wie wir das tun: Auf diese Weise sparen sie Energie. Wenn ihnen zu warm ist, steigen sie in ihrem Bau ein Stück hinab, dorthin, wo es kühler ist; wenn ihnen kalt ist, nähern sie sich der Oberfläche (wo in manchen Gegenden bis zu 60 °C Bodentemperatur gemessen werden), oder sie legen sich in der Mittelkammer alle übereinander. Sie verhalten sich also ein bisschen wie Eidechsen, das heißt, sie regeln ihre

Temperatur mit dem Verhalten und nicht mit dem Stoffwechsel. Sie sind nicht die einzigen Säugetiere mit diesem Problem der Heterothermie (auch zum Beispiel Kloakentiere kennen es bedingt), aber bei ihnen ist es besonders ausgeprägt. In diesem Zusammenhang wird deutlich, inwiefern das eigentlich zum Ausgleich von Temperaturschwankungen dienende Fell überflüssig wird, dessen Reinhaltung darüber hinaus einen weiteren beträchtlichen Energieaufwand mit sich bringen würde.

Die letzte hier zu erwähnende, aber in ihrer Eigentümlichkeit vielleicht bemerkenswerteste Adaptation besteht in folgendem interessanten Merkmal: *Nacktmulle empfinden keinen Schmerz.* Im Unterschied zu allen anderen Säugetieren fehlt ihrer Haut die *Substanz P,* ein Neurotransmitter, der es den auf der Körperoberfläche verteilten Schmerzrezeptoren ermöglicht, mit den Nervenfasern zu kommunizieren und somit Schmerzinformation ans Gehirn zu schicken. Unter Schmerz sei hier ein Zustand verstanden, wie er durch eine Verletzung in Form einer Hautabschürfung oder Verbrennung verursacht wird, nicht jedoch ein punktueller Schmerz wie etwa bei Kontakt mit einer Nadel. Durch Experimente wissen wir, dass Nacktmulle, denen durch Biotechnik das Gen für das Protein P zugeführt wurde, wieder schmerzempfindlich werden und entsprechend reagieren. Aus welchem Grund man solch grausame Versuche an diesen hilflosen kleinen Geschöpfen vornimmt, ist rasch erklärt: Viele Menschen leiden an einer chronischen Krankheit, der sogenannten *Fibromyalgie*, die zu einem dauerhaften Schmerz im Weichgewebe wie Muskeln oder Sehnen führt. Wenn man den Mechanismus zur Regulierung der Substanz P kennen würde oder das Gen zu dessen Produktion lokal deaktivieren könnte, oder wenn, ganz allgemein, die Physiologie des Schmerzes besser bekannt wäre, ließe sich vielleicht eine wirkungsvolle Therapie für diese Patienten finden.

Der Grund für das Fehlen der Substanz P beim Nacktmull ist bisher noch nicht klar. Eine mögliche Erklärung ist, dass in den Stollen, in denen sie hausen, ein sehr geringer Luftaustausch stattfindet und dadurch hohe Kohlenstoffdioxid-Konzentrationen auftreten. Diese können zu chronischen Schmerzen in Gewebe und Schleimhäuten führen. Hinzu kommt, dass bei Feuchtigkeit in Verbindung mit Kohlenstoffdioxid gefährliche Kohlensäure entsteht. Mangelndes Schmerzempfinden wäre somit ein evolutionärer Fortschritt. Fest steht, dass Nacktmulle durch das Fehlen der Substanz P ein für alle Mal (und auch im Labor irreversibel) unempfindlich gegen Verätzungen durch Säure sind.

Apropos Nacktmulle und Medizin, es gibt noch einen weiteren Grund, warum diese Tiere so gründlich im Labor untersucht werden. Wie bereits erwähnt herrscht in ihren Bauen eine hohe Kohlenstoffdioxid-Konzentration, und der Sauerstoffgehalt kann auf bis zu 3 % absinken, während er in der Luft normalerweise bei 21 % liegt. Das hindert die blinden Sandgrä-

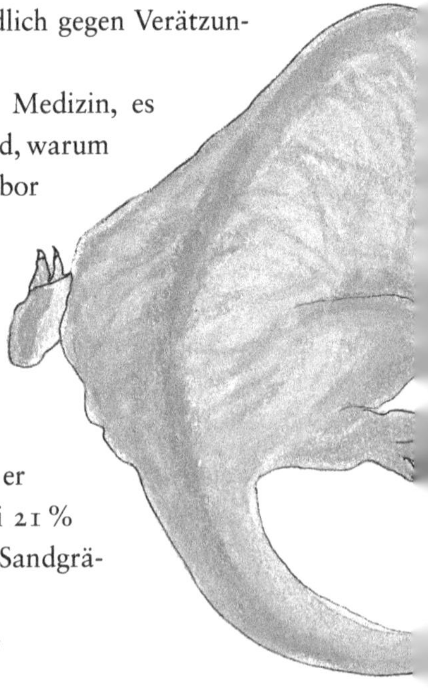

ber nicht daran, ihre ganz normalen Aktivitäten ohne jegliche Zellschäden fortzuführen. Beim Menschen führt dagegen der durch Traumata wie Infarkt, Schlaganfall, Tumore, Atembeschwerden, Nierenleiden, Diabetes oder verschiedene Vergiftungen herbeigeführte Sauerstoffmangel zu irreparablen Zellschäden mit oft verhängnisvollen Folgen. Und nun das Beste zum Schluss: Bei Nacktmullen ist noch nie ein Tumor beobachtet worden, und Laborexperimente legen nahe, dass sie resistent gegen Krebsbildung sind. Das Verständnis der molekularen Physiologie und Biologie der Nacktmulle könnte daher bei der Heilung zahlloser Krankheiten einen großen Schritt weiterführen.

Die Bezeichnung *hässlich* im Zusammenhang mit Nacktmullen ist daher Blödsinn. Diese kleinen Wesen sind Wunder der Natur, denen Schmerzen, Sauerstoffmangel, Wasser- und Nahrungsmangel, extreme Temperaturen und Tumore nichts anhaben können und für die stressbedingte Alterung ein Fremdwort ist. Ich möchte sehen, welcher nackte und ebenso »hässliche« Affe zu Derartigem fähig ist.

UNBEKANNT WIE DIE SCHLEICHENLURCHE

Gymnophiona

Stellen Sie sich vor, weder Arme noch Beine zu haben, blind und taub zu sein. Sie sind in einem Albtraum? Nein, Sie sind ein Schleichenlurch.

Lurche, auch Amphibien genannt, sind eine Klasse von eindeutig monophyletischen Wirbeltieren, das heißt sie haben sich alle aus einem gemeinsamen Vorfahren entwickelt und sich erst später in die drei Ordnungen der Anura (Frösche und Kröten), der Caudata (Molche und Salamander) und der Gymnophiona (Schleichenlurche) aufgeteilt. Während jedoch jeder weiß, was ein Frosch ist, und viele ohne zu zögern einen Salamander erkennen, wird es auf Anhieb kaum jemandem gelingen, diesen schleimigen Riesenregenwurm als einen Schleichenlurch, also einen Cousin des Frosches, zu enttarnen.

Dass man so wenig über sie weiß, liegt daran, dass sie sich, statt auf einem Seerosenblatt im Teich zu posieren, für ein Leben unter der Erde oder in den Süßwassersedimenten entschieden haben und sich nur selten, in manchen Fällen sogar nie an der Oberfläche blicken lassen. Eine südamerikanische Familie (die Typhlonectidae) lebt allerdings freischwimmend im Wasser.

Die ursprüngliche Körperstruktur der Vorfahren des Schleichenlurchs entsprach vermutlich der eines Salamanders mit vier Beinen, Schwanz, Augen und so weiter. Diese Strukturen sind jedoch unter der Erde nicht sehr hilfreich, sie können im Gegenteil sogar hinderlich sein und sind so im Lauf der Evolution verlorengegangen: Moderne Schleichenlurche haben keine Beine, nicht einmal Schwimmbeine, und ihr Körper ähnelt einer Schlange. DNA-Analysen legen nahe, dass im Wasser lebende Schleichenlurche sich erst in einem zweiten Schritt dahin entwickelt haben, dass sie also von einem unter der Erde lebenden Vorfahren ohne Beine abstammen. Ist ein Organ jedoch erst einmal verloren, gibt die Evolution es selten zurück.* Zwei von neun Schleichenlurchfamilien, die Nasenwühlen (Rhinatrematidae) und die Fischwühlen (Ichthyophiidae), haben den Schwanz behalten, bei allen anderen ist er verlorengegangen. Die Augen der 164 bekannten Arten haben meist bis auf die Unterscheidung von Licht und Schatten ihre Funktion verloren und sind mit Haut überzogen. Schleichenlurche haben außerdem keine Hautpigmente und kein Trommelfell mehr, sie sind also blind und taub. Außerdem können sie, wie wir, zwei Lungen haben, oder eine große und eine kleine Lunge, eine einzige oder auch gar keine Lunge, wie das bei der Blindwühlenart *Atretochoana eiselti* der Fall ist. Wegen ihres langen schlanken Körpers ist es für die Schlei-

* Das besagt zumindest das Dollosche Gesetz, demzufolge sich etwa auch der Panda seinen Daumen neu aus dem Handwurzelknochen schaffen musste, nachdem er ihn im Lauf seiner Geschichte als Sohlengänger verloren hatte.

chenlurche günstiger, den Gasaustausch über die große Hautoberfläche vorzunehmen, als ihn auf ein lokalisiertes Organ zu konzentrieren.

Um einen Schleichenlurch von einem gliederlosen Reptil wie der Schlange oder einem Skink zu unterscheiden, braucht man ihn nur in die Hand zu nehmen. Die Haut ist schuppenlos, von ein paar Fischschüppchen bei besonders primitiven Arten abgesehen, und außerdem mit einer Menge Schleim bedeckt, der zum einen die Haut feucht hält, zum anderen den Reibungswiderstand unter der Erde verringert. Dank einiger Drüsen produziert die Haut nicht nur Schleim, sondern auch einen den Feind abwehrenden Giftstoff. Diese Eigenschaft findet sich auch bei anderen Amphibien, wie etwa den Pfeilgiftfröschen *(Dendrobates)* und den Kröten. Über diese Giftstoffe ist allerdings fast nichts bekannt, obwohl sie durchaus von Interesse sein könnten: Viele Tiergifte finden Anwendung in der Medizin, und ich könnte mir vorstellen, dass sich auch in diesem Fall interessante Entdeckungen machen ließen. Eine gemeinsame Eigenschaft aller Schleichenlurche, die in jedem Fall eine zweifelsfreie Identifikation ermöglicht, ist das Vorliegen einer zweifachen Muskulatur zum Verschließen des Maules: Die erste ist allen Wirbeltieren gemein-

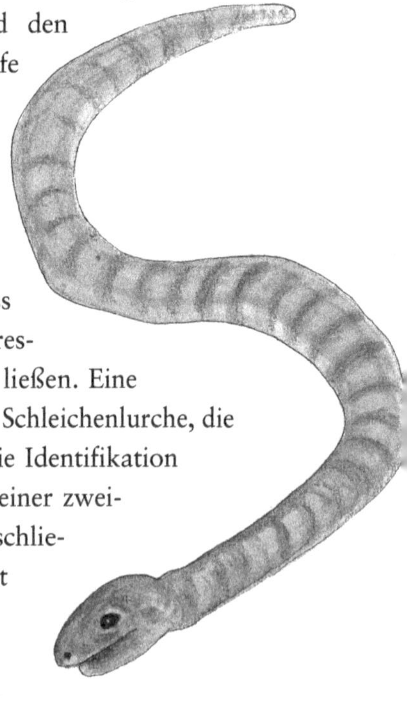

sam, die zweite hat sich dagegen vollkommen neu entwickelt. Das absolute Gegenteil eines breitmauligen Frosches.

Nachdem ich bereits all jenes erwähnt habe, die den Schleichenlurchen fehlen (Beine, Schwanz, Augen, Ohren, Lungen), ist nun der Moment gekommen, über das zu sprechen, was sie durch die Anpassung an einen Lebensraum wie die Erde der äquatorialen Trockenzone gewonnen haben. Sie verfügen vor allem über ein ganz besonderes Sinnesorgan, das sich bei keinem anderen Wirbeltier findet: die sogenannten *Tentakel*. Dieses an den Seiten des Kopfes, zwischen Augen und Nasenlöchern sitzende Sinnesorgan ist ein Chemorezeptor, das heißt, es kann in der Umgebung vorhandene Moleküle wahrnehmen, und es ist einziehbar, kann also, ähnlich wie sich weitende Nasenflügel, bei Bedarf ausgestreckt oder zusammengezogen werden. Bei einer in Tansania beheimateten Art, dem *Scolecomorphus kirkii*, befinden sich die (funktionstüchtigen) Augen auf den Tentakeln und können bei Bedarf aus ihrer Schutz bietenden Hauttasche bis über den Schädel hinaus ausgefahren werden. Das erinnert mich an einen Typen aus meinem Bekanntenkreis, der die Angewohnheit hat, die Zeitung über meine Schultern hinweg zu lesen. Solche Augen wären genau das Richtige für ihn. Einige Larven sind außerdem in der Lage, elektrische Felder wahrzunehmen, eine bei Landwirbeltieren seltene Fähigkeit,* die das Vorhandensein weiterer entsprechender Sinnesorgane nahelegt. Die Schädelknochen sind unglaublich fest, da der Kopf zum Bahnen der unterirdischen Wege benutzt wird.

* Auch der Olm, ein ebenfalls blindes, jedoch mit dem Salamander verwandtes Amphibium, weist diese Eigenschaft auf.

Ein weiteres, ganz besonderes Merkmal der Schleichenlurche ist ihre Art der Fortpflanzung, die sie von allen anderen Amphibien unterscheidet. Im Gegensatz zu Fröschen und Molchen, die lediglich ein bisschen Sperma über den abgelegten Eiern absondern, kommt es bei ihnen zu einer internen Befruchtung. Das Schleichenlurchmännchen biegt das Ende der Kloake (das sogenannte *Phallodeum*) nach außen und führt es in die weibliche Kloake ein, um die Eier zu befruchten (mag es unter der Erde auch langweilig sein, so gibt es wenigstens das…). An diesem Punkt kann es, je nach Art, zu drei verschiedenen Vorgängen kommen. Bei manchen im Wasser lebenden Arten schlüpfen aus den Eiern Larven, die mit Kiemen versehen sind und genauso aussehen wie Salamanderlarven. Sie metamorphosieren anschließend, wie wir es von Frosch-Kaulquappen kennen. Oder aber aus den in der Nähe der Wasserläufe abgelegten Eiern schlüpfen Larven mit Innenkiemen. In diesem Fall übernimmt oft das Weibchen die Brutpflege, indem es sich, bis zum Schlüpfen der Eier, schützend um diese legt. Über die Hälfte der Schleichenlurche ist jedoch lebendgebärend, die Embryonen wachsen also geschützt in den Eileitern des Muttertiers heran. Sie sind mit kleinen Zähnen ausgestattet (oben zweireihig),* die sie brauchen, um sich mit »Uterusmilch«, einem im Eileiter der Mutter produzierten Sekret, zu ernähren. Die Tragzeit dauert sieben bis elf Monate, und nach einem beträchtlichen Energieaufwand für die Mutter kommen zwei bis fünfundzwanzig vollständig metamor-

* Schleichenlurche sind im Gegensatz zu allen anderen, stets zahnlosen Amphibien, mit je zwei Zahnreihen im Ober- und Unterkiefer ausgestattet und haben einen ziemlich kräftigen Biss.

phosierte, mit Lungen ausgestattete Schleichenlurchbabys zur Welt. Doch damit nicht genug: Der *Boulengerula taitanus* ist ein eierlegender Schleichenlurch, dessen Haut sich nach der Eiablage verändert und sehr nährstoffreich wird, während das Muttertier das Nest bewacht. Die kleinen Schleichenlurche schlüpfen bereits metamorphosiert und mit speziellen Zähnchen ausgestattet, die sie benutzen, um die äußere Hautschicht der Mutter abzuknabbern und sich davon in der ersten heiklen Lebensphase zu ernähren. Man vermutet, dass es sich dabei um eine Präadaptation an das Lebendgebären handelt, da es mit der Zeit zur Ernährung der Embryonen durch Uterusmilch führt. Wie auch immer, ziehe ich das System des Entwöhnens bei den Säugetieren vor: Auch wenn es nicht perfekt ist, so sind doch weniger Zähne im Spiel.

Über Beute und Räuber der Schleichenlurche weiß man ziemlich wenig. In Gefangenschaft sind sie gierig nach Regenwürmern, doch in den Mägen der frei lebenden Schleichenlurche findet sich, abgesehen von den Resten verschiedener Insekten, oft ein kaum identifizierbarer Brei, der sowohl aus Erde als auch aus halbverdauten Regenwürmern bestehen könnte. In Gefangenschaft nehmen die im Wasser lebenden Schleichenlurche auch gern ganze tote Fische an,

die sie mit ihren Mäulern zerfetzen. Es ist also durchaus möglich, dass sie nicht nur Räuber sind, sondern auch Reinigungsarbeit übernehmen und sich von Aas ernähren. Gejagt werden sie dagegen in der Regel von Schlangen und Vögeln. In letzter Zeit scheint sich auch der Chytridpilz immer weiter zu verbreiten, durch den bereits viele Amphibienarten der Erde dezimiert worden sind. Sehr beeindruckt war ich von einem Artikel über ein ausgewachsenes Exemplar des bereits oben erwähnten tansanischen *Scolecomorphus kirkii,* das im Ganzen und kopfüber von einer Erdviper der Art *Atractaspis aterrima* verschluckt worden war. Die Körpermasse des Schleichenlurchs entsprach 48 % der Körpermasse der Viper. Da fühlt man sich doch an Saint-Exupérys Riesenschlange und den von ihr verschluckten Elefanten erinnert.

AUS DER TRIAS MIT SCHRECKEN

Triops

Stellen Sie sich die warmen Meere der Untertrias zu Beginn des Mesozoikums vor. Das größte Massenaussterben aller Zeiten hat soeben 95 % aller Arten vernichtet. Die Trilobiten, die die Meere beherrschten, existieren nicht mehr, sie sind durch eine verheerende Katastrophe vom Erdboden verschwunden. Die Kontinente haben sich zu Pangaea, dem Superkontinent, zusammengeschlossen, in dessen Zentrum arides und wüstenartiges Klima vorherrscht. Die am weitesten verbreiteten Pflanzen sind Baumfarne, noch gibt es keine Dinosaurier, die über die Erde stampfen. Niederschläge sind ein kostbares Geschenk und temporäre Süßgewässer ein unverzichtbares Gut, um den Durst der Tiere zu stillen. Und in eben diesen temporären Gewässern lebt der *Triops cancriformis,* ein kleines, zu den Rückenschalern zählendes Krebstier. Seine Vorfahren lebten in diesen Gewässern bereits mindestens 150 Millionen Jahren früher – die ersten bekannten *Triops*-Fossilien reichen bis ins Karbon oder gar Devon zurück. Seitdem galt eine einzige Parole: überleben. Um jeden Preis.

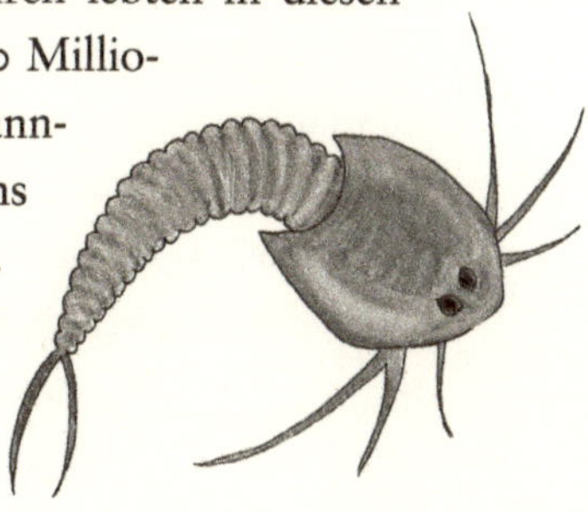

In derselben Form und in eben diesen temporären Gewässern existierten sie auch noch vor 65 Millionen Jahren, als ein Meteoriteneinschlag ein weiteres großes Massenaussterben verursachte, dem die meisten Tiere zum Opfer fielen, allen voran die Dinosaurier, während die *Triops* es nicht einmal bemerkten.

In den temporären Gewässern und den überschwemmten Reisfeldern finden sie sich noch heute, genau so wie vor 220 Millionen Jahren und fast genau so wie vor 350 Millionen Jahren: *die längste uns bekannte Form evolutionären Stillstandes*. Der wissenschaftlichen Genauigkeit halber müssen einige Begriffe geklärt werden. Auf den Webseiten zum *Triops* heißt es überall, der *T. cancriformis* sei die langlebigste Art, die je existiert habe, nämlich seit nunmehr 220 Millionen Jahren. Laut Definition gehören zwei Tiere zur selben Art, wenn sie gemeinsam fortpflanzungsfähig sind. Bei den *Triops* ist die Sache kompliziert, da die nach dem Aussehen identifizierten Arten nicht mit den nach der DNA identifizierten Arten übereinstimmen. Übersetzt heißt das, dass sie zwar genau gleich aussehen, die DNA aber verschieden ist, oder umgekehrt, dass sie sich im Aussehen (leicht) unterscheiden, aber dieselbe DNA aufweisen. Um es deutlicher zu sagen: Es ist nicht sicher, ob ein *Triops* von heute und ein wie in *Jurassic Park* geklonter *Triops* aus der Trias gemeinsam Junge zeugen könnten. Möglicherweise ist ihre DNA zu verschieden, als dass sie gekreuzt werden könnten, obwohl sie ihrer Form nach absolut identisch sind. Es handelt sich also um die älteste noch existierende Form, aber vielleicht nicht um die älteste Art.

Wenn Ihnen jetzt der Kopf schwirrt, seien Sie versichert, dass es die *Triops* noch viel bunter treiben. Im Groben lässt sich ihr Tagesablauf so beschreiben: Ich bleibe in meiner schrecklichen ökologischen Nische, in die keiner will, ich gehe niemandem auf die Nerven, aber ich tu alles, oder fast alles, um zu überleben.

Die Überlebensstrategien der *Triops* sind ebenso unterschiedlich wie interessant, aber zuallererst müssen wir verstehen, über wen wir eigentlich sprechen. *Triops* sind Süßwasser-Krebstiere, so weit, so gut. Es gibt sehr verschiedene Krebstiere: Langusten, zum Beispiel, gehören zur Klasse der Höheren Krebse, Seepocken, also jene Tiere mit der weißen Schale, deren Form entfernt an einen Zahn erinnert und die an Schiffsrümpfen haften, sind sogenannte Maxillopoden, und *Triops* sind Branchiopoden. Branchiopoden bedeutet das, was der Name sagt: Kiemen (oder Branchien) aus Füßen (gr.: podes). Von den alten verzweigten Gliedmaßen der Vorfahren, die alle Gliederfüßer gemeinsam hatten, bleibt nur noch der obere Zweig, der die sowohl zur Atmung als auch zum Schwimmen verwendeten Filamente (Kiemenfäden) bildet, während die zum Krabbeln benutzten Gliedmaßen, also die eigentlichen Beinchen, verschwunden sind. Innerhalb der Branchiopoden gehören die *Triops* zur Gruppe der Rückenschaler. Ganz schön verschachtelt das Ganze. Alle Rückenschaler haben dieselbe Form, auch wenn zwei Gattungen (*Triops* und *Lepidurus*) sowie eine, je nach Autor, zwischen neun und sechzehn schwankende Zahl von Arten unterschieden werden.

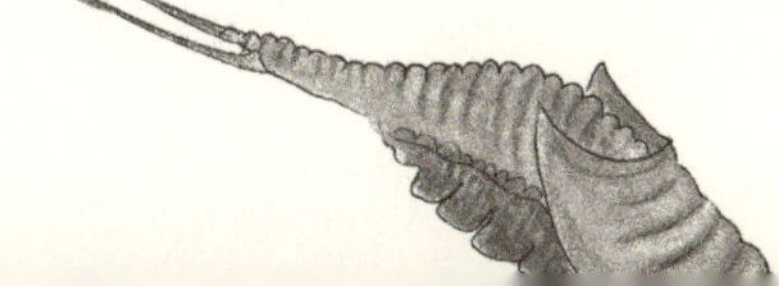

Das äußere Erscheinungsbild der *Triops* (und der *Lepidurus*), das sich von Art zu Art nur wenig unterscheidet, erinnert in beunruhigender Weise an den Facehugger aus dem Film *Alien*, jene Larve, die sich ans Gesicht klammert: ein runder bis ovaler Rückenpanzer, ein langer, segmentartig gegliederter »Schwanz« (Abdomen), der in langen Stacheln (Furca) endet, eine Unmenge feiner, blattförmiger Gliedmaßen (daher der Name Blattfüßer), die zum Schwimmen, Atmen und zur Nahrungsbeschaffung dienen. Das erste Paar Gliedmaßen ist länger, es schaut aus dem Rückenpanzer hervor, sieht aus wie ein Schnauzbart und hilft beim Schwimmen. *Triops* bedeutet »drei Augen«. Tatsächlich sind es die einzigen Tiere mit drei vollkommen funktionstüchtigen Augen auf dem Rückenpanzer. Zwei hervortretende Facettenaugen, die gut, allerdings nicht sehr weit sehen können, sitzen an den Seiten, in der Mitte befindet sich das Nauplienauge, das nicht so gut sieht, aber für die Bestimmung der Lichtposition und somit der Höhe wichtig ist. Ein schwedischer Wissenschaftler hat festgestellt, dass *Triops* in einem Becken, das von unten mit einer Taschenlampe beleuchtet wird, anfangen, auf dem Rücken zu schwimmen, weil für sie oben dort ist, wo das Licht herkommt. Noch auf dem Rückenpanzer, in einiger Entfernung zu den Augen, befindet sich ein chemotaktisches Organ, also eine Nase zur Unterscheidung der Nahrung.

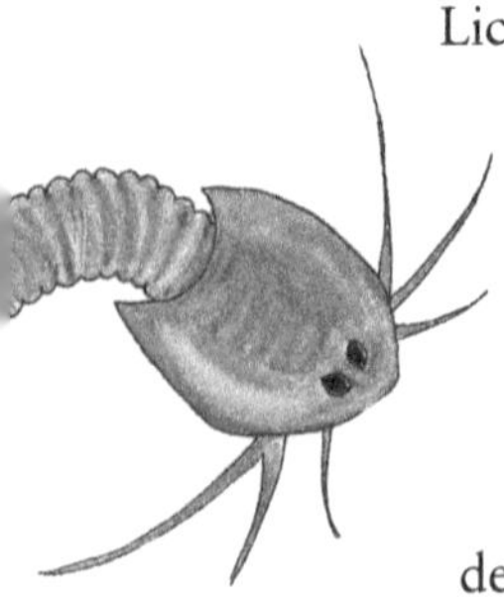

Das Erscheinungsbild der *Triops* entspricht, wissenschaftlich gesprochen, dem der *Merostomata* und, allgemeinverständlich gesprochen, dem einer Kaulquappe (daher auch die englische

Bezeichnung *Tadpole Shrimps,* »Kaulquappenkrebse«). Vor einigen hundert Millionen Jahren zog ein Vorfahre der *Triops* das große Los bei der Wahl einer passenden Form. Wenn ihm seitdem seine Umwelt einmal nicht behagt, wartet er darauf, dass sie wieder bewohnbar wird oder sucht anderswo danach, aber er verändert nicht seinen Körperbau, da offenbar jede mögliche Abwandlung weniger funktional ist als das Grundmodell.

Seit dem Devon bis in unsere Zeit leben alle Rückenschaler in temporären Gewässern, die sich nach starken Regenfällen oder Überschwemmungen bilden, oft lange Zeit vollständig austrocknen und somit für ausgewachsene Tiere unbewohnbar werden. Eigentlich keine besonders tolle Umwelt, zumal wenn man bedenkt, wie wenige Organismen in einer solchen Umgebung leben können: kaum mehr als Algen, Rädertierchen, ein paar Insekten und Würmer. Doch das ist gut so, denn auf diese Weise stehen die *Triops,* die bis zu 10 cm groß werden, oft an der Spitze der Nahrungskette, da Fische an solchen Orten nicht überleben können. *Triops* sind über die gesamte Erde verteilt, jede Art erstreckt sich über ein riesiges Gebiet (*T. cancriformis,* zum Beispiel, findet sich in Europa, Nordafrika, im Mittleren Osten, ja sogar in Indien und Japan).

Doch kommen wir nun endlich zu den unglaublichen Adaptationen, die es dem *T. cancriformis* ermöglichten, von der Trias bis in unsere Zeit zu überdauern und sich weder von fast vollständigem Massenaussterben noch von Meteoriteneinschlägen oder gar Atomkriegen (ich beziehe mich hierbei auf japanische Exemplare des *T. cancriformis*) unterkriegen zu lassen.

1. Fortpflanzungsstrategien: Für die *Triops* wäre unser Kamasutra lediglich ein Kapitel in einem sehr viel dickeren Buch. Viele der möglichen Kombinationen zwischen den Geschlechtern sind bekannt: Männchen und Weibchen, vollkommene Hermaphroditen (mit einem Ovotestis, der Eier und Spermien produziert und sich selbst befruchtet), Hermaphroditen und Männchen oder nur parthenogenetische Weibchen. Dort, wo es Männchen und Weibchen oder Männchen und Hermaphroditen gibt, treten praktisch alle denkbaren Spielarten der Geschlechterverteilung auf, von wenigen Männchen bis zum Verhältnis 1:1. Seltsamerweise hat man ausgerechnet in Italien, dem Land der Liebhaber und Latin Lovers keine männlichen Exemplare der *T. cancriformis* gefunden, sondern nur parthenogenetische Weibchen. Im restlichen Europa besteht ein Zusammenhang mit dem Breitengrad: zwei verschiedene Geschlechter im Süden, variable Anzahl von Männchen mit Hermaphroditen in der Mitte und nur Hermaphroditen im Norden. Eine mögliche Erklärung dieses Phänomens, die jedoch die Besonderheit Italiens ausklammert, besagt, dass der *T. cancriformis* als relativ wärmeliebende Art während der letzten Eiszeit nur in Südeuropa überlebt hat, wo die Fortpflanzung, zwecks größerer individueller Vielfalt, durch Männchen und Weibchen erfolgte. Bei der Gletscherschmelze konnten die temporären Gewässer wiederbesiedelt werden, aber das ist natürlich einfacher, wenn sich in dem an einer Vogelkralle klebenden Ei ein Hermaphrodit und nicht entweder nur ein Männchen oder nur ein Weibchen befindet. Mit der Zeit

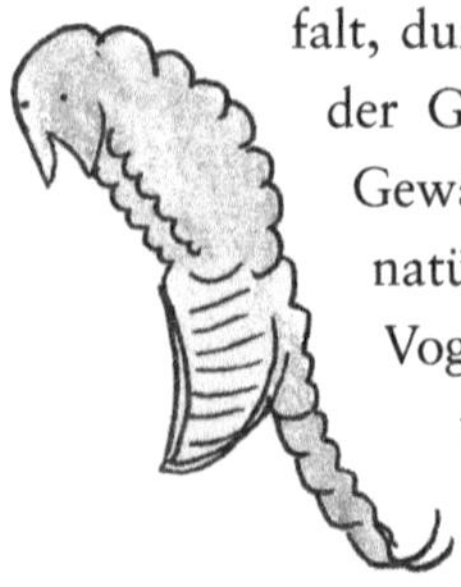

sind nach Mitteleuropa auch Männchen vorgedrungen, die für unterschiedliche genetische Ausprägungen (Allel-Variationen) sorgen, aber »Hetero«-Weibchen sind bisher ganz offensichtlich weniger wettbewerbsfähig als Hermaphroditen.

2. *Widerstandsfähige Eier:* Die Eier oder Zysten der *Triops* sind kleine biotechnische Wunder. Sie behalten über Jahrzehnte hinweg die Fähigkeit zu schlüpfen, auch wenn die feindlichsten Bedingungen wie extreme Kälte und Eis oder Temperaturen bis zu 80 °C herrschen, wenn sie unter Erdschichten verschüttet oder von Tieren verschluckt worden sind. Der Embryo im Inneren befindet sich in der Diapause, also in einem Zustand unterbrochener Lebensvorgänge mit zum Stillstand kommendem Stoffwechsel, ist aber bei Empfang der richtigen Signale bereit, sich wieder zu fangen. Außen ist die Zyste von einer dicken Kutikula mit Hohlkammern von traubenförmiger Struktur umgeben. Eben darin liegt die geheimnisvolle Widerstandsfähigkeit dieser Eier, denn die in den Kammern eingeschlossene Luft oder das Wasser schützen den Embryo und lassen ihn, je nach Bedarf, treiben oder sinken. Das Weibchen oder der Hermaphrodit produziert im Durchschnitt sechzig solcher Eier, die, bevor sie schließlich fallengelassen werden, für einige Zeit in einem Eisack zwischen dem Brustkorb und dem Unterleib untergebracht sind. Und zwar deshalb, weil die Hohlkammern der Eier im Eisack der Mutter einige Zeit brauchen, um sich mit Wasser zu füllen und zu Boden zu sinken. Wenn das Gewässer austrocknet, können

die etwa einen halben Millimeter großen Eier vom Wind fortgeweht oder von einem Lurch oder Vogel gefressen werden, der sie in seinem Verdauungstrakt unbeschadet zu einem anderen Gewässer bringt, wo sie durch die »Hintertür« nach draußen gelangen. Oder sie bleiben, wo sie sind, und werden unter Sedimenten begraben. Beim ersten Regen wird das Ei zunächst an der Oberfläche treiben und dann allmählich sinken. Verschiedene Faktoren wecken den Embryo aus seiner Diapause: Licht (wenn das Ei unter Sedimenten begraben war, taucht es treibend an die Oberfläche, wo es von Sonnenstrahlen getroffen wird), Temperatur (optimal sind 22° C, wie im Frühling), pH-Wert und geringes osmotisches Potential (Regenwasser ist fast wie destilliertes Wasser, mit neutralem pH-Wert. Mit der Zeit reichern sich Mineralien an, und das osmotische Potential steigt. Das Signal für den *Triops* ist also: reines Wasser mit neutralem pH-Wert, denn andernfalls könnte es sich um ein älteres, bereits im Austrocknen begriffenes Gewässer handeln, und das Ausschlüpfen würde sich nicht lohnen). Nicht alle Eier schlüpfen unter diesen Bedingungen. Einige müssen wiederholten Zyklen der Feuchtigkeitszufuhr und des Austrocknens unterzogen werden, andere schlüpfen gleich nach der Ablage, andere wiederum nach einem einzigen solchen Zyklus. Der Unterschied zwischen diesen Arten von Eiern ist nicht geklärt.

3. *Sehr rasche Entwicklung:* Ein oder zwei Tage nach Einstellung der richtigen Bedingungen taucht aus dem Ei ein freischwimmender Metanauplius auf, der sich nach rund einem Tag in ein mehr oder weniger vollständig ausgebildetes Jungtier verwandelt. Das Junge wächst rasch

heran, wobei es sich permanent (bisweilen stündlich) häutet und im Lauf von ein bis zwei Wochen bereits ausgewachsen und zur Eiablage fähig ist, falls das Gewässer droht auszutrocknen. Im Durchschnitt lebt jedes Tier maximal etwa sechzig Tage, vorausgesetzt, das Gewässer trocknet nicht vorher aus, doch die abgelegten Eier können jahrelang überdauern.

4. *Nicht wählerisch beim Futter: Triops* nehmen dauernd und alles an Nahrung auf; sie sind Allesfresser, haben aber auch saprobionte Neigungen, nehmen Aas, gehen selbst auf Beutejagd und fressen bei Bedarf sogar andere frisch geschlüpfte *Triops*, die dann noch zart und verletzlich sind. Will man schnell wachsen, darf man beim Essen nicht zimperlich sein.

Nehmen wir an, ich müsste den Mars terraformieren, würde ich zuerst eine Auswahl verschiedener Bakterien dorthin schaffen, dann eine ordentliche Ladung Bärtierchen (von denen im Kapitel über außergewöhnliche evolutionäre Anpassungen die Rede sein wird, siehe S. 269) und schließlich einen großen Sack mit *Triops*-Eiern (die aus Island wegen der Temperaturen), denn Wasser scheint dort oben nicht das Problem zu sein.

Kaum zu glauben, dass nach all den Millionen von Jahren des Gedeihens heute einige *Triops*-Arten, wie der *T. granarius,* vom Aussterben bedroht sind. Wie das? Offenbar vertragen sie die Verschmutzung nicht, die eine seit gerade einmal ein paar Millionen Jahren auf dem Planeten aufgetauchte Affenart hervorruft.

ASSELSPINNEN AUF DEM LAUFSTEG

Pycnogonida

Zurückgelassen auf der Schnellstraße der Evolution, schiffbrüchig im Ozean der Adaptationen, haben sich die Asselspinnen seit dem Kambrium langsam und einsam im Meer entwickelt und auf Rettung gewartet, die nie kam. Spinnen und Skorpione, ihre vermutlich engsten Verwandten, haben die Meere vor Urzeiten verlassen und sich im Licht der Sonne zu den derzeit mindestens 75 000 Arten entwickelt. Die Asselspinnen sind zurückgeblieben, haben den Anschluss verschlafen. Sie mussten sich, so gut es ging, an das anpassen, was es gab, an kalte, unwirtliche, dunkle Gewässer, und zulassen, dass Meer und Zeit ihre Körper formen würden.

Die rund 1300 bekannten Arten sind äußerst fremdartig, vielleicht sind es sogar die unglaublichsten Tiere, die sich denken lassen, und wenn Sie weiterlesen, werden Sie verstehen, weshalb: Es gibt nichts an ihrer Anatomie, was nicht »fremdartig« oder »unglaublich« wäre.

Asselspinnen erinnern ziemlich entfernt an Spinnen, daher ihr Name. (Dagegen stammt die wissenschaftliche Bezeichnung Pycnogonida aus dem griechischen *pyknos*, knotig, und *gony*, Knie und bedeutet »mit knotigen Knien«.

Auch Pantopoden, »ganz und gar Füße« ist als Name für die Klasse der Asselspinnen in der Wissenschaft geläufig.) Wie die Spinnen sind sie am Mund mit umgewandelten Extremitäten ausgestattet, den Cheliceren (Kieferklauen) und den Palpen (Tastern), und wie die Spinnen haben sie oft acht Beine. Doch damit enden die Gemeinsamkeiten.

Es fängt schon damit an, dass alle Spinnen Landbewohner sind, alle Asselspinnen dagegen im Meer leben. Asselspinnen finden sich in allen Breiten (einschließlich des Mittelmeeres), insbesondere in den Polargebieten und in allen Tiefen, von Küstennähe bis zu 7000 Metern Tiefe. Sie sind meist tarnfarben, und ihre Größe variiert zwischen wenigen Millimetern und 75 Zentimetern (mit Beinen von jeweils 40 Zentimetern Länge).

Leider sind sie durch ihre verborgene Lebensweise, ihre Tarnfarben und ihre Körperform praktisch unsichtbar, so dass es wenig wahrscheinlich ist, sie während eines Tauchganges zu beobachten. Manche Asselspinnen-Arten haben zehn oder zwölf Beine; diese Anomalie unterscheidet sie ebenfalls von den Spinnen und Skorpionen, die unverändert stets acht Beine haben. Asselspinnen sind immer ungiftig, während alle Spinnen giftig sind.

Das am stärksten ins Auge springende Merkmal ist jedoch die *Inkonsistenz ihres Körpers,* der praktisch auf ein unverzichtbares Minimum, auf ein Segment reduziert ist, um die langen Beine zu befestigen. Im Grunde sehen sie aus wie Models von Prada: magersüchtig mit extrem langen Beinen. Im Gegensatz zu Kate Moss scheint das Motto der Asselspinnen jedoch zu lauten: »entschuldigt-dass-es-mich-gibt-achtet-nicht-weiter-auf-mich«. Bei vielen Arten ist das

Abdomen vollkommen zurückgebildet, bei anderen nur noch rudimentär vorhanden, es bleiben also allein Kopf und Thorax übrig, die miteinander verschmolzen sind (von wegen *Size Zero*, Victoria Beckham wäre absolut neidisch, wenn sie die Asselspinnen kennen würde). Andererseits haben alle Asselspinnen einen langen, gut ausgebildeten Rüssel, mit dem sie Verdauungssäfte in ihre Beute spritzen, bevor sie deren Körperflüssigkeiten aussaugen wie riesige Mücken. Meist besteht die Beute aus langsamen oder sessilen wirbellosen Meerestieren (Hydrozoen, Moostierchen, Seeanemonen, Schwämme usw.). Wenn man sie bei der Fortbewegung beobachtet, scheinen sie rückwärtszugehen, aber was aussieht wie der Hinterleib, ist in Wahrheit der Rüssel. Asselspinnen laufen, allem Anschein zum Trotz, vorwärts.

Praktisch ohne Abdomen und mit einem äußerst schmalen Brustkorb, standen die Asselspinnen vor dem schwierigen Problem, wohin mit den inneren Organen. Zunächst haben sie sich aller überflüssigen Dinge entledigt: fort mit jeglicher Form des Atemapparats, schließlich sind sie so mager, dass die Sauerstoffversorgung durch einfache Diffusion erfolgen kann; fort mit dem Harnsystem, das nur noch rudimentär, in Form weniger Zellen, erhalten geblieben ist; der Großteil der Abfallprodukte wird durch Diffusion abgesondert oder im Inneren des Exoskeletts abgelagert und mit der nächsten Häutung beseitigt; fort mit dem Kreislaufsystem: das winzige Herz pumpt mit frenetischer Geschwindigkeit, um die Körperflüssigkeiten des Mixocoels zu bewegen, wenn auch nicht zu transportieren; fort mit dem Coelom, der Leibeshöhle, die praktisch allen exis-

tierenden Tieren eigen ist*; fort mit den Muskelfasern: Jeder Muskel ist auf eine einzige Zelle reduziert. Gehirn und Bauchganglien sind, im Gegensatz zu manchen magersüchtigen Models, zum Glück an ihrem Platz geblieben. Meist gibt es vier Augen, die auf einem »Höcker« (Tuberkel) am Kopf sitzen, aber die in großen Tiefen lebenden Asselspinnen haben sich auch von den Augen verabschiedet. Landspinnen haben dagegen meist acht Augen. Nachdem auf diese Weise Platz geschaffen worden ist, bleiben noch zwei fundamentale, aber ziemlich voluminöse Organe unterzubringen: der Verdauungs- und der Fortpflanzungsapparat. Die einzige Möglichkeit war eine Unterbringung in den Beinen.

Der Darm ist sehr dick (alles andere als magersüchtig, geht es den Asselspinnen, auch den vegetarischen Arten, lediglich darum, den Platz zu optimieren) und erstreckt sich über fast die gesamte Länge in den acht Beinen. Die verdaute Nahrung kehrt zum Thorax zurück (die Seitenwege der Beine sind Sackgassen) und wird normalerweise aus dem Anus ausgeschieden, der sich am Ende dessen befindet, was das Abdomen wäre, wenn es dies gäbe.

Geschlechtsdrüsen gibt es nur eine zentrale, die an der

* Bei uns Menschen besteht sie aus der Bauchhöhle, der Brusthöhle und dem Herzbeutel.

Rückseite des Thorax über dem Darm untergebracht ist. Wegen ihrer Größe erstreckt sich auch diese Drüse ein gutes Stück in die Beine. Da Eier und Spermien in den Beinen produziert werden, gibt es keinen Grund, die Geschlechtsöffnungen anderswohin zu verlegen. Die Asselspinnen-Weibchen haben pro Bein eine Geschlechtsöffnung (das, was bei uns die Vagina ist), also insgesamt acht. Die Männchen (alle Asselspinnen sind getrenntgeschlechtlich, bis auf eine Art, die hermaphroditisch ist) haben dagegen nur vier Geschlechtsöffnungen, im zweiten und vierten Beinpaar. Es ist nicht ganz klar, wie die Begattung erfolgt, aber es muss interessant sein. Wenn es beobachtet wurde, hing das Männchen entweder, Bauch an Bauch, unter dem Weibchen, oder es war wie üblich: Männchen oben, Weibchen unten. Die Eier reifen meist in dem Femur genannten Abschnitt der Beine (also den Oberschenkeln), und anders als bei uns Säugetieren schwellen dem Weibchen dabei sichtbar die Schenkel und nicht der Leib.

Da sich die Geschlechtsöffnungen des Männchens in den Beinen befinden – ein Penis in den Knie- oder Ellenbogenbeugen wäre ja auch ziemlich unpraktisch –, erfolgt die Befruchtung extern, und die Eier werden eines nach dem anderen beim Austreten befruchtet. Das Männchen sammelt sie ein und platziert sie sorgfältig auf einem dritten Paar Kopfextremitäten, den sogenannten *Ovigera* (Eierträgern). Im Unterschied zu den Spinnen mit nur zwei Kopfextremitäten, den Cheliceren und den Pedipalpen, haben Asselspinnen gleich drei Kopfextremitäten:

1. Die Cheliceren, die bei einigen Tierarten, wie den Langusten und Skorpionen (bei den Spinnen dagegen nie),

zu regelrechten Scheren ausgebildet sind. Sie sitzen seitlich des Rüssels, aber bei den Arten mit stark ausgeprägtem Rüssel sind die Cheliceren fast gänzlich zurückgebildet (immer möglichst minimalistisch).

2. Die Palpen, die fast aussehen wie Beine und als Tastorgan, zur Reinigung und zur Nahrungsaufnahme dienen. Auch sie sind bei einigen »minimalistischen« Arten nahezu verschwunden.

3. Die Ovigera, mit denen das Männchen liebevoll die Eier sammelt und sie bis zum Schlüpfen, bei manchen Arten sogar die Larven während ihrer Entwicklung, bei sich trägt. Bei den Weibchen sind die Ovigera stark zurückgebildet oder (sieh einer an) gar nicht mehr vorhanden.

Interessanterweise betreiben Asselspinnen also nicht nur Brutpflege (wie dies im Übrigen auch ihre auf dem Festland

lebenden Groß-Groß-Groß-Groß-Cousins, die Skorpione und Spinnen, tun), sondern es ist – für wirbellose Tiere außergewöhnlich – das Männchen und nicht das Weibchen, dem diese langwierige und vielseitige Pflege obliegt.

Aus den Eiern können, je nach Art und Lebensstil, drei verschiedene Typen von Larven schlüpfen. Am weitesten verbreitet ist die sehr beeindruckende Protonymphe: Die frisch aus dem Ei geschlüpfte Larve besteht praktisch nur aus dem Kopf mit den drei Kopfextremitäten: Kieferklauen, Taster, Eierträger. Kein Abdomen, kein Thorax, keine Beine. Während die Larve allmählich heranwächst und sich häutet, werden nach und nach die entsprechenden Gene aktiviert, und die verschiedenen Thorax-Segmente mit den jeweiligen Beinpaaren wachsen. Manchmal kommt es zu einem Fehler in den Entwicklungsgenen, sodass bei einigen Arten ein weiteres Beinpaar sprießt. Je nach Art bleibt die Larve entweder zwischen Papas liebevollen Eierträgern, oder sie entfernt sich, um auf eigene Faust im Inneren von Hydrozoen oder Korallenpolypen als Parasit zu leben. Die ausgewachsenen Tiere führen in der Regel ein freies Leben, aber sie können auch parasitär, mit Weichtieren als Wirt, leben.

Die Taxonomie der Asselspinnen ist in jüngster Zeit infrage gestellt worden, und man hat nunmehr den Verdacht, dass die entfernte Ähnlichkeit mit Spinnen reiner Zufall ist. Genetische und morphologische Analysen legen in der Tat nahe, dass die Asselspinnen ein uraltes *Schwestertaxon* der Gliederfüßer sind, dass sich also aus einem gemeinsamen Vorfahren einerseits alle heute existierenden Gliederfüßer (Spinnentiere, Insekten, Krebstiere, Tausendfüßer etc.) und andererseits die Asselspinnen entwickelt hätten. Der Verdacht kam bei einer Untersuchung der Cheliceren auf, die analog, aber nicht homolog mit denen der Spinnen zu sein scheinen (also zwar dieselbe Funktion erfüllen, aber von unterschiedlicher embryonaler Herkunft sind). Die Cheliceren der Asselspinnen könnten dagegen homolog sein mit denen von *Anomalocaris*, einem beängstigenden Räuber und Vertreter der vor langer Zeit im Kambrium lebenden Proto-Arthropoden, die in den Fossillagerstätten des Burgess-Schiefers gefunden wurden, oder auch mit denen unserer heutigen Stummelfüßer. Das Ganze bleibt allerdings eine Vermutung, es gibt keine Beweise, weshalb man bisher noch der alten These anhängt, derzufolge Asselspinnen als Cousins der Kieferklauenträger (Spinnen & Co) gelten. Es ist jedoch bemerkenswert, dass die fossilen Reste von Asselspinnen aus dem Devon nicht nur ein Abdomen, sondern einen regelrechten Schwanz aufweisen. Offenbar ist Größe o ein Wahn aus (evolutionär gesprochen) »jüngerer« Zeit.

IM WUNDERLAND

Reise in die Welt der Hausstaubmilben

Was würde geschehen, wenn Sie plötzlich, wie in einem Science-Fiction-Film, winzig klein würden, sagen wir, nicht größer als einen halben Millimeter? Die Welt um Sie herum, Ihre Wohnung, Ihr Bett würden plötzlich zu vollkommen fremdartigen, geheimnisvollen Orten.

Versuchen Sie, sich winzig klein in Ihrem Bett vorzustellen. Sie sind in sanftes Halbdunkel gehüllt und von einer Art Wald umgeben. Das Gewölbe über Ihnen ist ein weißes Netz aus taudicken Schnüren, und Sie haben das Gefühl, über ein Wurzelgeflecht zu laufen. »Das da oben muss das Laken sein«, denken Sie, »und ich laufe über den Matratzenbezug.« Jeder von uns denkt an sein Bett als einen reinen, weißen und vollkommen unbewohnten Ort (zumindest so lange wir sicher sind, dass es nicht mit Bettwanzen verseucht ist), aber die Realität sieht anders aus, ganz anders, und auch ein Bettlaken kann sich in eine extreme Umgebung verwandeln. Es ist bloß eine Frage des Blickwinkels. Merkwürdige Formen zeichnen sich im Halbdunkel des Waldes ab. Große,

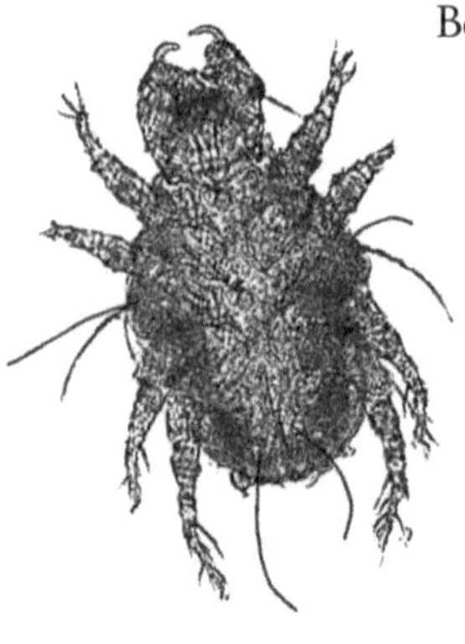

fein gearbeitete und dekorierte Kugeln scheinen hier und dort von einem verrückten Bildhauer zurückgelassen worden zu sein, aber Ihnen ist klar, dass es sich nur um Blütenpollen handelt (der Zaubertrank, der Sie hat schrumpfen lassen, hat Ihnen auch einiges an Wissen eingeflößt). Überall sehen Sie kleine seltsame Gebilde, die an winzige Kirschen erinnern, doch Sie wissen, dass es Bakterien sind. Ist das dort oben, ganz hinten, ein Wald abgestorbener Birken? Nein, das müssen Katzenhaare sein. Sie dringen in den haarigen Wald vor und bahnen sich den Weg zwischen großen weißen, wie Styropor wirkenden Platten hindurch. Plötzlich, ein Geräusch. Verärgert darüber, dass Sie eine der Platten verschoben haben, baut sich ein grauenhaftes Wesen mit acht Beinen vor Ihnen auf! Nein, Sie sind ganz offensichtlich nicht allein in Ihrem Bett. Dank des Zaubertrankes (und wohl kaum aus einem anderen Grund) erkennen Sie es sofort: Es handelt sich um *Dermatophagoides pteronyssinus,* die bekannteste der europäischen Hausstaubmilben. Sie wissen, dass es sich lediglich um ein großes harmloses Tier handelt. Mit seinen 400 Mikrometern ist es für Sie etwa so groß wie ein Pony. Es will bloß die Hautschuppe, die Sie soeben verrutscht haben. Sie überlassen sie ihm und weichen ganz langsam zurück, bevor es durch Ihren Schweißgeruch noch auf merkwürdige Ideen kommt. Schließlich hat es Stücke Ihrer Haut gefressen, in der es zur Welt gekommen ist, und es hat sich bereits an Ihren Geruch gewöhnt. Eine Bewegung in einiger Entfernung sagt Ihnen, dass Sie erneut in Gesellschaft sind. Weiße schwabbelige Schnüre, die sich in alle Richtungen erstrecken, lassen erkennen, dass Sie sich in der Nähe

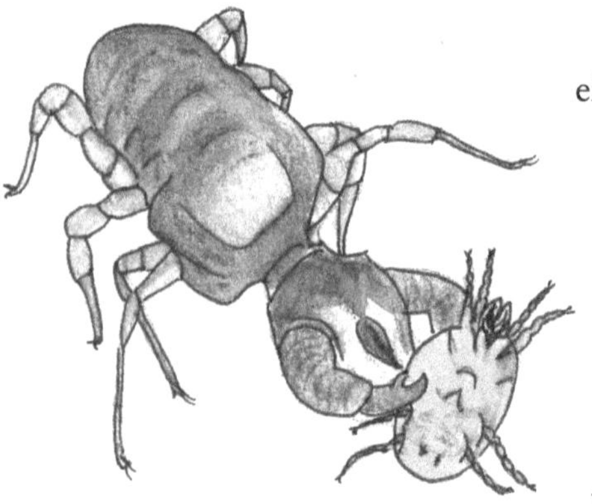

eines Pilzmyzels befinden; eine Spore muss, bedingt durch die Wärme Ihres Körpers, in der Nacht gekeimt haben. Das Myzel ist von weiteren Dickhäutern umringt, die friedlich ihren Pilz verspeisen, ohne von Ihnen Notiz zu nehmen.

In unseren Wohnungen leben tatsächlich dreizehn verschiedene Arten echter Hausstaubmilben, wobei drei von ihnen mehr oder weniger ubiquitär sind und ihre Zahl jeweils davon abhängt, wo Sie leben. *Dermatophagoides pteronyssinus* ist die in Europa am weitesten verbreitete Art, *Dermatophagoides farinae* kommt dagegen besonders häufig in Nordamerika vor, und dann gibt es noch eine nicht ganz so große Anzahl von *Euroglyphus maynei.* Die drei zusammen bilden etwa 80 bis 90 % der Fauna Ihres Bettes sowie im Übrigen auch Ihrer Wohnung. Alles in allem sind es recht sympathische, gutmütige und durchaus nützliche Gesellen, da sie mit ihrer Reinigungsarbeit dazu beitragen, die Teile Ihres Körpers, die Sie in der Gegend verteilt haben, also zum Beispiel Hautschuppen, zu beseitigen. Außer im Bett (und vorzugsweise im Kissen – am besten, wenn es aus Synthetik ist) findet man sie in Sofas, Sesseln, Läufern, Teppichen, Kleidern, Hunde- und Katzenkörben usw. Wir bemerken sie deshalb nicht, weil sie zu klein sind und sich zu wenig bewegen, als dass man sie ohne Weiteres mit dem bloßen Auge erkennen könnte, aber in einer Steppdecke können bis zu 20 000 dieser Tiere leben.

Das Vorherrschen einer Art gegenüber einer anderen hängt sowohl vom Kontinent als auch vom Klima ab, aber seien Sie versichert, dass man den Hausstaubmilben in keinem Winkel der Erde entkommt, denn sie sind gar zu einfach im Koffer mitzutransportieren. *D. pteronyssinus* zieht meist kühlere und feuchtere Gegenden vor, weshalb es auch die im Vereinigten Königreich vorherrschende Art ist (gefolgt von *E. maynei*). *D. farinae* mag dagegen eher warme und trockene Orte. Die übrigen Arten haben spezielle geografische Verbreitungsgebiete und sind jedenfalls seltener. Durchaus anzunehmen, dass es in Wirklichkeit viel mehr Arten gibt, aber mangels genauer wissenschaftlicher Untersuchungen weiß man nichts von ihnen. In meiner Wohnung liegt zum Beispiel (aufgrund einer britischen Unart der Wohnraumgestaltung) überall Teppich aus, und darunter befinden sich Holzdielen. Ich bin mir sicher, dass dort, außer Willy, meiner imaginären Riesenhausmilbe, die jeden Dobermann in die Flucht schlägt, mindestens noch fünfzehn weitere, der Wissenschaft unbekannte Arten vorkommen.

Leider können einige von uns zum Teil schwere Allergien gegen diese Tierchen entwickeln. Das Allergen besteht aus den Enzymen, die zur Zersetzung der Hautschuppen verwendet und mit dem Kot ausgeschieden werden. Milben haben die schlechte Angewohnheit, ihre Exkremente überall zurückzulassen, und man kann sich leicht vorstellen, dass jemand diese Absonderungen einatmet oder im Schlaf mit ihnen in Berührung kommt.

Die engsten Verwandten der Milben sind Spinnen und Zecken, und ebenso wie diese haben Milben acht Beine. Die Weibchen sind fast doppelt so groß wie die Männchen, doch plagt sie beide dasselbe Problem: Da ihr Körper zu 74 % aus Wasser besteht, welches sie aufgrund ihrer flachen Körperform und der vielen Extremitäten rasch verlieren, gedeihen sie nur in feuchten Wohnungen. Die Weibchen legen im Lauf ihres Lebens 40 bis 80 Eier in Gruppen von drei bis fünf ab. Die frisch geschlüpfte Larve hat nur sechs Beine, doch sie verwandelt sich rasch in eine Nymphe mit acht Beinen. Es werden zwei Nymphenstadien durchlaufen, danach ist das Tier erwachsen. Von der Eiablage bis zur erwachsenen Milbe vergeht rund ein Monat, danach leben die Weibchen der *D. pteronyssinus* einen und die der *D. farinae* drei Monate, während die Männchen beider Arten etwa sechzig Tage alt werden.

Die Milben-Familie der Pyroglyfidae weist 46 Arten auf, von denen Sie soeben einige kennengelernt haben. Mehr als die Hälfte von ihnen lebt allerdings nicht in Hausstaub, sondern als reine Parasiten in Vogelnestern. Höchstwahrscheinlich haben sich die Hausstaubmilben aus den Vogelnest-Milben entwickelt, aber zu unserem Glück ziehen sie ein freies Leben als Saprobionten einem Dasein als Parasiten vor. Nach dem einmal eingeschlagenen Weg der Spezialisierung zum Parasiten kommt es nur selten zu einer Umkehr und Entspezialisierung, so gesehen können wir wirklich froh sein. Offenbar bestand angesichts der reichlich vorhandenen Nahrung auch gar kein Bedarf dazu: Ein Mensch produziert im Schnitt 0,5 bis 1 Gramm abgestorbene Haut pro Tag, während einige Tausend Milben mehrere Monate lang von nur 0,25 Gramm Nahrung leben können. Glück gehabt! Tausende kleiner Tiere in unserer Haut statt in unserem Bett wären sicher ziemlich unangenehm.

Nun, da wir alles über die Geschöpfe wissen, die wir gerade in Augenschein nehmen, setzen wir unsere Reise mitten ins Kissen fort. Einen Augenblick lang halten Sie wie verzaubert in dem weißen Wald inne, um die Wesen vor Ihnen beim Fressen zu beobachten. Plötzlich werden Sie durch das Vibrieren des Matratzenbezuges aufgeschreckt. Aus dem Geflecht unter Ihnen lugt eine mit Krallen und Borsten versehene Tatze heraus, die versucht, nach einem Ihrer Beine zu schnappen, und Sie weichen dem Angriff nur um Haaresbreite aus – beinahe hätten Sie eine Gliedmaße verloren. Sie fangen an zu rennen, aber das Ungeheuer springt aus dem Matratzenbezug und verfolgt Sie.

Entsetzt rennen Sie aufs Geratewohl, suchen Deckung, wo das Gewebe dichter ist, während das Ungeheuer näher kommt und die schrecklichen Kieferklauen vor seinem Maul bewegt. Eine Eingebung weist Ihnen den Weg: Sie nähern sich einer Gruppe weidender *Dermatophagoides* und postieren sich so, dass diese zwischen Ihnen und der Bestie stehen. Zu ihrem Glück gelingt der Trick: Das Ungeheuer, ein *Cheyletus eruditus,* stürzt sich auf ein *E. maynei,* packt es mit den Krallen, die am äußeren Ende der Beine sitzen, und beißt mit den gewaltigen Kieferklauen zu. Das Opfer windet sich ein paar Mal hin und her, doch dann gibt es auf. Der Räuber hat ihm Verdauungsenzyme ins Exoskelett gespritzt und beginnt nun, es auszusaugen. Sie sind ihm um ein Haar entwischt, diesem »Löwen« unter den Staubmilben, der viel größer war als Sie (die Weibchen werden bis zu 620 Mikrometer lang).

Raubmilben bilden allerdings – und falls Sie selbst größer als einen halben Millimeter sind, leider – nur einen geringen Anteil an der Gesamtzahl der Milben, merkwürdigerweise geringer als das, was man von einer ausgewogenen Räuber-Beute-Beziehung erwarten würde. Verbreitung finden sie eher in Teppichen als in Matratzen. Besser so! Fehlt die passende Beute, können die *Cheyletus* die Bettbewohner nicht nur zu Verteidigungszwecken beißen, sondern auch, um ihre Körperflüssigkeiten aufzusaugen. Eine Art Miniatur-Bettwanzen. Zu den meist mit Matratzen in Verbindung gebrachten *Cheyletus* gehören neben dem bereits erwähnten *C. eruditus* (was der wohl wissen mag, was wir nicht wissen?) noch der *C. malaccensis* und der *C. fortis*. Außerdem gibt es ähnliche Gattungen, wie die schreckliche *Cheyletiella parasitivorax*, die Katzen und Kaninchen beißt, wenn sie keine Beute in der richtigen Größe findet, und bei diesen Tieren eine Art Krätze verursachen kann.

Ihnen stockt vor Schrecken noch immer der Atem, und Ihnen wird bewusst, dass Sie so schnell wie möglich verschwinden sollten, als Sie plötzlich etwas Kaltes berührt. Es ist ein *Chortoglyphus arcuatus*, der für Sie die Größe eines kräftigen Hundes hat, rosafarben ist und sich offenbar für Sie interessiert. Die riesigen, mit »Zähnen« versehenen Kieferklauen könnten ziemlich schmerzhaft für Sie werden, aber das Tier scheint friedfertig zu sein und macht das, was bei Milben vermutlich dem Schwanzwedeln entspricht: Es wackelt mit den Borsten an den Tarsen. Es ist eindeutig ein Männchen. Der Penis dieser Art besteht aus einem kaum übersehbaren, ziemlich dicken, gebogenen Rohr, das am unteren Ende gespalten ist. Das Tier setzt sich, um Sie eingehender zu studieren, wobei es sich zur besseren Haftung auf dem Laken zweier Analsaugnäpfe bedient, die im Vergleich zu den hinteren Extremitäten des Körpers leicht ventral liegen. Es ist eine zufällige Begegnung, denn Ihr »Hund« lebt eigentlich eher in Getreidespeichern oder Vorratskammern, aber manchmal gelangt er auch in die Betten, vor allem wenn Sie die Angewohnheit haben, dort zu frühstücken. Schade, dass er dumm ist, mit seinen langen dünnen Beinen und den kräftigen Kiefern hätte er das Zeug zum Windhund.

In dieser extremen Umgebung, die Ihr Bett darstellt, laufen Sie auf das große Gebirge zu, das, wie Sie wissen, das Kissen ist, stets in der Hoffnung, den Weg in Ihre Welt zurückzufinden – als Sie neben einem Pilz (der bestimmt kein Schlumpfhaus ist, sondern eher wie ein Hyphengeflecht aussieht) ein Stachelschwein erspähen. Zumindest sieht es aus wie ein Stachelschwein, mit einem fast runden Körper und langen Borsten auf dem Rücken. Als Sie sich nähern, merken Sie, dass es auch ein bisschen stinkt. Sie haben ein *Glyciphagus domesticus* vor sich, eine gefräßige Milbe, die praktisch überall lebt und sich von Pilzen ernährt. Außer in Ihrem Bett findet sie sich in Mehl, Getreide, Heu, Leinsamen,

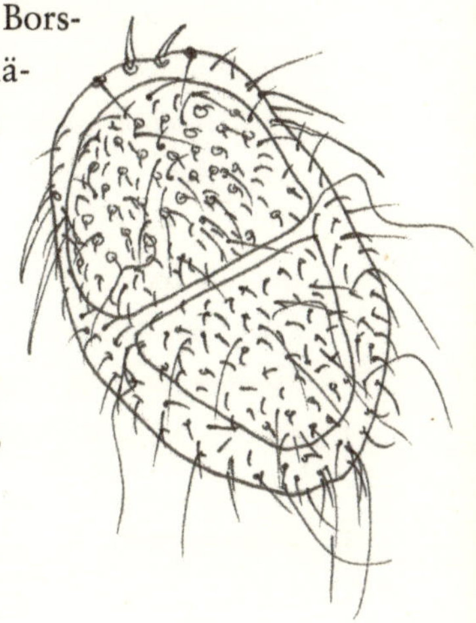

Tabak, Käse, Schinken, Rüben, Bienenstöcken und Vogelnestern, in feuchter Tapete, Stockfisch oder mit Agar gefüllten Petrischalen aus dem Labor. Mit anderen Worten: Solange es Pilze gibt, geht es ihr gut. Sie selbst kann bei uns Dermatitis und Asthma auslösen. Während Sie verschnaufen und das Tier beim Verzehr seines Pilzes beobachten, taucht aus dem Nichts Kankra auf, ein Ding, das aussieht wie eine gigantische Spinne, doppelt so groß ist wie Sie und mit seinem »Schnabel« sofort anfängt, den armen *G. domesticus* zu durchlöchern. Der Neuankömmling, ein *Haemogamasus pontiger,* ist der schlimmste Räuber dieser grausamen und wilden Welt Ihres Bettes – er hat sich praktisch die ökologische Nische des Tyrannosaurus Rex erobert. Glücklicherweise taugen die schnabelförmigen Kieferklauen zum Durchlöchern der Exoskelette nicht dazu, in Menschenfleisch zu beißen. Das Ungeheuer beschränkt sich also meist darauf, Ihr Blut aus bereits offenen Wunden zu lecken.

Sie haben endgültig genug: Sie weichen vor Lebewesen zurück, die aussehen wie riesige Schildkröten, wobei es sich in Wahrheit um *Kleemannia plumigera* handelt, stolpern über einige Dutzend Larven von *Acarus siro,* weichen den Krebsscheren ähnlichen Kieferklauen des *Androlaelaps casalis* aus, einer allesfressenden Milbe, die von allen am wenigsten wählerisch ist, rennen schreiend weiter und erklimmen den hohen Berg, in der Hoffnung, irgendjemand möge Sie hören, als ein dumpfer Schlag Sie erwachen lässt. Der Band *The Mites of Stored Food and Houses,* in dem Sie gelesen haben, ist aus dem Bett gefallen, als Sie sich im Schlaf umgedreht haben. Sie stehen auf und legen sich auf den nackten Fliesen im Badezimmer schlafen, nachdem Sie sie zuvor mit Reinigungsmittel abgewischt haben.

FUMAROLEN UND RIESENWÜRMER, ODER:

die unglaubliche Welt von *Riftia pachyptila*

Wir fragen uns oft, wie außerirdisches Leben aussehen oder ob sich auf dem Mars Leben entwickelt haben könnte. Wir stellen uns die Außerirdischen als seltsam geformte Wesen mit merkwürdigem Stoffwechsel vor, dabei sind vollkommen unglaubliche Lebensformen gar nicht so weit von uns entfernt, man muss nur lange genug suchen.

Bis vor einigen Jahrzehnten glaubte man, dass alles Leben auf der Erde direkt oder indirekt von der Sonnenenergie abhängig sei: Pflanzen nutzen das Sonnenlicht zur Herstellung von Zucker und anderen organischen Molekülen, die Tiere fressen sie, Zersetzer bauen Pflanzen und Tiere am Ende ihres Lebenszyklus ab, und alles beginnt von vorn. Auch die Tiere der Tiefsee, so glaubte man, erhielten ihre Nahrung (und somit Energie) ausschließlich in Form von Material, das von der Sonne abhängt und aus den oberen Schichten der Ozeane herabsinkt. Natürlich stimmt das nicht, oder zumindest ist es nur die halbe Wahrheit.

Es gibt nämlich eine weitere, »alternative« Energiequelle für Lebewesen: die *Vulkane*. In den Abgründen des Pazifiks, in über 1000 Metern Tiefe, finden sich lange Reihen von Unterseevulkanen, die zum sogenannten Pazifischen

Feuerring gehören. Die Untersuchung und Erkundung dieser Vulkane begann erst 1977, als der technologische Fortschritt den Bau ausgeklügelter Instrumente wie das Tiefsee-U-Boot Alvin ermöglichte, mit dem die Meeresbiologie revolutioniert wurde. Bei der Erkundung der Fumarolen (Schornsteine, aus denen heißes Wasser austritt) in der Nähe der Vulkanketten der Galapagos-Inseln entdeckte Alvin tatsächlich eine neue unvorstellbare Welt.

Zunächst wurden diese hydrothermalen Quellen, denen die Wissenschaftler so komische Namen gaben wie Lucky Strike, Eiffelturm, Muschelfeld, Schlangengraben, Garten Eden, Genesis (nach dem Film *Star Trek)*, Godzilla (eine der größten mit 50 Metern Breite und 13 Metern Höhe), Sarazenenkopf (nach dem Namen des englischen Lieblingspubs eines der Wissenschaftler), kartographisch erfasst. Die Farbe des in Gestalt von Rauchwolken ausgestoßenen Wassers ist abhängig von den darin enthaltenen Mineralien: Es kann schwarz sein (Schwarze Raucher) oder weiß (Weiße Raucher). Unser Interesse gilt meist den Schwarzen Rauchern, die reich an Sulfiten sind, aber die chemische Zusammensetzung des Rauches ist unerklärlicherweise nicht konstant und kann sich von Gebiet zu Gebiet, aber auch im Lauf der Zeit verändern.

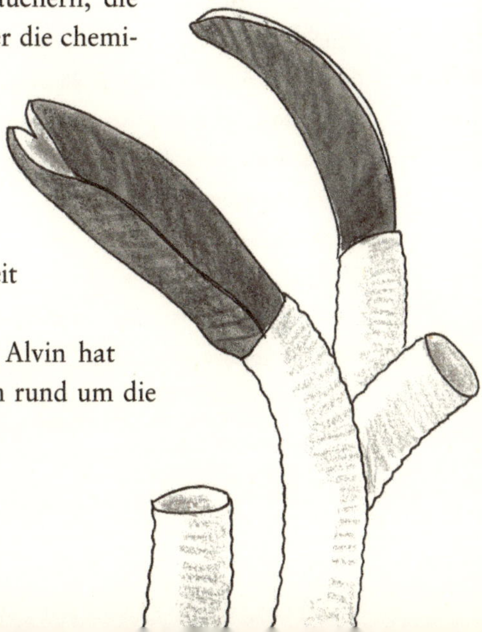

Ebenfalls mithilfe von Alvin hat man etwa 400 neue Arten rund um die

Fumarolen entdeckt. Wie erhalten all diese Tiere Nahrung und Energie, wo sie doch in Tiefen von über 1000 Metern leben, in die niemals das Sonnenlicht vordringt? Die Antwort darauf gibt eine spezielle Art *chemoautotropher* Bakterien. Diese Bakterien spielen in dem ganz besonderen Ökosystem eine vergleichbare Rolle wie bei uns die Pflanzen: Sie produzieren Zucker und Energie, indem sie die von den Fumarolen ausgestoßenen Schwefelverbindungen umwandeln. Bei diesem Prozess setzen sie hochenergetische Elektronen frei, die für die Herstellung von ATP, dem »Treibstoff« aller lebenden Zellen, benötigt werden. Pflanzen nutzen die Photonen des Sonnenlichts zu genau demselben Zweck. Sobald die Energie zur Verfügung steht, wird sie zur Umwandlung von Kohlenstoffdioxid in Glucose verwendet. Dieser als Calvin-Zyklus bekannte Prozess verläuft bei Pflanzen auf gleiche Weise wie bei chemoautotrophen Bakterien.

Fumarolen bilden sich stets im Bereich geologisch aktiver Zonen oder dort, wo es zu tektonischen Bewegungen kommt. Nach den dank Alvin gewonnenen Erkenntnissen folgt auf die Bildung einer neuen Fumarole im Laufe von knapp einem Jahr ein »Niederschlag« von chemosynthetisch aktiven Bakterien, der exponentiell anwächst. Hat sich eine ausreichende Schicht an Energie produzierenden Bak-

terien gebildet, tauchen schließlich die auf, die in der Ökologie als *Primärkonsumenten* bezeichnet werden, also jene Tiere, die sich von den Bakterien ernähren.

Nun sind wir endlich bei unserem Protagonisten, dem *Riftia pachyptila,* einem Bartwurm, der zu den fast unbekannten Vestimentifera oder Riesenröhrenwürmern zählt. Es handelt sich um ein Tier, das als hässlich zu bezeichnen noch euphemistisch wäre: Es ist schlichtweg außerirdisch. Unser bis zu drei Meter langer Wurm ist von einer Chitin-Röhre umschlossen (dasselbe Material, aus dem die Panzer von Insekten und anderen Gliederfüßern bestehen) und gleicht einem riesigen Lippenstift. Denn aus dieser hellen Chitin-Röhre lugt an einem Ende der Wurm hervor, der wegen des Hämoglobins eine flammend rote Färbung aufweist. Der Wurm hat weder Augen noch Mund noch Verdauungsapparat noch Analöffnung noch irgendwelche Extremitäten außer einem rötlichen Flaum am Ende. Wie ernährt er sich also? In seinem Körper befindet sich ein Organ, das sogenannte *Trophosom,* dessen Zellen mit den bereits erwähnten chemoautotrophen Bakterien angefüllt sind. Die Bakterien produzieren Zucker und ATP für den Wurm, und der Wurm schützt im Gegenzug die Bakterien und stellt die nö-

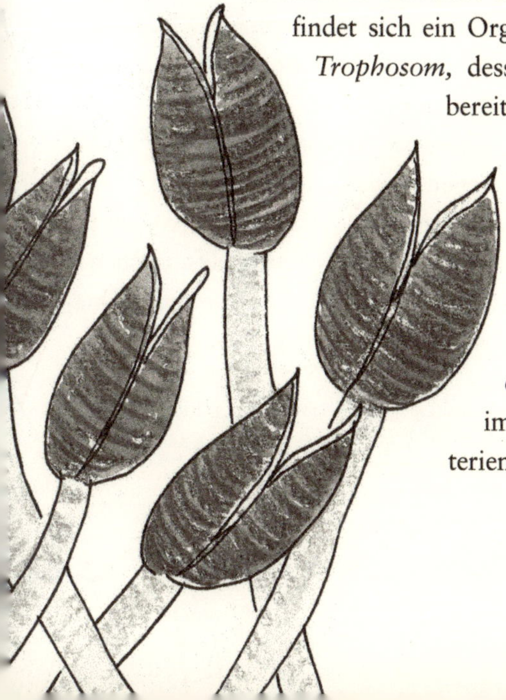

tigen Rohstoffe für diese scheinbar echte Symbiose* zur Verfügung. Es ist nicht ganz klar, wie sich der Wurm die Rohstoffe beschafft, aber man nimmt an, dass der Flaum zur Aufnahme von Schwefel, Kohlenstoffdioxid und Sauerstoff dient und eine besondere Form des Hämoglobins (die dem Wurm die Farbe von Chanel-Lippenstift verleiht) diese Stoffe zu den Bakterien transportiert. Die DNA-Analyse dieser Bakterien ergibt, dass sie nicht alle gleich sind, sondern zu vielen verschiedenen Gruppen gehören, wobei der überwiegende Teil zu den Epsilon-Proteobakterien gehört, gefolgt von Delta-, Alfa- und Gamma-Proteobakterien, Verrucomicrobia, Vertretern der Cytophaga-Flavobacterium-Bacteroides-Gruppe und anderen nicht eindeutig identifizierten oder der Wissenschaft unbekannten Mikroorganismen. Man weiß nicht genau, wie die Bakterien in einen Wurm ohne Körperöffnungen gelangen, wo nicht einmal die Larve, die sich freischwimmend entfernen kann, um eine neue Fumarole zu besiedeln, ein Maul hat – aber auf jeden Fall handelt es sich um einen klassischen Mechanismus der Endozytose, bei der die Bakterien von den Zellen »verschlungen« werden.

Unser Lippenstift-Wurm ist dort auf seiner Fumarole in guter Gesellschaft: weiße tellergroße Venusmuscheln, Krebse ohne normale Augen, die jedoch in der vollkommenen Dunkelheit die Länge der von der Fumarole ausgehenden Wellen erkennen können, merkwürdige Miesmuscheln, Gespensterfische, die aussehen wie Aale. Eine ganze Ge-

* Keine Symbiose ist jemals vollkommen gleichberechtigt. Einer der beiden Organismen hat in der Regel größere Vorteile als der andere, sodass folglich einer zumindest teilweise ausgenutzt wird.

meinschaft, die um die chemosynthetisch aktiven Bakterien kreist, sich direkt oder indirekt von ihnen ernährt. Besonders bemerkenswert ist der Pompejiwurm oder *Alvinella pompejana,* das Tier, das die absolut höchsten Temperaturen (bis 80 °C) verträgt. Wie schafft es das? Natürlich mithilfe der chemoautotrophen Bakterien! Auf dem Rücken hat es »Haare«, bei denen es sich in Wahrheit um Bakterienkolonien handelt, die dazu beitragen, die von der Fumarole ausgestoßenen und andernfalls giftigen Schwermetalle abzubauen. Diese »Haare« tragen außerdem zur thermischen Isolierung bei.

Die Biologin Cindy Lee Van Dover, die jahrelang diese neue, geheimnisvolle und wunderschöne Welt erforscht hat, schreibt:

»Die überraschende Folge [...] ist, dass die hydrothermalen Systeme der Meere, die durch die Hitze vulkanischer Prozesse gespeist werden, Lebensformen hervorbringen können, die ohne Sonnenlicht auskommen. Das Wasser der heißen Quellen könnte der Wundertrank im Kessel des Hexenmeisters sein. Das Wasser weist eine urweltliche chemische Zusammensetzung auf, die seit dem Auseinanderbrechen von Gondwana entlang der unterseeischen Gebirgsketten vorherrscht. Es gibt ein wachsendes und zunehmend berechtigtes Interesse an Theorien, denen zufolge die chemischen und thermischen Bedingungen des Wassers einiger unterseeischer Quellen die Synthese organischer Verbindungen erlauben könnten. Das Leben auf unserem Planeten hat seinen Ursprung also möglicherweise in ebendiesen Quellen in den Tiefen der Meere.«

DAS MONSTER IN UNS: EINIGE BEISPIELE FÜR PARASITISMUS

Der Anblick eines Tigers wird die meisten faszinieren. Wir sehen in ihm ein großartiges Tier, ein Symbol für Kraft und Stärke, einen Respekt einflößenden, bewundernswürdigen Feind, wenn auch der Gedanke, einem von ihnen ohne schützende Gitterstäbe zwischen ihm und uns zu begegnen, Angst bereitet. Der Anblick einer Laus erregt dagegen Grauen, Abscheu und Ekel, wir haben das instinktive Bedürfnis, uns zu kratzen. Dieses Verhalten ist vollkommen unlogisch, denn ein Tiger kann uns mit einem Schlag umbringen, während eine Laus höchstens ein wenig Juckreiz verursacht.

Im Gegensatz zu Raubtieren, die ihre Beute notgedrungen erlegen, geht es den Parasiten nicht darum, ihr Opfer zu töten, sondern dessen Ressourcen zu nutzen. Der Tod des Wirtes muss daher, bis auf wenige Ausnahmen, als zufälliges und vom Parasiten nicht gewolltes Ereignis gelten, denn es hätte höchstwahrscheinlich auch den eigenen Tod zur Folge.

Nichtsdestoweniger haben Parasiten im Kontext von Epidemien, Kriegen und Notzeiten mehr Menschen das Leben gekostet als alle großen Raubtiere zusammengenommen. Ein von Parasiten nicht erwünschter Nebeneffekt besteht nämlich darin, Träger von Mikroorganismen zu sein, die beim Wirt gefährliche Krankheiten, wie zum Beispiel Pest, Fleckfieber und andere Rickettsiosen verursachen können. Man könnte das als Parasitismus zum Quadrat bezeichnen: Ein Mikroorganismus bedient sich eines Parasiten, der sich seinerseits eines Wirtes bedient.

So gesehen wird nachvollziehbar, inwiefern eine Laus gefährlicher als ein Tiger sein kann: Der Tiger tötet jedes Mal höchstens ein Beuteopfer; Pest- oder Typhusepidemien haben dagegen in den vergangenen Jahrhunderten vermutlich Millionen von Menschen auf einen Schlag getötet (und tun es in manchen Verbreitungsgebieten dieser Krankheit noch heute). Unsere Abscheu könnte also ein Selbstschutzmechanismus sein, der sich rein durch natürliche Selektion herausgebildet hat, noch bevor man den Zusammenhang zwischen Parasiten und Krankheiten erkannt hatte: Wer sich wusch und so den Befall mit Läusen und Flöhen vermied, entkam mit größerer Wahrscheinlichkeit den durch diese Parasiten übertragenen Krankheiten.

Die Parasiten haben ihrerseits Mechanismen herausgebildet, um ihre rasche Beseitigung zu verhindern. Viele haben ihr freies Leben aufgegeben und sich zu inneren Parasiten entwickelt, oft sind sie darauf spezialisiert, eine einzige Wirtsart zu befallen. Manchmal lassen sich Zwischenstufen dieser Entwicklung beobachten, etwa bei den Madenhackern. Bisweilen besteht seit Zehntausenden von Jahren eine unauflösliche Verbindung zwischen Parasit und Wirt, da es Letzterem in der Zwischenzeit nicht gelungen ist, entsprechende Gegenmaßnahmen zu entwickeln. So können im Gewebe des Wirtes eine Vielzahl verschiedenster Würmer, Gliederfüßer, Mikroorganismen etc. überleben.

Natürlich werden nicht nur Menschen von internen oder auch externen Parasiten befallen. Praktisch alle lebenden Organismen sind Opfer von Parasiten, die in ihrer Größe von Viren bis zu Wirbeltieren reichen. Betrachtet man einige Fälle von Parasitismus bei anderen Spezies, kommt einem vielmehr der Gedanke, dass wir Menschen im Grunde von Glück reden können, da wir nicht von so etwas Schrecklichem wie dem Sackkrebs *(Sacculina carcini)* oder von Saitenwürmern *(Nematomorpha)* heimgesucht werden.

Es gibt einen weiteren Grund, weshalb Tiger weitaus weniger furchterregend sind als Parasiten: Letztere können auf das Nervensystem einwirken und das Verhalten des Wirts verändern. Diese Angst sitzt so tief in uns, dass sie zu einem der beliebtesten Themen von Horror-Fantasy-Romanen und -Filmen – wie zum Beispiel *Alien* oder *Das Ding aus einer anderen Welt* – geworden ist. Gefressen zu werden, mag ja noch angehen, aber von innen heraus aufgefressen zu werden und dabei das eigene Handeln nur auf das Wohl des Parasiten abzustimmen, ist eine in unseren Augen unerträgliche Vorstellung.

Angesichts der Sensibilität des Themas rate ich allen übermäßig empfindlichen Menschen davon ab, das folgende Kapitel zu lesen. Ich habe mich um einen heiteren Umgang mit dem Thema bemüht und den Schwerpunkt eher auf die Zoologie, auf Verhaltensweisen und evolutionäre Anpassungen als auf die »schaudererregenden« Aspekte der Parasiten gelegt, aber ich kann nicht dafür garantieren, dass es allen gelingt, sich kein einziges Mal zu kratzen.

DIE WAHRHEIT ÜBER ALIEN

Sacculina carcini

Als ich anfing, diesen Text zu schreiben, hatte ich eigentlich vor, mit einem Zitat aus dem Film *Alien* zu beginnen. Doch nach einigem Nachdenken wurde mir klar, dass die Wirklichkeit sehr viel furchterregender ist als das, was die Hollywood-Regisseure uns vorgaukeln. Ich werde mich daher auf die reine Darlegung der Fakten beschränken.

Stellen Sie sich eine ganz gewöhnliche Krabbe vor, wie sie in unseren Breiten vorkommt – etwa eine gemeine Strandkrabbe *(Carcinus maenas)*, einen Taschenkrebs *(Eriphа spinifrons)* oder eine Schwimmkrabbe *(Portunus holsatus)* –, die auf der Suche nach Venusmuscheln durchs Wasser schwimmt. Während unsere Krabbe mit ihren Alltagssorgen beschäftigt ist, berührt sie etwas, das aussieht wie eine Krebstier-Larve, am Bein. Sie beginnt sofort zu zappeln, um sich von dem lästigen Ding zu befreien oder vielleicht aus einem

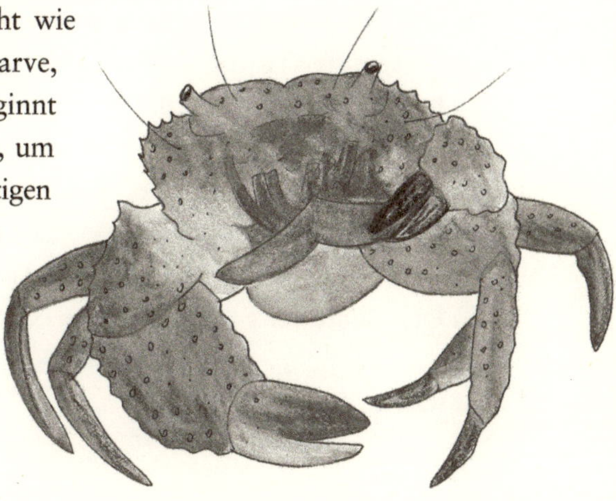

Empfinden heraus, das bei Krabben dem entspricht, was wir als berechtigte Panik bezeichnen würden. Doch es ist bereits zu spät: Die Attacke hat begonnen, der Angreifer ist zäh und klammert sich mit ganzer Kraft fest. Es handelt sich um die weibliche Larve eines parasitären Krebstieres aus der Familie der Wurzelkrebse *(Rhizocephala)*, genauer gesagt um den Sackkrebs *Sacculina carcini*.

Der Sackkrebs gehört zu den Rankenfüßern, einer Krebsordung, der Charles Darwin nicht nur zufällig eine lange Studie widmete. Anhand entsprechender Untersuchungen versuchte er, die Mechanismen der Evolution zu begreifen. Ein weiteres Beispiel für Rankenfüßer sind Seepocken, jene Geschöpfe, die mit ihrer kegelförmigen weißen Schale auf dem Untergrund oder manchmal auch an Schiffsrümpfen, auf Walen oder anderen Meerestieren sitzen und im Allgemeinen harmlos sind, während es sich bei den Wurzelkrebsen stets um Parasiten handelt.

Vor dem Angriff auf die Krabbe verändert die Sackkrebs-Larve zweimal radikal ihr Äußeres, wobei sie sich insgesamt fünf Mal häutet. Im ersten Stadium, unmittelbar nach dem Schlüpfen, wird sie als *Nauplius* bezeichnet. Diese Larve lebt planktonisch, das heißt, sie bewegt sich fort, indem sie sich von der Meeresströmung treiben lässt. Sie hat ein einziges zentrales Auge sowie zwei Antennen. Auf dieser Entwicklungsstufe ähnelt der Nauplius nicht nur sehr den Larven anderer Rankenfüßer, sondern den Krebstier-Larven ganz allgemein. Es folgen vier wachstumsbedingte Häutungen. Die fünfte Häutung, nach 4 bis 8 Tagen, führt zur Bildung einer zweiten Larvenform, der sogenannten *Cypris*. Die Cypris-Larve frisst nicht, denn sie hat kein Maul; ihre einzige Aufgabe besteht darin, einen geeigneten endgültigen Untergrund zu finden: Für eine Seepocken-Larve ist das zum Beispiel ein Schiff, für eine Sackkrebs-Larve dagegen eine arme Krabbe. Nur die kleineren weiblichen Sackkrebs-Larven sind für ein echtes Parasitendasein im Inneren des Wirts geeignet, aber die Bestimmung der Männchen ist, wie sich in Kürze zeigen wird, nicht minder beunruhigend.

Sobald eine weibliche Cypris-Larve ihr Opfer ausfindig gemacht hat, besteht ihr Ziel darin, einen Punkt zu finden, an dem der Carapax möglichst dünn ist, etwa am Ansatz eines Haares oder einer Gliedmaße. Dort klammert sie sich mithilfe der Antennen fest, zementiert sich, so dass sie schwer entfernbar wird, und sticht einen Chinin-Stachel (das Kentron) in die Krabbe. An diesem Punkt geschieht etwas Unglaubliches. Viele Tierarten häuten sich, legen ihre äußere Hülle ab, wenn diese zu klein oder ungeeignet für den eigenen Körper wird. Eine heranwachsende Zikade entledigt sich ihres Exoskeletts. Ein Schmetterling verändert während der Verpuppung sogar viele seiner inneren und äußeren Organe. Dennoch bleibt die Identität des Lebewesens unangefochten bestehen. Der Sackkrebs vollzieht dagegen eine sehr, sehr merkwürdige Verwandlung. Durch das Kentron »injiziert« die Cypris einige Zellen ihres Körpers, nur ein kleines Häufchen, das meist aussieht wie eine kleine Schnecke (Stadium des *Kentrogons)*. Die restliche Larve bleibt draußen und stirbt ab, als sei sie nur eine Außenhülle. Was nun zählt, sind lediglich die paar Zellen im Inneren der Krabbe. Dieser Zellhaufen sucht sich seinen

Weg durch das Gewebe der Krabbe und setzt sich schließlich an der Bauchseite, zwischen Rumpf und Hinterleib fest. An diesem Punkt kommt es zu zwei wichtigen Ereignissen: Zunächst beginnt der Zellhaufen zu wachsen wie ein Krebsgeschwür, er nistet sich im gesamten Gewebe des Wirtes ein und verzweigt sich überallhin. Auf der Oberfläche dieses neuen Organismus befinden sich Mikrovilli, wie es sie auch in unseren Gedärmen gibt. Sie dienen zur Vergrößerung der Absorptionsfläche und Aufnahme von Nährstoffen aus der Hämolymphe (dem Blut) der Krabbe, der folglich die Versorgung entzogen wird. Der ausgewachsene Sackkrebs hat keinerlei Sinnesorgane, keine Gliedmaßen zur Fortbewegung und keinen Verdauungsapparat. Er verfügt lediglich über ein Hormon- und Fortpflanzungssystem und ist somit ein vollkommen anderer Organismus als die Larve, von der er stammt, auch wenn er aus denselben Zellen gebildet ist.

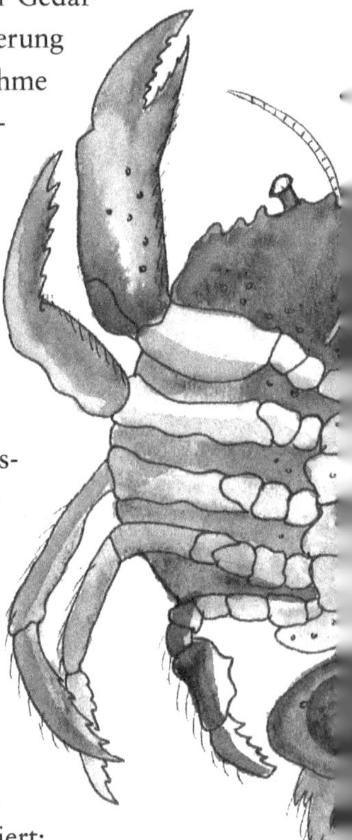

Gleichzeitig übernimmt der Sackkrebs mithilfe von Hormonen die physische und psychische Kontrolle über die Krabbe. Ist es ein Männchen, wird es als Erstes kastriert: Das Abdomen wird breiter, wie beim Weibchen, die Hoden bilden sich zurück, die gesamte

Erscheinung entspricht der eines Weibchens oder einer Zwischenform. Die Krabbe beginnt nun auch, sich wie ein Weibchen zu verhalten, was dem Sackkrebs, wie sich zeigen wird, dienlicher ist. Sie hört außerdem auf zu wachsen, sich zu vermehren, sich zu reinigen und verliert sogar die Fähigkeit, verlorene Gliedmaßen zu regenerieren. Sie verbringt die gesamte Zeit mit der Nahrungsaufnahme, um den Sackkrebs in ihrem Inneren mit Energie zu versorgen. Sie fragen sich jetzt vielleicht, ob die Krabbe darunter leidet: Das ist schwer zu sagen, aber ich glaube, sie wird sich sicherlich unwohl fühlen. Am Ende ist sie, wegen des Sackkrebses in ihrem Körper, kaum noch in der Lage, sich zu bewegen. Das ist bestimmt alles andere als angenehm.

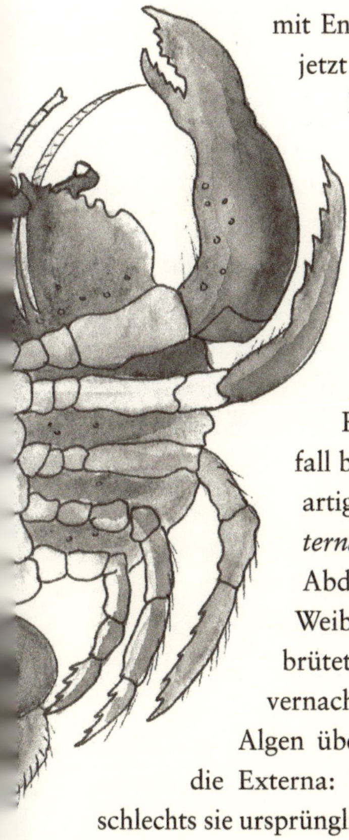

Rund neun Monate nach dem Befall bildet der Sackkrebs eine feste sackartige Ausstülpung (die sogenannte *Externa*) auf der Bauchseite unterhalb des Abdomens der Krabbe, dort, wo ein Weibchen normalerweise seine Eier ausbrütet. Obwohl die Krabbe sich selbst vernachlässigt, von einer Kruste und von Algen überzogen ist, kümmert sie sich um die Externa: Unabhängig davon, welchen Geschlechts sie ursprünglich war, hält sie diese so sauber, wie es ein Weibchen mit den eigenen Eiern tun würde. Wenn die Eier reif für die Befruchtung sind, bilden sich in der Externa zwei kleine Öffnungen. In einer Tasche in unmittelbarer Nähe derselben beziehen nun die männlichen Cypris-Larven Stellung. Nach etwa zwanzig Minuten befinden sich diese in einem Larvenstadium, das dem des weiblichen Kentrogons entspricht, des sogenannten *Trichogons*. Aus der männlichen Cypris-Larve entweicht ein winziges, etwa ein fünftel Millimeter langes Wesen und dringt in die Öffnung der Externa ein. Es handelt sich nicht um eine Spermatophore, also um ein Spermienpaket, sondern um ein echtes Lebewesen von zunächst veränderlicher Form, wie eine Amöbe, mit einer borstigen Hülle (Kutikula) und lebendem Gewebe. Seine Funktion besteht darin, in die Nähe der weiblichen Eierstöcke zu gelangen und die Eier zu befruchten. Die übrige Cypris-Larve degeneriert und stirbt. Es ist so, als würde beim Geschlechtsakt zweier Menschen kurz vor der Penetration der Penis zu eigenem Leben erwachen, sich ablösen und in die weiblichen Genitalwege eindringen, derweil der restliche Mann, nachdem ihm die Augen geplatzt sind und der größte Teil seiner Organe abgestoßen wurde, abstirbt (wie es bei der Cypris-Larve der Fall ist). Eine von einem Sackkrebs befallene Krabbe zu sein, ist nicht schön, aber auch eine männliche Cypris-Larve führt nicht gerade ein traumhaftes Dasein. Das Trichogon entledigt sich seiner äußeren Hülle und gleitet wie ein kleiner Wurm in Richtung Eierstöcke.

Einige Tage nach Beginn dieses Prozesses setzt die sogenannte Gametogenese ein, und das Trichogon, das mikroskopisch kleine Männchen, dessen einzige Funktion in der Produktion von Spermien besteht, bleibt vor Ort. Im

Grunde ist der Sackkrebs eine Art Hermaphrodit geworden, indem er von außen zwei Hoden erhalten hat. Wenn die Eier reif sind und die Nauplien ihr kleines Auge gebildet haben, klettert die Krabbe, egal, ob ursprünglich männlich oder weiblich, auf Befehl ihrer Herrin an einen erhöhten Punkt. Dort presst sie netterweise die Externa zusammen, um den Nauplien den Austritt zu erleichtern, und bewegt eine der Scheren im Wasser hin und her, damit sie sich besser verteilen, so wie es ein Weibchen mit den eigenen Eiern tun würde. Der Sackkrebs produziert für den Rest seines Lebens Millionen von weiteren Eiern und bringt somit stetig Nauplien hervor, die darauf aus sind, andere Krabben zu befallen.

Dieser Parasit wählt seinen Wirt auf ganz spezielle Weise und könnte daher beim Menschen niemals Derartiges anrichten. Will man einen Vergleich ziehen, müsste man sich eine Ratte vorstellen, die uns beißt, sich selbst durch den Speichel in uns hinein injiziert und allmählich in unserem Körper heranwächst. Um ihr eigenes Überleben und ihre Fortpflanzung zu sichern, würde sie uns dazu zwingen, uns nach ihrem Willen zu verhalten und uns selbst zu vernachlässigen. Da es sich um einen uns ähnlichen Organismus handelt, gäbe es außer einem chirurgischen Eingriff kein Mittel, sie zu entfernen. Es gibt jedoch offenbar eine Kehrseite der Medaille, und so abstoßend uns dieser Parasit erscheinen mag, hat er auch sein Gutes. Die europäische Krabbe gelangte sowohl nach Amerika als auch nach Australien, wo sie in einigen Gegenden die Vorkommen von Venus- und Pilgermuscheln vollkommen verdrängt und darüber hinaus die heimischen Krabbenarten dezimiert und geschädigt hat. Deshalb gibt es Pläne, den Sackkrebs in jenen Gegenden, in denen diese europäische Krabbenart nicht heimisch und entsprechend schädlich ist, zur biologischen Bekämpfung derselben einzusetzen. Das wäre, um auf den Ausgangspunkt zurückzukommen, etwa so, als würde man ein paar Aliens in eine Raumstation einschleusen, um sich der Besatzer zu entledigen.

CANDIRU: DER HARNRÖHRENWELS ZWISCHEN MYTHOS UND REALITÄT

Vandellia cirrhosa

Von der Existenz dieses Fisches habe ich zum ersten Mal als Grundschülerin gehört, während ich ein Buch über die südamerikanischen Entdeckungsreisen von Sir Francis Drake las, der manchen eher als Liebhaber von Elisabeth I. denn als Entdecker und Korsar bekannt sein mag. Wie dem auch sei, mich hat die Beschreibung des Candiru, jenes Fisches, der in die menschlichen Genitalien eindringt, sehr beeindruckt. Vielleicht lag es an meinem damals zarten Alter, dass sie mir weniger unter zoologischen Aspekten, sondern vor allem als albtraumartige Geschichte im Gedächtnis blieb. Das Alter der Vernunft und der Zugang zu wissenschaftlicher Literatur haben mich hinsichtlich der Gefährlichkeit dieses Tieres einigermaßen beruhigt: Was von alledem ist Wahrheit, was Legende?

Der Candiru oder *Canero* beziehungsweise *Carnero*, wie er in Südamerika auch genannt wird, ist ein kleiner, zur Ordnung der Welsartigen gehörender Fisch. Er lebt im Amazonas und im Orinoco in Brasilien, wird maximal sechs Zentimeter lang und einen Zentimeter breit, ist durchscheinend, fast transparent und hat insgesamt

einen für das Leben eines Parasiten geeigneten Körperbau. Dank seiner kleinen, zarten, kaum wahrnehmbaren Gestalt bleibt er unbemerkt am Grund der Flüsse im Hinterhalt, bis er sich, dem Geruch des vom Opfer ausgestoßenen Ammoniaks folgend, unter den Kiemendeckel eines vorbeischwimmenden Fisches zwängt. Sobald er dort ist, entfernt er mit seinen feinen, an einen Kamm erinnernden Zähnen einige Stückchen aus den Kiemen des Wirtes, ernährt sich von dem Gewebe und dem austretenden Blut. Mithilfe seiner Kiemenstachel kann er sich an den Kiemen des Fisches festklammern. Dem Wirt ist es unmöglich, sich des Parasiten zu entledigen, da die Stacheln das Gewebe beim Zurückweichen zerfetzen würden. Die Angelegenheit ist sicherlich schmerzhaft für den wehrlosen Fisch. Er spürt, wie Teile seiner Kiemen durch die Bisse des Candiru herausgerissen werden, doch es dauert nur so lange an, bis der kleine Fisch satt ist (etwa 30 bis 145 Sekunden). Danach lässt er von seinem Opfer ab und versteckt sich wieder am Grund des trüben, langsam dahintreibenden Flusses.

All das ist schon eindrucksvoll genug, aber der Candiru ist noch für ganz anderes bekannt. Laut Aussage der meis-

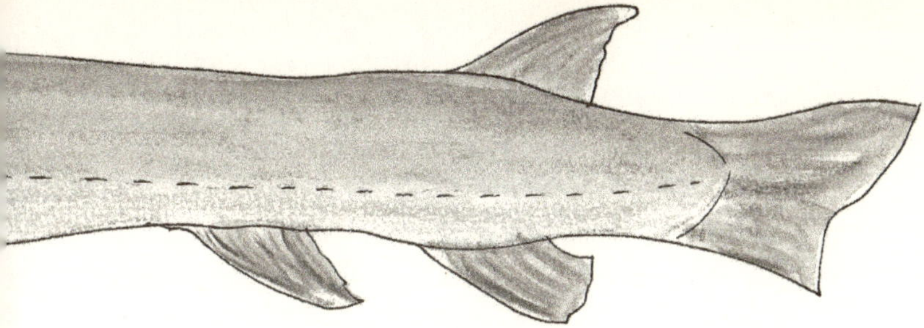

ten Autoren spürt der Fisch die Kiemen durch den Geruch des aus dem Kiemendeckel ausgestoßenen Ammoniaks auf, dem er gegen die Strömung folgt, um sich in die enge Öffnung hineinzuzwängen. Dieses Verhalten ist instinktiv. Alle Ammoniumströme sind für den Candiru gleich, es sind lediglich Wege, die es zurückzuverfolgen gilt und an deren Ende es Nahrung gibt. Wenn ein Säugetier, zum Beispiel ein Mensch, in den Fluss uriniert und der Candiru den Strom des Harnstoffs bemerkt, wird er diesen daher zurückverfolgen und sich in die Öffnung, aus der dieser Strom hervortritt, also in das Ende der Harnröhre, hineinzwängen, um darin weiter vorzudringen, wie er es in den Kiemen eines Fisches tun würde. Tatsächlich sind ihm alle Öffnungen recht, auch Anus und Vagina, aber der urogenitale Bereich (Penis oder weibliche Harnröhre) ist angesichts seiner physiologischen Funktion am stärksten gefährdet.

Der Fisch kann in einem für ihn ungeeigneten Ambiente, etwa einer menschlichen Harnröhre, nicht überleben, aber auch der Wirt kann leicht an dem Schock sterben: Ein Candiru würde heftigste Schmerzen verursachen, zum einen, weil er Fremdkörper in einer sehr empfindlichen, mit einem feinen Nervensystem versehenen Zone wäre, zum anderen, weil er, indem er Nahrung, also Blut, aufnimmt, etwas dicker wird und den Austritt des Urins verhindern würde, was die Ansammlung von Giftstoffen im Blut zur Folge hätte. Wenn der oder die Unglückselige den anfänglichen Schock übersteht, muss eine Notoperation vorgenommen werden, um den Candiru zu entfernen, denn wegen seiner Kiemenstachel kann er nicht einfach zurück. Bisweilen ist eine Amputation (falls möglich) das einzige Mittel, etwa wenn sich das Unglück an einem entlegenen Ort im Amazonas-Urwald ereignet, wo man mit einer Harnverhaltung nicht lange überlebt. Die Indios verwenden jedoch zwei verschiedene Pflanzen – Jenipapo *(Genipa americana)* und Buitach oder deren Extrakte –, um den Fisch abzutöten, sobald er in eine menschliche Körperöffnung eingedrungen ist. Der Sud ist sehr säurehaltig und löst das Skelett des Fisches auf, so dass er auf »natürlichem« Weg ausgeschieden werden kann.

So zumindest die Legende. Wenn das parasitäre Verhalten des Candiru in Bezug auf andere Fische auch nachgewiesen und im Labor erforscht worden ist, weiß man doch in Wahrheit recht wenig über den zufälligen Parasitismus im Zusammenhang mit Menschen. Der überwiegende Teil entsprechender Berichte hat anekdotischen Charakter und/oder stammt aus zweiter Hand. Im Labor durchgeführte Experimente haben vor allem ergeben, dass der Candiru auf Sicht jagt und nicht in besonderer Weise durch Harnstoff oder Ammoniak angelockt wird. Darüber hinaus ist Harnstoff (der von Säugetieren, nicht aber von Süßwasserfischen produziert wird) eine gänzlich andere und nicht mit Ammoniak zu verwechselnde Substanz (die wiederum von Fischen und nicht von Säugetieren produziert wird). Weshalb der Candiru den Urinfluss gegen die Strömung zurückverfolgen sollte, bleibt ein Rätsel. Dass er dann auch noch aus dem Wasser springt, um dem Pipistrahl zu folgen, scheint mir jede Großstadtlegende in den Schatten zu stellen.

In der medizinischen Literatur gibt es lediglich zwei dokumentierte Fälle eines Befalls durch den Candiru. Bei dem ersten, von 1945, handelt es sich um den Bericht eines amerikanischen Marinechirurgen, eines gewissen Dr. Charles Ammerman, der angeblich drei mit Candiru befallene Patienten operiert und bei einem von ihnen die Harnblase geöffnet hat, um den Fisch zu entfernen. Allerdings gibt es dazu keine weiteren Belege, Unterlagen oder Fotografien. Der zweite Fall ereignete sich 1997, als ein Candiru aus dem Fluss in die Harnröhre eines unglückseligen 23-jährigen Brasilianers sprang. Der Mann musste sich einer Operation unterziehen, um den Candiru aus der Blase entfernen zu lassen. Der Chirurg, Dr. Samed, dokumentierte alle Phasen des Eingriffs und konservierte den Fisch in Formalin. Einige Jahre später suchte der Meeresbiologe Stephen Spotte, der an seinem Buch *Candiru: Life and Legend of the Bloodsucking Catfishes* schrieb, diesen Chirurgen auf. Nach dessen Bericht aus erster Hand und der Analyse der Überreste des Fisches kam Spotte zu dem Schluss, dass die ganze Geschichte mit Vorsicht

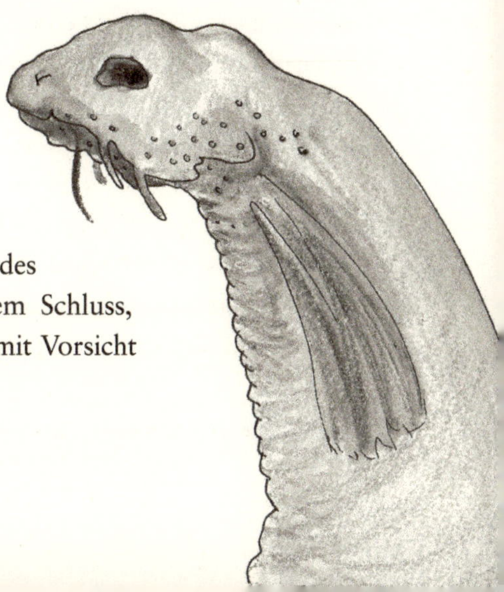

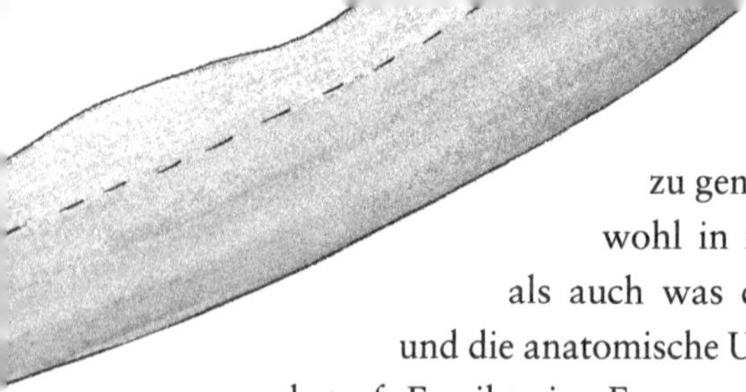

zu genießen sei – und zwar sowohl in medizinischer Hinsicht, als auch was den Bericht des Opfers und die anatomische Untersuchung des Fisches betraf. Es gibt eine Form sexueller Abweichung, die manche Männer dazu treibt, sich Gegenstände wie Kugelschreiber oder Rasierklingen in die Harnröhre und von dort in die Blase einzuführen. Der Fall mit dem Candiru ist vielleicht eher in dieser Weise zu deuten und nicht als ein durch den Fisch hervorgerufener Unfall.

Weder gibt es gesicherte Nachweise für Amputationen in Folge eines Befalls mit Candiru noch wurden Studien zur Wirksamkeit der von den Indios verwendeten Pflanzen durchgeführt.

All das heißt natürlich nicht, dass die Geschichte mit dem Candiru lediglich eine Großstadt-, Verzeihung, eine Urwald-Legende ist. Die Indios treffen tatsächlich Vorsichtsmaßnahmen, wenn sie sich in verseuchte Flüsse begeben, und seit über zweihundert Jahren gibt es haufenweise anekdotenhafte Berichte, in denen von der Fähigkeit des Candiru, in den Körper von Säugetieren einzudringen, die Rede ist.

Die Geschichte, dass er in Tierkadaver eindringt, um sie von innen heraus auszuhöhlen, erscheint mir zum Beispiel glaubwürdig. Das heißt aber auch, dass ein Candiru wohl höchst selten aus Versehen ein lebendes und gesundes Säugetier befällt und sich dabei de facto das Leben nehmen wird. Es gibt dafür kaum Belege, und vermutlich bleibt noch eine Menge über diesen Fisch zu entdecken, der irrtümlich als einziger zu den Wirbeltieren zählender Parasit bezeichnet wurde*. Bei allem bisher Gesagten würde ich jedenfalls, wenn ich ein Bad im Amazonas nehmen müsste, darauf bestehen, einen mit Kevlar gepanzerten Anzug zu benutzen. Besser überängstlich, als am Ende das Nachsehen zu haben.

* Auch Vampirfledermäuse oder Madenhacker sind beispielsweise zu den Wirbeltieren zählende Parasiten anderer Arten von Wirbeltieren.

DER BESTE FREUND DES MENSCHEN: DIE LAUS

Pediculus humanus

Gibt es ein Tier, das in den letzten zwei Millionen Jahren an der Seite des Menschen geblieben ist, sich jeglichen Umständen angepasst hat, ihm bei der Auswanderung, in Kriegen, Notzeiten und bei Epidemien stets treu geblieben ist und dafür nichts als ein wenig Nahrung zum Sattwerden verlangt hat? Ja, und es ist nicht der Hund, sondern die Laus.

Zunächst möchte ich mit einem Mythos aufräumen: Läuse liegen nicht auf der Lauer und springen auch nicht auf ein vorbeilaufendes Opfer, denn sie haben keine langen Beine wie der Floh und können ohne menschlichen Wirt nicht überleben. Um von Mensch zu Mensch zu gelangen, bedarf es des direkten Kontakts. Ich schicke das voraus, um das heftige Verlangen, sich zu kratzen, das einen überkommt, sobald man dieses Thema streift, zu mindern: Nirgends lauert im Hinterhalt eine Laus, die uns überfallen könnte.

Wir Menschen können von Glück reden: Verglichen mit anderen Säugetieren werden wir von sehr wenigen Außen- oder Ektoparasiten belästigt. Das liegt vor allem daran, dass wir kein Fell mehr haben. Die der Spezies Mensch eigenen Außenparasiten sind: die beiden Arten von Läusen, die weiter unten zur Sprache kommen werden, außerdem die Filzlaus, *Pthirus pubis,* eine Lausart, die sich auf ein Leben in der Schambehaarung (aber auch unter den Achseln, im Bart und sogar in den Augenbrauen) spezialisiert hat, der Menschenfloh *(Pulex irritans)*, die Bettwanze *(Cimex lectularius)* und einige Milben wie die Krätzmilbe *(Sarcoptes scabiei)*. Alles in allem nicht gerade viele, verglichen mit anderen Säugetieren und besonders mit einigen Vögeln, die von Dutzenden verschiedener Ektoparasiten befallen sind.

Fast alle diese Ektoparasiten, inklusive der Läuse, haben gemeinsam, dass sie sich von menschlichem Blut ernähren. Es besteht jedoch ein Unterschied: Tiere wie die Flöhe leben lediglich im Erwachsenenalter von Blut. Im Larvenstadium sind sie dagegen saprobiont, sie fressen, was sie gerade finden. Auf diese Weise wird ihre Ernährung abwechslungsreicher. Läuse ernähren sich dagegen während ihres gesamten Lebenszyklus (der insgesamt etwa einen knappen Monat dauert) ausschließlich von Blut, wodurch ein Problem entsteht: Im menschlichen Blut fehlen manche Nährstoffe, etwa einige Vitamine der B-Gruppe, die anderweitig zugeführt werden. Um sich mit diesen Stoffen zu versorgen, bergen die Läuse in den Zellen des sogenannten Hämozöls (einer unseren Blutgefäßen vergleichbaren, mit Körperflüssigkeit gefüllten Leibeshöhle) Bakterien, die als Symbionten Vitamine produzieren. Sie werden vom Muttertier an die Eizelle weitergegeben und so auf die neue Generation übertragen. Sozusagen körpereigene Vitaminpillen.

Läuse sind also praktisch Zwangs- und Dauerparasiten, das heißt, sie verlassen nie den Wirt: Das Muttertier produziert einen klebrigen Speichel, mit dem es die Eier (Nissen) am Haar befestigt. Zunächst schlüpft eine Nymphe (es sind hemimetabole Insekten, bei denen die Jungtiere den ausgewachsenen Tieren gleichen). Nach drei Häutungen ist das Tier voll entwickelt, und die beiden Geschlechter kopulieren häufig. Das Weibchen legt drei bis vier Eier am Tag ab, im Lauf eines Lebens etwa hundert. Zu dem Juckreiz kommt also noch die frustrierende Vorstellung, dass einem kleine Tierchen in den Haaren sitzen, die einen Heidenspaß miteinander haben.

Es gibt zwei Unterarten von Menschenläusen, die Kopflaus, *Pediculus humanus capitis,* und die Kleiderlaus, *Pediculus humanus humanus.* Morphologisch sind sie ununterscheidbar, aber die eine lebt im Haar, die andere in den Kleidern, insbesondere dort, wo diese mit der Haut in Berührung kommt, etwa an den Nähten. Die Kopflaus ist, abgesehen vom Juckreiz und den durch die Stiche hervorgerufenen Hautreizungen, harmlos. Die Kleiderlaus überträgt dagegen das pathogene Bakterium *Rickettsia prowazekii,* das Fleckfieber verursacht, sowie *Bartonella quintana,* den Erreger von Schützengrabenfieber. Das Bakterium tötet die Laus, aber zu spät. Die durch die Stiche verursachte Reizung führt dazu, dass man sich ständig kratzt. Dadurch wird die Haut des menschlichen Wirts verletzt, und auf diese Weise kommen Blut und Fäkalien des Insekts mit dem Blutkreislauf in Kontakt, das Bakterium gelangt in die Blutbahn, und es kommt zur Infektion.

Vor allem Fleckfieber tritt typischerweise unter extremen

Bedingungen auf, in denen Menschen gezwungen sind, auf engstem Raum zusammenzuleben, ohne sich waschen oder die Kleider wechseln zu können, etwa bei großer Armut oder in Kriegszeiten: So waren es beispielsweise Fleckfieber und Schützengrabenfieber, und nicht etwa Geschosse und Kanonen, die das napoleonische Heer bei seinem Russlandfeldzug von 1812 dezimierten (mindestens ein Drittel der 25 000 in den Massengräbern von Vilnius gefundenen Körper war einer durch Läuse übertragenen Krankheit zum Opfer gefallen). Fleckfieber setzte auch den russischen und serbischen Truppen an der Ostfront des Ersten Weltkrieges zu und brachte diese dazu, sich zu ergeben. Wer am stärksten verlaust ist, verliert also den Krieg.

Wie stets kommt jedoch nicht alles Übel nur, um Schaden anzurichten, und selbst Läuse verraten uns einiges über uns selbst. Anfangs gab es nur Filz- und Kopfläuse, da wir kein Fell hatten und nackt herumliefen. Irgendwann in der Menschheitsgeschichte haben sich durch Mutation und Selektion aus der Kopflaus, *Peducilus humanus capitis,* die in der Kleidung lebende

Unterart, *Pediculus humanus humanus,* entwickelt. Bei der DNA-Analyse der beiden Lausarten haben Forscher des Max-Planck-Instituts Leipzig mithilfe der molekularen Uhr den Zeitpunkt der Artspaltung und somit auch den Beginn des Gebrauchs von Kleidung ausfindig gemacht. Scheinbar erfolgte die Aufspaltung der beiden Lausarten vor 107 000 Jahren und Kleidung dürfte nicht allzu viel früher erfunden worden sein. Die Angewohnheit, sich bedeckt zu halten, ist also ziemlich alt, sie reicht in die Zeit der Jäger und Sammler zurück: Fell und Federn waren sicherlich ein soziales Statussymbol für die ersten, uns anatomisch ähnlichen Menschen, und scheinbar hat sich ihr Symbolcharakter im Computerzeitalter nicht allzu sehr verändert, wie zumindest die Lederumhänge nahelegen, in die sich die Helden aus *Matrix* hüllen. Die Genanalysen ergeben jedoch auch, dass sich die Kleiderlaus zweimal aus der Kopflaus entwickelt hat: Das erste Mal in Subsahara-Afrika, ein zweites Mal, als wir bereits in der Welt verstreut waren. Wechselt die Mode, wechseln auch die Läuse.

Eine weitere interessante Erkenntnis der Archäogenetik ergibt sich aus der Untersuchung der mitochondrialen DNA von Läusen. Man hat also herausgefunden, dass sich die DNA der Kopflaus historisch vor 770 000 Jahren auseinanderentwickelt hat. Damals befielen diese Insekten das Kopfhaar des *Homo erectus,* und besagte Divergenz bedeutet, dass die Läuse ihm auch treu blieben, als dieser nach Asien ging, wo sie sich zu Subpopulationen abspalteten. Ebenfalls durch DNA-Analyse wissen wir, dass die Läuse vor rund 100 000 Jahren einen genetischen Flaschenhals durchlaufen haben, also eine evolutionäre Entwicklung, bei der nur ein Bruchteil einer bestimmten Spezies überlebt beziehungsweise sich fortpflanzt und es so zu einer verminderten genetischen Variabilität kommt. Dieses Datum ist insofern von großer Bedeutung, als es die These eines einzigen Ursprungs stützt, derzufolge alle heute außerhalb von Afrika existierenden menschlichen Völker sich aus einem einzigen, vor 100 000 Jahren erfolgten Exodus entwickelt haben, wie Richard Dawkins in seinen *Geschichten vom Ursprung des Lebens* erklärt. Diese *Homo-sapiens*-Emigranten, die sich vor 200 000 bis 100 000 Jahren in Afrika entwickelten, hätten die anderen damals auf dem Rest der Welt verteilten menschlichen Populationen, wie den *Neandertaler* oder den *Homo erectus,* verdrängt, und weder sie noch ihre Läuse hätten sich vermischt, wie es dagegen die Theorie des multiregionalen Ursprungs behauptet.

Auch wenn uns diese Tiere schon seit über einer Million Jahre Kopfjucken verursachen, so haben sie doch dazu beigetragen, manch kopfzerbrechende Frage zu lösen.

WEDER MENSCHEN- NOCH PFERDEHAAR: DER MERKWÜRDIGE FALL DER SAITENWÜRMER

Nematomorpha

Als Alexander der Große 333 v.Chr. nach Gordion kam, versuchte er sich laut Legende an dem unauflöslichen gordischen Knoten: Wer ihn lösen würde, so die Prophezeiung, würde die östlich von Phrygien gelegenen Länder erobern. Die Knotenenden lagen im Inneren des Knäuels, und dieses war unentwirrbar. Nach einigen vergeblichen Versuchen griff der ungeduldige und ungestüme Alexander nach dem Schwert und zerschnitt den Knoten in der Mitte, wodurch er ihn löste.

Nach einer anderen Legende verwandelte sich ein Pferdehaar, das zufällig ins Wasser fällt, durch einen wunderbaren spontanen Schöpfungsakt in einen langen Wasserwurm.

Was haben diese beiden Legenden gemeinsam? Beide verweisen uns auf eine ungewöhnliche und komplizierte Gruppe von Parasiten-Würmern: die *Nematomorpha* oder Saitenwürmer, zu denen auch die Pferdehaarwürmer *(Gordioida)* gehören. Die Engländer nennen sie *Gordian worms*, wegen ihrer Neigung, sich um sich selbst zu winden und zu einem unauflöslichen Gewirr – halb gordischer

Knoten, halb fliegendes Spaghettimonster – zu verstricken.

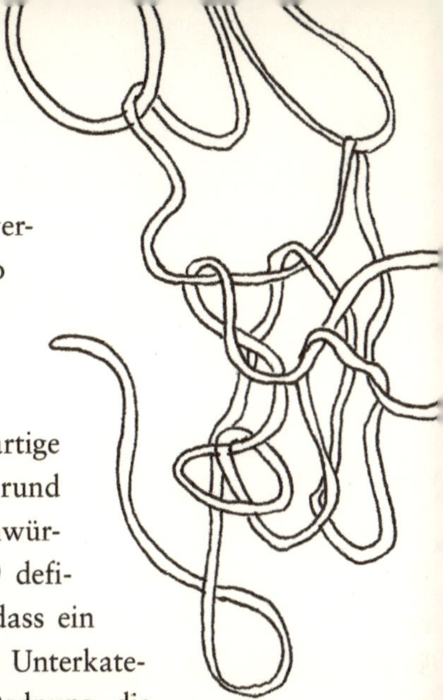

Die Saitenwürmer haben sich vermutlich bereits im Kambrium, also vor 500 Millionen Jahren, von den übrigen Tieren abgespalten und sich in aller Abgeschiedenheit entwickelt. Dabei haben sie so einzigartige Merkmale entwickelt, dass man die rund 340 existierenden Arten von Saitenwürmern als eigenen Stamm *(Phylum)* definieren muss. Ich erinnere daran, dass ein Stamm etwas ist, das alle übrigen Unterkategorien, von der Klasse über die Ordnung, die Familie und Gattung bis zur Art umfasst. Um einen Stamm zu bilden, müssen die Tiere eine einzigartige und besondere körperliche Beschaffenheit aufweisen. Der älteste bekannte Saitenwurm, den man in Deutschland gefunden und der gerade einmal vor 45 Millionen Jahren gelebt hat, ist der *Gordius tenuifibrosus*. Das bedeutet, dass wir in Wahrheit praktisch nichts über das Aussehen der ersten Saitenwürmer wissen: Diese Tiere sind auch als Fossilien geheimnisvoll und flüchtig. Ihre nächsten Verwandten sind die Fadenwürmer, zu denen sich die Saitenwürmer verhalten wie Version 2.0 Parasit. Alle Saitenwürmer sind Parasiten, und alle erwachsenen Tiere leben im Wasser. Sie erreichen eine Größe von mindestens zehn Zentimetern bis zu über einem Meter, sind aber nur ein bis zwei Millimeter dick.

Die erwachsenen Tiere sind von einer lederartigen Kutikula aus Kollagen umgeben, die meist schwarz oder bräunlich und mit polygonalen Mustern verziert ist. Unterhalb der Kutikula befinden sich die Epidermis und eine Schicht Längsmuskeln, aber keine Radialmuskeln. Das heißt zu Deutsch, dass diese Würmer in der Lage sind, mit schlängelnd peitschenden Bewegungen zu schwimmen, sich aber nicht, wie ein Regenwurm, zusammenziehen und strecken können. Für ein Leben auf dem Festland sind sie daher ungeeignet. Die ausgewachsenen Tiere sieht man im Sommer in kleinen Stillgewässern, Überschwemmungsgebieten, Viehtränken (daher die Legende mit dem Pferdehaar), Seen, aber auch in Schwimmbädern oder Wasserspeichern. Die im Meer lebenden Vertreter sind leider sehr viel schwieriger zu beobachten, da sich ihr Lebenszyklus gänzlich im Wasser und in dunklen Spalten abspielt, in denen sich diese scheuen Geschöpfe verstecken. Vor allem die Weibchen bewegen sich wenig, sie bleiben die ganze Zeit im Verborgenen und fressen nicht einmal. Man weiß unter anderem deshalb so wenig über diese Würmer, weil die ausgewachsenen Tiere während ihres kurzen Lebens sehr schwer aufspürbar sind. Die Männchen sind mobiler und streifen auf der Suche nach Weibchen umher, man bekommt sie daher eher zu Gesicht.

Die Larven leben dagegen während der verschiedenen Larvenstadien in Gliederfüßern: in Heupferdchen, Grillen, Zikaden, Käfern, Köcherfliegen, Libellen und auch in Spinnen, Tausendfüßern, Hundertfüßern, Krebstieren, ja sogar in anderen Würmern wie dem Blutegel. Kein Wirbelloser ist wirklich sicher vor den Saitenwürmern, die vermutlich der schlimmste Albtraum für jedes achtenswerte Heupferd sind.

Ein Leben als Parasit führt gewöhnlich zu besonderen Adaptationen: Diese Würmer haben weder Atmungs- noch Kreislauf- noch Ausscheidungssystem. Der Verdauungsapparat ist rudimentär: Mund und Rachen gleichen einer mit Zellen angefüllten Schnur (diesen Tieren ist im wahrsten Sinne des Wortes der Mund zugewachsen). Der Darm mündet nicht in einer Außenöffnung, da er ohnehin nicht benutzt wird. Man glaubte, die erwachsenen Tiere würden gar keine Nahrung zu sich nehmen, aber neuere Untersuchungen legen nahe, dass sie mikroskopische Nahrungspartikel aus der Umgebung aufnehmen können. Um zu überleben, greifen sie auf die Reserven zurück, die sie im Larvenstadium durch die Kutikula dem Wirt entzogen haben.

Hat es ein erwachsenes Männchen geschafft, eine Partnerin zu finden, was keine leichte Aufgabe ist, schlingt es sich um sie, und die beiden bilden einen echten, unlösbaren gordischen Knoten. Die Spermien werden ins Wasser abgesondert, und gleich nach der Paarung stirbt das Männchen, da es nicht mehr gebraucht wird. Das Weibchen legt einige tausend Eier, die am Ende der Kloake befruchtet und von einer Gallertschnur schützend umschlossen werden. Diese Schnur wird zum Schutz an einer Wasserpflanze oder einem Stein befestigt. Nach 15 bis 80 Tagen (je nach Art und vorherrschenden Bedingungen) schlüpfen die Larven, und nun beginnt die schöne (besser gesagt schlimme) Geschichte.

Die Larve ist mit einem ausstülpbaren Rüssel versehen, der mit kleinen Widerhaken und Dornen übersät ist. Nun hat diese Larve ein Problem: Sie ist ein Parasit und muss

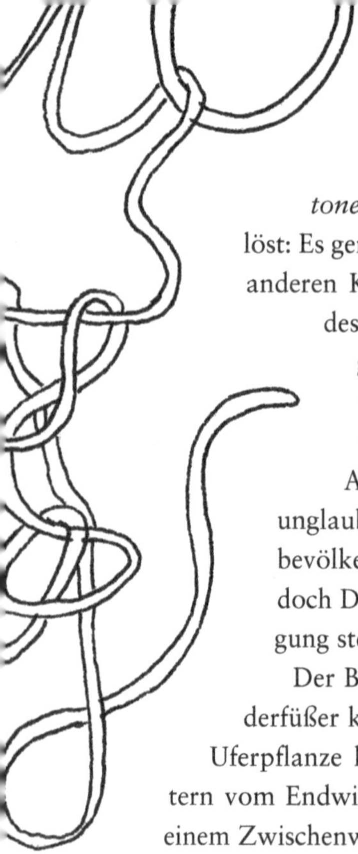

einen Wirt finden. Bei den im Meer lebenden Saitenwurm-Arten, wie *Nectonema agile*, ist das Problem schnell gelöst: Es genügt, sich von einer Krabbe oder einem anderen Krebstier verspeisen zu lassen, sich in dessen Innerem zu entwickeln und als ausgewachsenes Tier herauszukommen, wobei der Krebs getötet wird. Das Geheimnis verdichtet sich indes bei Arten wie *Gordius robustus*, die unter unglaublichen Schwierigkeiten das Festland bevölkert haben. Man fragt sich, weshalb, wo doch Dutzende von Wasserkrebsen zur Verfügung stehen.

Der Befall der auf dem Land lebenden Gliederfüßer kann erfolgen, wenn die Larve auf eine Uferpflanze klettert, um zusammen mit den Blättern vom Endwirt, etwa einer Heuschrecke, oder von einem Zwischenwirt verschluckt zu werden. Im zweiten Fall bahnt sich die Larve, nachdem sie durch die Wasserlarve eines Insekts, etwa einer Libelle, verschluckt wurde, mit dem hakenbesetzten Rüssel ihren Weg im Inneren des Tieres, hält dann inne und bildet eine Zyste. Sobald sich die Wasserlarve in ein ausgewachsenes Insekt verwandelt, fliegt sie an Land, wo sie vermutlich stirbt. In diesem Fall werden die Reste möglicherweise von Insekten gefressen, die sich, wie zum Beispiel die Grille, nicht zu fein sind, den Straßenkehrer zu spielen. Indem sie das Fleisch der Libelle fressen, infizieren sich die Endwirte mit der Zyste des Saitenwurms.

Sobald die Larve in ihrem Endwirt angekommen ist, schlüpft sie aus der Zyste und bewegt sich mit ihrem hakenversehenen Kopf durch die Eingeweide bis zum sogenannten *Coelom,* der Leibeshöhle, die bei allen Gliederfüßern vorhanden ist. Hier beginnt die Entwicklung zum erwachsenen Tier. Ist der Wirt ungeeignet, entwickelt sich der Wurm nicht: Er wird entweder mit der Verdauung des Wirtes ausgeschieden oder bildet erneut eine Zyste im Gewebe.

Der Entwicklungsprozess bis zum erwachsenen Wurm dauert 4 bis 20 Wochen. Wenn er endlich ausgewachsen ist und den Körper des Wirtes verlassen muss, geschieht etwas Interessantes: Der Saitenwurm bringt das Insekt auf noch ungeklärte Weise dazu, sich in die Nähe von Wasser zu begeben. Man nimmt an, dass das veränderte Verhalten an vom Wurm produzierte chemische Substanzen gekoppelt ist, die den Stoffwechsel des Insekts beeinflussen. Mit anderen Worten: Dem Insekt werden Drogen verabreicht, um seine Wahrnehmung zu verändern, in der Hoffnung, dass es sich während seiner ziellosen Streifzüge dem Wasser nähert. Man vermutet sogar, dass das Insekt durch die von dem Wurm abgesonderten Substanzen dazu gebracht wird, ins Wasser zu gehen und »Suizid zu begehen«. Sobald das Wasser ausreichend nahe ist, nimmt der Wurm (oft sind es sogar mehrere gleichzeitig) dies auf uns nicht bekannte Weise wahr. Er tritt mit einem Schlag und häufig mit explosionsartiger Wirkung aus dem Leib des Insekts aus. Das arme Tier hat nun ausgedient, seine Funktion als Brutkasten ist beendet. Die Verletzungen sind meist zu stark, um weiterleben zu können.

Natürlich ist die Wahrscheinlichkeit, dass dieser für die Gordioida (die auch auf dem Land lebende Klasse der Saitenwürmer) unabdingbare Zyklus vollständig vonstattengeht, extrem gering. Viel wahrscheinlicher ist, dass die Zyste nicht von einem Insekt des richtigen Typs verschluckt wird oder dass der Wirt kein Wasser in der Nähe findet. Wie und weshalb sich ein so abwegiger Mechanismus trotz der zur Verfügung stehenden Wasserkrebse entwickelt hat, ist derart rätselhaft, dass es uns einen Augenblick lang die Abscheu vor diesen Parasiten vergessen lässt.

Wenn wir uns unbedingt fürchten wollen, sollten wir uns Folgendes vor Augen führen: Die Gordioida können aus Versehen Säugetiere, auch Menschen, befallen. Bei Menschen sind Fälle bekannt, wo die Würmer mit dem Urin, dem Kot oder Erbrochenem ausgeschieden oder an schrecklichen Stellen wie der Bindehaut oder am Augenlid gefunden wurden. Im ersten Fall handelte es sich um Würmer, die über ihren Endwirt verschluckt wurden. (Wer will da noch behaupten, Insekten zu essen sei gesund, nur weil sie wenig Cholesterin enthalten?) Im zweiten Fall waren die Würmer als Larven durch die dünne, ums Auge befindliche Haut eingedrungen. In so einem Fall spricht man von Scheinparasitismus, das heißt der Parasit dringt zufällig, aber dauerhaft in den Körper eines ungewohnten Wirts ein und richtet dort Schaden an. Ein Beispiel für einen Querkopf, der sogar Alexander den Großen in den Schatten zu stellen scheint.

DER SCHRECKEN DES FRÜHLINGS

Ixodes ricinus & Co

Frühling, Zeit für Spaziergänge auf dem Land, aber auch Zeit für Zecken, die einem die Beine hinaufklettern: Das ist – zumindest wenn man sich am »richtigen« Ort befindet – so unvermeidlich wie die Bezahlung der Autoversicherung oder der Regenschauer am Ostermontag. Es sind zweifellos eklige Geschöpfe, und niemand mag sie auf den Strümpfen herumkrabbeln oder, noch schlimmer, mit dem reizenden Köpfchen im Fleisch stecken sehen. Bei näherer Bekanntschaft sind sie aber ehrlich gesagt gar nicht so schrecklich. Es gibt schlimmere Ektoparasiten: Insgesamt brauchen Zecken in ihrem Leben nur drei Mahlzeiten, wovon lediglich eine aus menschlichem Blut (oder dem eines anderen Säugetiers) besteht. Die restliche Zeit kümmern sie sich um ihre eigenen Angelegenheiten.

Was sie so abstoßend macht, ist die Tatsache, dass Zecken weltweit Überträger zahlreicher bakterieller Erkrankungen und Virusinfektionen sind. Man könnte auch sagen, dass es nicht ihre Schuld ist und dass die eigentlich ekligen »Tiere« die Bakterien sind, die sie befallen. Wenn ein Freund Sie mit einem Schnupfen ansteckt, ist es schließlich auch nicht seine Schuld, wenn Sie krank werden. Aber während wir uns nicht ernsthaft über unseren Freund aufregen können, hindert uns doch nichts daran, das bei den Zecken zu tun.

Es gibt zwei große Gruppen von Zecken, die Familie der *Argasidae* oder Lederzecken und die der *Ixodidae,* die wegen ihres bei den Lederzecken fehlenden Rückenpanzers aus Chinin auch Schildzecken genannt werden. Der Schild bedeckt den gesamten Körper der Männchen und nur einen kleinen Teil des Brustkorbs der Weibchen, da diese, wenn sie sich mit Blut vollsaugen, unmäßig anschwellen. Es gibt noch eine dritte Familie *(Nutellidae)*, die jedoch nur eine einzige, in Afrika beheimatete Art umfasst. Sie hat nichts mit einer bekannten Marke streichzarter Nuss-Nougat-Creme gemeinsam, und ich werde auch nicht weiter auf sie eingehen. Lederzecken befallen normalerweise Vögel, Fledermäuse und kleine Säugetiere. Für uns stellen sie also keine allzu große Bedrohung dar, da wir nicht zu ihren gewohnten Wirten zählen. Sie geraten nur selten an uns. Was uns also während eines Spaziergangs auf den Hosenbeinen herumkrabbelt, sind Schildzecken, von denen es allein in Deutschland über 20 Arten gibt, wobei der Holzbock, *Ixodes ricinus,* am weitesten verbreitet ist. In Südeuropa werden außerdem Hunde oft von *Rhipicephalus sanguineus,* der braunen Hundezecke, befallen. Die in Mittel- und Südeuropa vorkommenden Lederzecken gehören dagegen zur Gattung der *Argas* oder der *Ornithodorus* und befallen meist während des Frühlings oder Sommers Tauben. Insbesondere sind es *Argas reflexus* und *Ornithodorus corniceps.*

Zecken sind Spinnentiere *(Arachnida)* und

daher eng mit Spinnen und Milben verwandt. Sowohl die ausgewachsenen Tiere als auch die Nymphen haben entsprechend acht Beine. Die Larven haben allerdings nur sechs, man kann sie also leicht unterscheiden, da man nur zu zählen braucht. In allen Entwicklungsstadien ernähren sie sich von Wirbeltier-Blut, und in allen Stadien können sie Krankheiten übertragen. Zu wissen, wie alt eine Zecke ist, hat daher nur relativen Nutzen. Die Beine sind ziemlich lang, denn diese Tiere verbringen nicht nur einen Großteil ihrer Zeit auf dem Erdboden, sondern sie müssen auch in der Lage sein, auf den Wirt hinaufzuklettern.

Im Unterschied zu den Spinnen mit ihren sechs oder acht Augen sind Zecken oft blind und augenlos. Bei manchen sitzen zwei einfache kleine Augen auf dem Scutum, dem Rückenschild, zwischen dem ersten und zweiten Beinpaar – eine meines Erachtens wenig vorteilhafte Position. Auch die Mundwerkzeuge unterscheiden sich von denen der Spinnen, da sie dem Leben als obligate Parasiten angepasst sind. Zwischen den Tastern (Palpi), die alle Spinnentiere haben, erstreckt sich das Mundfeld oder Hypostom, das aus einem mit Häkchen besetzten Rüssel besteht. Diese Häkchen erleichtern das Eindringen in die Haut und erschweren das Herauslösen.

Der Holzbock hat, wie alle Schildzecken, einen relativ einfachen Lebenszyklus. Die Paarung erfolgt auf dem Wirt, denn wenn das Weibchen mit der Nahrungsaufnahme beschäftigt ist, achtet es auf nichts weiter, und das Männchen hat es einfacher. Es muss nämlich unter Zuhilfenahme der Cheliceren, jener am Mund befindlichen kurzen Extremitäten, ein Spermienpaket in die Genitalöffnung einführen, und das ist, wie man sich vorstellen kann, kein leichtes Unterfangen. Die Eiablage (Ovoposition) erfolgt erst nach Beendigung der Blutmahlzeit, und die Eier (je nach Art 2000–3000) werden behutsam auf dem Boden, in feuchten Erdspalten oder unter Laub platziert. Holzböcke mögen es nämlich gern feucht und dunkel, sie sind an gemäßigtes Waldklima gewöhnt. Nach der Eiablage stirbt das Weibchen, aber es hat bereits einige Lebensjahre hinter sich (bis zu sechs), die es, darauf wartend, dass ein Wirt vorbeikommt, verbracht hat.

Den sechsbeinigen Larven muss es gelingen, sich eine Blutmahlzeit zu verschaffen, damit sie sich in Nymphen verwandeln können, deshalb klettern sie ein Jahr nach ihrer Geburt auf niedrige Gräser und warten auf Wald- oder Wühlmäuse oder kleine Vögel. Nach der Mahlzeit lässt sich die Larve ins weiche Gras fallen, sie verkriecht sich, häutet sich, wird zu einer Nymphe mit acht Beinen und wartet, während sie verdaut, das kommende Frühjahr ab. Nun klettert die Nymphe auf etwas höhere Pflanzen als einst die Larve und wartet auf den Wirt, der diesmal alles Mögliche sein kann (vom Igel bis zum Schaf, ja bisweilen sogar bis zum Menschen), wobei die Nymphen Säugetiere mittlerer Größe wie Hasen, Kaninchen oder Katzen bevorzugen. Nach dem Mahl lässt sich die Nymphe erneut ins Gras fallen, zieht sich in einen Spalt zurück, häutet sich zum erwachsenen Tier und wartet den nächsten Frühling oder Herbst ab. Es wäre interessant, nur einmal im Jahr essen zu müssen. Wer weiß, ob Zecken Hunger verspüren oder ob sie rein automatisch handeln, wenn sie sich einen Wirt suchen. Nach einem Jahr taucht die Zecke empor,

klettert auf einen Grashalm und wartet auf einen Wirt, der diesmal vorzugsweise ein großes Säugetier, etwa ein Schaf, ein Hirsch, eine Kuh oder ein zufällig vorbeikommender unbehaarter Affe, ist. Die Mahlzeit des ausgewachsenen Tieres dauert einige Tage, dann löst sich die Zecke und legt die Eier ab.

Dieser Zyklus mit insgesamt drei Wirten ist für Holzböcke erforderlich, aber es gibt andere Schildzecken, die, wie *Rhipicephalus evertsi,* nur zwei oder, wie *Boophilus microplus,* nur einen Wirt benötigen, wobei letzterer die meiste Zeit auf seinem Wirt (dem Rind) verbringt. Der Lebenszyklus der Lederzecken ist dagegen komplizierter, da sie ein oder zwei Larvenstadien (von denen in einem oft keine Nahrungsaufnahme erfolgt) und bis zu sieben Nymphenstadien durchlaufen können. Sie krabbeln daher ständig für eine kurze, oft nur wenige Stunden dauernde Mahlzeit auf den Wirt hinauf und anschließend wieder hinunter.

Die Männchen der Schildzecken führen ein recht leichtes Leben, denn sie müssen nur das bisschen Nahrung aufnehmen, das genügt, um die Weibchen zu befruchten. Ihre Mahlzeit ist daher kürzer als die der Weibchen, schon deshalb, weil der Rückenschild sie daran hindert, dass der Leib anschwillt. Den Weibchen steht dagegen eine unglaubliche Verwandlung des eigenen Körpers bevor: Während ihrer letzten Blutmahlzeit vor der Eiablage (und dem Tod) wachsen sie von drei bis vier Millimetern Länge auf bis zu über einen Zentimeter heran. Geht man von einem mehr oder weniger kugelförmigen Körper von annähernd gleicher Dichte aus, so bedeutet das innerhalb weniger Tage eine Volumen-

und Gewichtszunahme, die die Ausgangsmaße um ein Vielfaches übersteigt. Bedenkt man, dass diese Gliederfüßer in jedem Fall von einem festen Exoskelett umgeben sind, muss das der Zecken jedenfalls ganz besondere Elastizitätseigenschaften haben, und entsprechende biochemische Analysen bestätigen das. Die Aminosäuren-Zusammensetzung ihrer Außenhülle ist einzigartig. Wer weiß, ob es uns nicht eines Tages gelingt, ein Polymer mit den unglaublichen Elastizitätseigenschaften des Exoskeletts der Zecken herzustellen.

Der Holzbock lebt in den Wäldern ganz Europas, von Schweden bis Italien und von Spanien bis Russland, meist in Gegenden mit Schafen, aber auch mit anderen wilden Tieren. Die braune Hundezecke, *Rhipicephalus sanguineus,* findet dagegen, wie bereits erwähnt, nur in Südeuropa Verbreitung. In Mitteleuropa kommt sie gar nicht vor. Hier ist es meist die Fuchszecke, *Ixodes canisuga,* die den Hunden zu schaffen macht.

Es gibt wie gesagt zahlreiche, bisweilen sehr gefährliche Krankheiten, die von Zecken übertragen werden. Sie können entweder ganz speziell einen Wirt treffen oder allgemeiner sein. Die bekanntesten und verbreitetsten Krankheiten sind Lyme-Borreliose, verschiedene Rickettsiosen und Meningoenzephalitis (FSME oder Hirnhautentzündung), wobei die beiden ersten bakteriell sind, Letztere dagegen durch einen Virus verursacht ist. Alle drei haben eine der Influenza ähnliche Symptomatik und werden daher anfangs oft nicht erkannt. Ohne einen Impfschutz gegen die dritte und eine Antibiotikabehandlung der beiden ersten kann es jedoch zu schweren Komplikationen kommen. Weitere von diesen hübschen Tierchen übertragene Krankheiten sind Zecken-Rückfallfieber, Tularämie, Babesiose, Ehrlichiose und andere Tropenkrankheiten mit noch seltsameren Namen. Die einzige direkt von Zecken und nicht von Mikroorganismen übertragene Krankheit ist eine Form von Lähmung, die durch amerikanische und australische Giftzecken verursacht wird – schließlich sind es Verwandte der Spinnen und Skorpione.

Was tun, um nicht krank zu werden? Die Antwort liegt nahe: Man sollte vermeiden, gebissen zu werden. Eine vorbeugende Maßnahme besteht im Gebrauch von Zecken- und Insektenschutzmitteln, wie zum Beispiel DEET. Außerdem sollte man lange Hosen, feste Strümpfe und langärmlige Shirts anziehen, wenn man sich in Risikogebieten bewegt, in feuchten Wäldern nicht durchs Gras streifen und möglichst seinen Verstand gebrauchen. Entdeckt man eine Zecke am Körper, gibt es zwei Theorien, wie sie am besten zu entfernen sei: Eine sieht den Gebrauch einer Pinzette vor, mit der die Zecke möglichst dicht an der Haut erfasst wird, in der Hoffnung, den Rüssel durch eine Drehbewegung zu entfernen. Die zweite setzt auf Alkohol, Benzin, Öl oder irgendetwas, das die Zecke betäubt, so dass sie sich von selbst aus der Haut löst und sich einfach entfernen lässt. Die Anhänger beider Methoden behaupten jeweils, ihre sei die sicherere, da sie den Rückfluss des Speichels während der Entfernung des Tieres verhindere. Ich weiß es nicht. Aber ich glaube, die beste Methode bleibt Vorbeugung. Ich habe im Leben viel Glück gehabt und mir bisher weder durch Zecken noch durch Flöhe irgendeine Krankheit eingehandelt, obwohl ich die Götter schon manches Mal herausgefordert habe. Ich weiß nicht, wie lange dieser Zustand der Gnade noch andauert, aber ich hoffe, die Zeckengötter mögen mir noch lange wohlgesonnen bleiben.

Zum Abschluss noch eine kurze Geschichte, die ich, angeregt durch zwei wahre Begebenheiten, (sehr) frei niedergeschrieben habe, um daran zu erinnern, dass der Schlaf der Vernunft stets Ungeheuer gebiert.

Giorgio und Lucrezia planen einen Ausflug aufs Land. Es ist Frühling, und nach einem langen Winter lockt die Natur. So beschließen sie, in ein Wäldchen zu fahren, das sich in Giorgios Besitz befindet und zu den Ländereien des Gutshofs seiner Familie gehört. Mit dabei ist Lucrezias Bichon Frisé, ein zwei Jahre alter kleiner, weißer Kläffer, der noch nie zuvor im Wald war, da er in Mailand lebt und während der Urlaube normalerweise ins Tierheim gebracht wird.

Lucrezia hat eine schöne Decke mitgenommen, um sie auf dem Gras auszubreiten und den Proviant aus dem eigens zu diesem Anlass erstandenen Picknickkorb von Versace daraufzulegen. Der Morgen ist klar, die Luft noch taufrisch, die Stimmung romantisch, doch das Picknick wird durch unangenehme gelb-schwarze Insekten gestört, die versuchen, in die Limonaden-Gläser und zwischen die Schinken-Sandwiches zu kriechen. Was soll's, sagen sich Giorgio und Lucrezia, lasst uns uns lieber freuen, dass Batuffolo so munter herumspringt. Nach dem Essen strecken sie sich auf der Wiese aus, um in die Wolken zu schauen. Leider ist der Boden ziemlich hart, es gibt Mücken, Fliegen und irgendwelches Zeug, das auf die Decke krabbeln will, und Giorgios Augen sind wegen des

Pollenflugs geschwollen. So rufen sie Batuffolo, den Einzigen, der sich wirklich amüsiert hat, steigen ins Auto und fahren zurück nach Mailand.

Einige Tage später teilt die Kosmetikerin Lucrezia mit, dass sie in der Kniekehle einen merkwürdigen Auswuchs habe, worauf Lucrezia schnurstracks den befreundeten Arzt Pierferdinando aufsucht, weil sie befürchtet, dass stimmen könnte, was sie im *Goldenen Blatt* über Solarium-Lampen gelesen hat. Pierferdy murmelt die ganze Zeit *hmm, hmm* vor sich hin, nimmt Alkohol und eine Pinzette zur Hand, entfernt die Zecke und zeigt sie Lucrezia anschließend triumphierend, um sie zu beruhigen. Lucrezia entfährt ein Schrei. Auch ist sie alles andere als erbaut über die Antibiotikabehandlung, die Pierferdinando ihr empfiehlt, denn durch Antibiotika »nimmt man zu«. Pierferdy, der trotz seines Namens ein fähiger Arzt ist, erklärt Lucrezia jedoch, dass die Antibiotika dazu dienen, einer der zahllosen von Zecken übertragenen Krankheiten vorzubeugen, die er ihr allesamt aufzählt. Anschließend muss er Lucrezia, die in Ohnmacht gefallen ist, reanimieren, aber zuvor legt er die Zecke in Alkohol ein, um sie von

einem Freund und diesbezüglichen Spezialisten identifizieren zu lassen.

Wieder daheim kommt Lucrezia, die den Ausflug aufs Land vollkommen vergessen hat, zu dem Schluss, dass sie die Zecke durch Batuffolo bekommen haben muss. Er geht täglich mit der ausländischen Haushaltshilfe spazieren, und wer weiß, was diese Ausländer für Krankheiten einschleppen oder mit welchen Hunden sie im Park in Kontakt kommen. Ihre Mutter hat schon recht, wenn sie darauf beharrt, dass Tiere im Haus nichts zu suchen haben, weil sie alles schmutzig machen. Batuffolo wird also bis auf Weiteres in den winzigen Käfig eines renommierten Tierheims verbannt. Der Kammerjäger wird gerufen und die Wohnung Quadratzentimeter um Quadratzentimeter gereinigt, während Lucrezia zu dem Schluss kommt, dass es dumm sei, Antibiotika einzunehmen, wo sie sich doch gut fühle. Nach rund einer Woche ruft Giorgio an, der sich die ganze Zeit nicht gemeldet hatte, und entschuldigt sich, da er, wie er sagt, eine üble Grippe hatte. Lucrezia beschließt, dass Giorgio eigentlich nicht ihr Typ ist (erst dieser furchtbare Ausflug, dann wird er auch noch krank!) und bricht jeglichen Kontakt ab.

Ein knappes Jahr später muss Lucrezia wegen einer schweren, merkwürdigen Infektion an der Hand ins Krankenhaus und trifft bei der Gelegenheit Pierferdy wieder. »Ach übrigens«, sagt Pierferdinando, »erinnerst du dich an die Zecke? Ich habe sie untersuchen lassen. Es ist *Ixodes ricinus,* der Holzbock. Hast du damals zufällig einen Ausflug aufs Land unternommen?« »Ja, tatsächlich«, erwidert Lucrezia skeptisch, »aber die Zecke habe ich von dem

Hund.« »Wahrscheinlicher ist das Gegenteil. *Ixodes ricinus* findet sich sehr selten auf Hunden. Wenn ich an diese merkwürdige Infektion denke … Aber du hast ja die Antibiotika genommen, stimmt's?« »Natürlich«, schwindelt Lucrezia. Der Gedanke, sie könne dem Hund Zecken übertragen haben, kränkt sie (in ihrer Vorstellung hüpfen sie wie die Flöhe). Während ihres Krankenhausaufenthaltes kommen ihr jedoch Zweifel, und so schaut sie sich mit ihrem Laptop ein bisschen bei Google um. Sie diagnostiziert sich in folgender Reihenfolge: Colorado-Zecken-Fieber, Chagas-Krankheit und Tularämie. Nun beginnt ihre Odyssee. Zunächst gerät sie mit Pierferdy in Streit, der nicht daran glaubt, dass ihre Infektion an der Hand mit dem Zeckenbiss vor einem Jahr zu tun hat, und vor allem nicht glaubt, dass es sich um die Chagas-Krankheit handelt, die durch eine in Südamerika beheimatete Wanze übertragen wird. Wieder in ihrer Wohnung, beseitigt Lucrezia jegliche Spuren von Vegetation, vom Ficus bis zum Blattsalat, und bricht einen Rechtsstreit mit den übrigen Hausbewohnern vom Zaum, um die gesamte Baumbepflanzung auf dem Hof zu beseitigen, da sie »mir alles verschattet« (sie will den Nachbarn nichts von Zecken erzählen, wer weiß, was sie denken würden). Dann ruft sie den Tierfänger, um die Katze zu »beseitigen«, die in einer Ecke im Hof ihr Nest mit den Jungen hat. Drittens beginnt sie allen, die Anzeichen von Grippe aufweisen und gewillt sind ihr zuzuhören, gute Ratschläge zu geben und Antibiotika zu verteilen, obwohl sie doch Designerin ist und an der Kunsthochschule studiert hat.

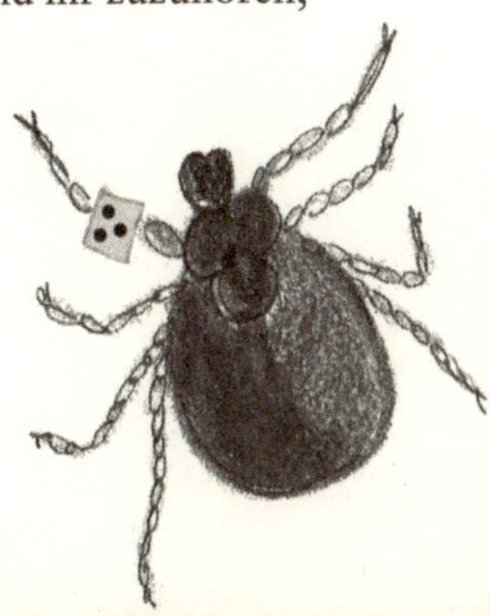

Ein paar Monate später begegnet sie zufällig Giorgio. Mittlerweile ist Lucrezia davon überzeugt, dass er der Grund allen Übels ist (es fällt ihr schwer, es einzugestehen, aber Google scheint Pierferdy recht zu geben, und Batuffolo hatte mit allem nichts zu tun, obwohl er dennoch im Tierheim bleibt). Der ahnungslose Giorgio scheint dagegen die schönen alten Zeiten heraufbeschwören zu wollen: »Erinnerst du dich noch an unseren letzten Ausflug? Du glaubst nicht, was der für Folgen hatte! Wegen eines Zeckenbisses dort auf dem Land habe ich mir eine Lyme-Borreliose eingefangen! Ich wollte dich noch warnen, aber du bist nie ans Telefon gegangen.« Lucrezia ist außer sich, denn sie glaubt, dass auch sie nun infiziert ist. Über Google erfährt sie, dass Lyme-Borreliose zu nervösen Störungen führen kann, und sie kommt zu der Überzeugung, dass ihre Schlaflosigkeit der letzten Monate durch

die Krankheit verursacht ist. Angesichts der gescheiterten Schulmedizin sucht sie einen tibetanischen Homöopathen auf, der ihr unter anderem rät, die Arbeit aufzugeben. Inzwischen hat sie mit ihrer Infektion einen Rückfall erlitten, die sie diesmal mit Chakra-Energie und in Pazifik-Wasser verdünntem Calendulaöl, behandelt. Die Infektion wird schlimmer, so dass sich Lucrezia an einen Experten für Reiki und schamanische Energie wendet, der einer Freundin bei ihrem Tinnitus-Problem geholfen hat. Aus Angst, dieses sonderbare Verhalten könne für Aufsehen sorgen, gelingt es am Ende ihrer Schwester, auf Anraten eines Arztes und unter Wahrung absoluten Stillschweigens, Lucrezia in die renommierte Privatklinik Villa Igea zu bringen, wo sie ihre Tage, vollgestopft mit Psychopharmaka, in einer zwei Quadratmeter großen Zelle verbringt, davon überzeugt, dass der Grund all ihrer Probleme ein Zeckenbiss gewesen sei.

DER DRACHE IN UNS

Dracunculus medinensis

Wenn ich *in uns* schreibe, so meine ich das wörtlich, denn besagtes Tier ist ein parasitärer Fadenwurm bei Menschen (aber auch bei Hunden, Pferden, Kühen, Wölfen, Leoparden und Affen). Er ist den Menschen seit biblischen Zeiten als Parasit bekannt und wurde auch in einigen ägyptischen Mumien gefunden, aber von seiner historischen Bedeutung soll später die Rede sein. *Dracunculus medinensis* bedeutet wörtlich: kleiner Drache aus Medina. Geläufiger ist uns dieser Parasit allerdings unter dem Namen Medinawurm. Trotz der gewaltigen medizinischen Fortschritte gibt es gegen ihn kein Heilmittel außer jenem, welches bereits von den alten Griechen und vielleicht von den Ägyptern und den Israeliten zu Zeiten Moses verwendet wurde.

Der Lebenszyklus ist etwas komplex, da er sich auf zwei verschiedene Wirte stützt, wobei der Mensch der Endwirt ist. Die Geschichte des Wurms beginnt, sobald seine etwa einen halben Millimeter lange Larve in mehr oder weniger reines Trinkwasser gelangt. Wenn die Larve Glück hat, wird sie von einem kleinen, gemeinhin als *Wasserfloh* bekannten Ruderfußkrebs gefressen. Der Wasserfloh ist an sich harmlos und recht hübsch. Sein einziger Fehler besteht darin, zum falschen Zeitpunkt am falschen Ort zu sein, denn der Fadenwurm kann ihn bisweilen das Leben kosten. Trinkt ein Mensch oder ein anderes Säugetier von dem verseuchten Wasser, verschluckt er möglicherweise zufällig den befallenen Wasserfloh, und damit beginnen die Unannehmlichkeiten: Sobald sich die Larve, dank der Wirkung unserer Verdauungssäfte, von ihrem Zwischenwirt befreit hat, dringt sie durch die Darmschleimhaut und gelangt in die Bauchhöhle. Hier teilen sich die Larven in Männchen und Weibchen auf, und wenn beide Geschlechter vorhanden sind, paaren sie sich. Das kleinere Männchen stirbt und wird vom sehr viel größeren Weibchen aufgenommen. Dieser Prozess erfolgt etwa drei Monate nach dem Befall. Man weiß nicht genau, von was sich der Wurm ernährt, vermutlich von Nährstoffen aus dem Blut. Sobald er genug davon aufgenommen hat und bereit ist, zum letzten Stadium überzugehen, wandert der Wurm unter Zuhilfenahme der Lymphgefäße zumeist (in 90% der Fälle) in das Unterhautbindegewebe der unteren Gliedmaßen. Der Wirt, also der befallene Mensch, bemerkt von alledem nichts: Die Würmer sondern Morphin ab, wodurch

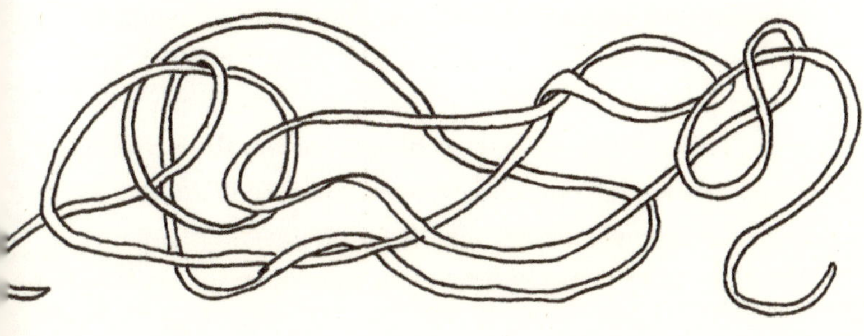

das Abwehrsystem außer Kraft gesetzt und das Schmerzempfinden des Wirtes verringert wird, bis es zu spät ist. Im Bindegewebe unter der Haut des Beins wächst das Weibchen heran und wird erwachsen, das heißt, es wird zu einem großen (60 bis 120 Zentimeter langen) und etwa einen Millimeter dicken weißlichen Wurm, einer Art extrem langer Glasnudel. Manchmal lässt sich unter entsprechenden Lichtverhältnissen in der Haut des Wirtes eine Erhöhung erkennen, die dem Körper des Wurms entspricht. Die in der Körpermitte der Larve befindliche Vagina schrumpft während des Wachstums zusammen, und der Verdauungstrakt verschwindet unter dem Druck des immer weiter anwachsenden Uterus. Der Medina- oder Guineawurm, wie er auch genannt wird, ist in der Tat vivipar, er gebiert also lebende Junge, ohne Eier ablegen zu müssen. Ein Weibchen kann mehrere tausend Larven in sich tragen. Sobald die Zeit reif ist, bahnt es sich mit dem Vorderende einen Weg durch die Haut und bildet ein rundes, sehr schmerzhaftes Hautgeschwür. In dessen Innerem befindet sich eine weißliche, ein Toxin enthaltende Flüssigkeit, die heftiges Brennen verursacht. Am Ende und gänzlich unpassend bemerkt das Immunsystem des Wirts, dass etwas nicht stimmt, und löst eine Immunreaktion aus, die wegen der dadurch hervorgerufenen Entzündung nur alles noch schmerzhafter werden lässt. Die Symptome sind unterschiedlich und reichen von Rötungen und Juckreiz der betroffenen Stelle über Übelkeit, Erbrechen, Durchfall bis hin zu Verwirrungszuständen und Ödemen, die sowohl durch den Giftstoff als auch durch die Entzündung hervorgerufen sein können. Nach ein bis drei Tagen bricht das Geschwür auf, und das

Vorderende des Wurms platzt, ohne dass er dabei stirbt. Wie schön, wenn man keinen Kopf braucht! Das wäre sicher auch für eine Menge Menschen recht angenehm. Oft sucht das Opfer Kontakt mit Wasser, um den Schmerz zu lindern und die Wunde zu reinigen, und damit schließt sich der Zyklus: Genau das war das Ziel des Weibchens. Tausende von Larven gelangen durch die Kontraktionen des Uterus ins Wasser und brechen zu neuen Abenteuern auf, suchen nach einem Wasserfloh, den sie befallen können.

Ein Mensch kann von mehreren Medina- oder Guineawürmern gleichzeitig befallen sein. Es wird von einem Fall berichtet, in dem ein Unglücklicher gleich 14 Stück auf einmal hatte. Derselbe Wirt kann immer und immer wieder befallen werden, da das Immunsystem gegen den Parasiten nicht wirksam ist. Die durch ihn verursachte Krankheit nennt sich *Dracontiasis*, wobei die wesentlichen Komplikationen in den Sekundärinfektionen des Ulcus (Geschwürs) bestehen. So kann es zu Entzündungen, Abszessen, zu Wundstarrkrampf oder septischer Arthritis kommen (etwa wenn der Wurm in einem Gelenk abstirbt, was heftige wiederkehrende Schmerzen zur Folge hat) oder gar zu einer Sepsis (Blutvergiftung) mit möglicher Todesfolge. Eine von vier Personen verspürt ein Jahr nach der Entfernung des Wurms noch immer Schmerzen, 5 % der Patienten haben bleibende Schäden. Manchmal irrt sich der Wurm im Weg und gerät statt in die unteren Gliedmaßen in die Bauchspeicheldrüse, in die Lunge, in periorbitales (um die Augen gelegenes) Gewebe, in die Hoden, den Herzbeutel oder das Rückenmark. Die durch den langen Wurm verursachte Kompression führt in diesen Fällen zu Abszessen.

Die klassische Heilmethode der Krankheit besteht darin, das Aufbrechen des Geschwürs abzuwarten und dann das Ende des Wurms auf ein Stäbchen zu wickeln. Täglich einige schmerzhafte Zentimeter kommt der Wurm Stück für Stück heraus. Angesichts seiner Länge dauert es oft viele Wochen, bis der Prozess abgeschlossen ist, derweil man mit einem um ein Stäbchen gewickelten Wurm am Bein herumlaufen muss. Reißt der Wurm, stirbt er ab, und es kommt zu Abszessen, allergischen Reaktionen oder eben zu Sepsis, die durch das Eindringen von Bakterien in die vom Wurm gebildete Öffnung hervorgerufen werden kann. Bisweilen verkalkt das Wurmstück (oder auch der ganze Wurm, wenn er vor der Entfernung abstirbt) und verursacht Entzündungen oder, wenn er sich in einem Gelenk befindet, Arthritis. Eine Situation, die es unbedingt zu vermeiden gilt.

Dracontiasis ist in den Ländern Zentralafrikas der Hauptgrund für längere Fehlzeiten von Schulkindern, ganz zu schweigen von den Erwachsenen, die oft monatelang arbeitsunfähig sind und die Ernte nicht einbringen können, wodurch das Überleben ganzer Familien gefährdet ist. In Mali heißt die Dracontiasis *Krankheit der leeren Kornspeicher.* Dort, wo Mangel an Antibiotika herrscht, kann sie auch wegen der Sekundärinfektionen zum Verhängnis werden. Glücklicherweise ist der Parasit in Asien, wo er in Indien und Pakistan sehr verbreitet war, vollständig ausgerottet, und auch in Afrika hat man große Fortschritte erzielt. Die Weltgesundheitsorganisation verzeichnet von 1986 bis 2011 einen Rückgang um 99,97 %, von 3,5 Millionen auf nur noch 1008 Fälle. Lediglich in vier afrikanischen Staaten, Tschad, Äthiopien, Mali und Sudan, ist Dracontiasis noch verbreitet, wobei der Südsudan am stärksten betroffen ist. Man kann nur darauf hoffen, dass dieser Parasit durch einige weitere Anstrengungen bald lediglich eine traurige Erinnerung bleibt. Zwar braucht unser Planet biologische Vielfalt, aber die großen Säugetiere würden darüber sicher froh sein. Wenn diese Art ausstirbt, wird ihr niemand eine Träne nachweinen.

Kehren wir nun zur Geschichte des Medinawurms zurück. Wir haben es mit einem Wurm zu tun, der traditionellerweise, seit undenklichen Zeiten, auf ein Stäbchen aufgerollt wird. Seit den alten Griechen ist das Symbol der Mediziner stets der Äskulapstab, nach Asklepios, dem griechischen Gott der Heilkunde, den Hippokrates sehr verehrte. Das Symbol besteht aus einer um einen Stab gewundenen Schlange. Der Äskulapstab wird heutzutage oft mit dem Hermesstab verwechselt, der aus einem geflügelten Stab mit zwei sich darum windenden Schlangen besteht. Es handelt sich um ein auf die Hermetik zurückführbares alchemistisches Symbol (der Hermesstab soll der Zauberstab des lateinischen Gottes Merkur bzw. des griechischen Hermes gewesen sein). Zu der Verwechslung kam es erst, als der Sanitätsdienst des amerikanischen Heers den Hermesstab Anfang des 20. Jahrhunderts als Symbol übernommen hat und dieser daraufhin mit Medizinern allgemein in Verbindung gebracht wurde. Die Militärärzte verwendeten den Hermesstab als Symbol, weil er auf dem

Titelblatt zahlreicher medizinischer Schriften auftauchte, die der Verleger John Churchill aus London Ende des 19. Jahrhunderts herausgebracht hatte und die den Medizinern für ihre Studien dienten. Der Verleger hatte den Hermesstab jedoch nur als Markenzeichen seines Verlagshauses und nicht als medizinisches Symbol verwendet. Das wahre Zeichen der Ärzte bleibt zweifellos der Äskulapstab.

Es gibt zahlreiche Deutungsversuche dieser um den Stab gewickelten Schlange. Manche tragen der Tatsache Rechnung, dass Schlangen bei der Zubereitung der »Panazee«, des universellen Heilmittels aller Leiden, eine Rolle spielten, wovon sich auch der Name der Äskulapnatter *(Zamenis longissimus* oder *Elaphe longissima)*, einer harmlosen und eher scheuen Schlange, herleiten soll. Viele sind heute jedoch der Meinung, der Stab sei eine Anspielung auf die recht wirksame Behandlung gegen den Medinawurm, jenen Parasiten, der bis in die Mittelmeerregion vorgedrungen war. Es ist durchaus denkbar, dass die Ärzte, angesichts der weiten Verbreitung dieses Leidens, ihre Dienste mittels eines Schildes anpriesen, auf dem ein um einen Stab gewundener Wurm zu sehen war.

Sogar in der Bibel scheint der Medinawurm erwähnt zu werden. Im vierten Buch Mose (21, 6–9) ist von »feurigen Schlangen« die Rede, die das Volk Israel bei der Durchquerung der Wüste heimsuchten. Offenbar handelt es sich hierbei geradewegs um unseren kleinen *Dracunculus:*

Da sandte der Herr feurige Schlangen unter das Volk; die bissen das Volk, dass viele aus Israel starben.

Da kamen sie zu Mose und sprachen: Wir haben gesündigt, dass wir wider den Herrn und wider dich geredet haben. Bitte den Herrn, dass er die Schlangen von uns nehme. Und Mose bat für das Volk.

Da sprach der Herr zu Mose: Mache dir eine eherne Schlange und richte sie an einer Stange hoch auf. Wer gebissen ist und sieht sie an, der soll leben.

Da machte Mose eine eherne Schlange und richtete sie hoch auf. Und wenn jemanden eine Schlange biss, so sah er die eherne Schlange an und blieb leben.

Bei Wassermangel ist einem jede Pfütze willkommen, auch wenn sie von Wasserflöhen wimmelt. Es ist durchaus denkbar, dass die Israeliten in der Wüste von diesem Parasiten befallen wurden. Ich weiß nicht, ob es ein Zufall ist, aber Kupfererz (aus dem die eherne Schlange vermutlich bestand) hat für die Wassertiere eine stark toxische Wirkung, und eine Kupferschlange in einen Brunnen einzutauchen würde sicherlich einige der potentiell schädlichen Tiere vernichten. Gottes Rat war also gar nicht schlecht, man brauchte nur ein bisschen an der Methode zu feilen, um ihn brauchbar werden zu lassen.

FLOHMARKT

Ctenocephalides felis, Pulex irritans & Co

Sollten die Läuse oder die Staubmilben Sie aufgeschreckt haben, weil Sie das Gefühl hatten, ihr intimster Bereich, ob Körper oder Bett, werde vereinnahmt, rate ich Ihnen, trotzdem nicht aufzugeben und in der Lektüre fortzufahren, denn es gibt weitere Tiere, die im Hinterhalt lauern und Ihnen das Blut aussaugen können: In diesem Fall meine ich die *Flöhe*.

Weltweit gibt es über 2000 Floharten, fast alle sind Parasiten von Säugetieren (94 %), der Rest von Vögeln. Sie haben sich vermutlich im Oberjura, also vor 150 Millionen Jahren, aus geflügelten Vorfahren entwickelt, die eine ökologische Nische im Parasitenbefall der damals aufkommenden Insektenfresser und Beuteltiere gefunden hatten. Die Körperstruktur dieser Ordnung von Insekten, der Siphonaptera, ist praktisch immer gleichbleibend: Sie haben keinerlei Flügel mehr, der Körper ist seitlich abgeflacht (sie sind also platt, aber nicht wie Wanzen, sondern in vertikaler Richtung), sie haben kräftige, zum Springen geeignete Hinterbeine und an verschiedenen Stellen des Körpers »Zahnkämme«, mit denen sie sich am Fell des Wirtes festklammern. Außerdem haben sie die lästige Angewohnheit, wenig artspezifisch zu sein, das heißt, sie hüpfen wahllos auf viele Arten von Säugetieren.

Wir Menschen haben zum Beispiel als eigene Flohart *Pulex irritans,* den Menschenfloh, der aber gleichzeitig der Schweinefloh ist und auch andere Affenarten, Hunde, Katzen, Präriehunde, Igel, Ratten usw. befällt. Offenbar hat sich dieser Floh in Südamerika entwickelt und zunächst Meerschweinchen und Nabelschweine befallen. Da er aber inzwischen am liebsten Tiere mit wenig Fell wie unsereins heimsucht, hat er seine »Zahnkämme« zum Festklammern am Fell des Wirts fast vollständig verloren. Der Katzenfloh *(Ctenocephalides felis)* ist wiederum auch auf Hunden zu finden, er ist mittlerweile sogar der am weitesten verbreitete Floh bei unseren Haustieren, ob Hund, Katze, Kaninchen oder Hamster, und vielleicht wird er mit der Zeit sogar den Hundefloh *(Ctenocephalides canis)* verdrängen. Denn obwohl sich der Katzenfloh auf Hunden sehr wohl fühlt, scheint das umgekehrt nicht der Fall zu sein. Der Katzenfloh ist außerdem in vielen Gebieten der Erde (Nordamerika, Großbritannien, Argentinien, Ägypten, Deutschland) die dominante Spezies. Nur in wenigen geheimnisvollen Hochburgen wie Österreich und Irland kann sich der Hundefloh behaupten und überwiegt beim Wirtstier Hund. Vermutlich würde kein Lebewesen, nicht einmal ein Hund, es spüren, wenn der Hundefloh aussterben würde. Auch der Menschenfloh *Pulex irritans* gehört mittlerweile zu den gefährdeten Arten, denn die Hygienevorschriften haben sein Vorkommen in landwirtschaft-

lichen Gebieten mit Schweinehaltung zurückgehen lassen, und im abendländischen Raum wird er immer seltener. Zumindest theoretisch. Einmal war ich Opfer eines Wohnungsbefalls mit *Pulex irritans,* und während dieser beiden Horrormonate (ich war nur zu Gast und konnte keinen Kammerjäger rufen) hätte ich mir nichts sehnlicher gewünscht, als dass diese Art bereits gänzlich ausgestorben wäre, denn sie ist sehr, sehr viel unangenehmer als der Katzenfloh, an dessen Gesellschaft ich mich bereits früher erfreut hatte.

Offenbar können verschiedene Floharten gleichzeitig auf einem Tier (inklusive Menschen) existieren, aber das ist mir zum Glück noch nie passiert. Außerdem gibt es noch Vogelflöhe, etwa den Hühnerfloh *Echidnophaga gallinacea,* dem es ebenfalls nicht allzu schwerfällt, Katzen und andere kleine Haustiere zu befallen. In manchen Gegenden ist er verbreiteter als der im Aussterben begriffene Hundefloh. Der Hühnerfloh ist insofern besonders unsympathisch, als er seinen Kopf in die Haut des Wirtes steckt und dort, wie die Zecken, sitzen bleibt. Wenn man versucht, ihn zu entfernen, läuft man Gefahr, sich wegen des stecken bleibenden Kopfes eine Infektion einzuhandeln.

Die meisten Flöhe verbringen allerdings nicht allzu viel Zeit auf dem Wirt. Auf einer befallenen Katze finden sich beispielsweise nur ein paar Dutzend ausgewachsene Tiere, die von ihrem Lieblingsort, der Küche, auf sie hinauf- und wieder hinunterspringen. Während die folgsameren Hunde meist in dem ihnen zugewiesenen Körbchen schlafen, gilt das nicht für die Mieze, die einfach nicht einsehen will, woanders zu schlafen, als es ihr gerade in den Sinn kommt.

Dadurch trägt sie zur Verteilung der reizenden Tierchen bei, die sie mit sich herumschleppt. Flöhe sind im Übrigen nicht allzu wählerisch, was Nester betrifft. Eine Spalte im Fußboden genügt ihnen allemal, so dass selbst der spartanischste Hund stets seine Floheskorte haben wird, die sehnsüchtig auf seine Heimkehr wartet. Schafe infizieren sich zum Beispiel schnell mit dem Hundefloh *Ctenocephalides canis*, da sie normalerweise in unmittelbarer Nähe des Schäferhundes schlafen. Das führt uns zu einer evolutionären Betrachtung: Flöhe sind obligate Parasiten von zumindest halb sesshaften Tieren, da sie darauf angewiesen sind, dass der Wirt oder seinesgleichen auf dasselbe Lager zurückkehrt. Als wir noch jagende Nomaden waren, dürften wir kaum Probleme mit Flöhen gehabt haben. Die Landwirtschaft muss zu einem explosionsartigen Zuwachs nicht nur von *Pulex irritans* geführt haben. Das Gleiche gilt für all jene Flöhe, deren spezifische Wirte, wie etwa Wölfe, Wildkatzen, Wildschweine etc., nach und nach gezähmt wurden. Flöhe waren daher in der Menschheitsgeschichte lange Zeit sozial gebilligt und galten, wie unsere heutigen Staubmilben, als unvermeidliches Übel. König und Königin waren nicht weniger befallen als die Plebejer, vor allem solange sie Perücken trugen und glaubten, dass Waschen unhygienisch sei. Offenbar stammen Flöhe ursprünglich aus Südamerika. Um an den Hof Ludwigs XIV. zu gelangen, mussten sie einen langen Weg zurücklegen. Dieser führte sie scheinbar in umgekehrter Richtung der Ausbreitung der Clovis-Kultur. Die Clovis waren eines der ersten Völker, die von Asien über die Landbrücke Beringia kommend Amerika besiedelten. Auf den Clovis gelangten die Flöhe über die Landenge von Panama nach Nordamerika und von dort nach Asien, wo sie mit den Indogermanen nach Europa wanderten. So waren die irischen Wikinger zwar von Flöhen befallen, aber scheinbar nicht weil sie in Amerika waren, sondern weil sie ursprünglich aus den weiten Ebenen des Ostens stammten.

Kommen wir nun zum Kamasutra der Flöhe. Um sich fortpflanzen zu können, müssen sowohl das Weibchen als auch das Männchen innerhalb von 24 Stunden vor der Paarung eine Blutmahlzeit zu sich genommen haben. Beide nähern sich einander hüpfend. Wenn sie dicht beieinander sind, berührt das Männchen, das, wie es scheint, die komplexesten Genitalien des gesamten Tierreichs hat (eine Art Alien-Maul nach dem Matroschka-Prinzip), das Weibchen zärtlich mit seinen Kiefertastern (Palpi), und gleich darauf richten sich seine… Antennen (was dachten Sie denn?) auf. Der männliche Floh umkreist das Weibchen, platziert sich hinter ihm, senkt den Kopf und schiebt sich unter seinen Körper, wobei er es mit seinen mit Saugnäpfen versehenen Antennen festhält. Er drückt seinen Unterleib nach oben und klammert sich mit eigens dafür vorgesehenen (im Englischen *Clasper* genannten) Organen am Weibchen fest. Schließlich fährt er seinen hochkomplizierten Penis aus, um mit der Befruchtung zu beginnen, die wie bei allen Insekten intern erfolgt. Offenbar sind Flöhe ziemlich

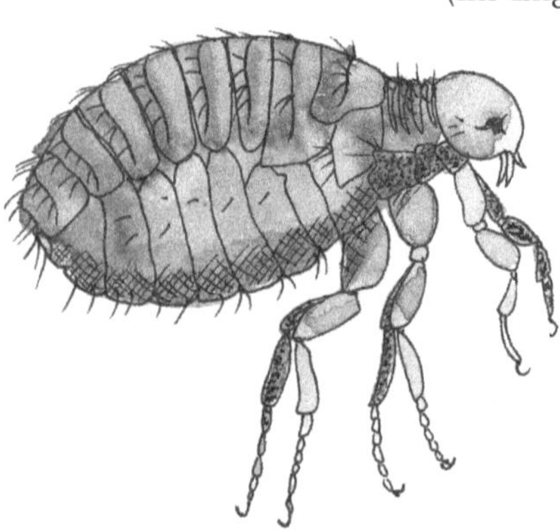

sexversessene Tierchen. Die durchschnittlich für die erste Paarung benötigte Zeit bei Katzenflöhen beträgt 63,1 Minuten, und Paarungen von unter einer halben Stunde sind nicht fruchtbar. Auch kommt es vor, dass Flohmännchen, angeregt durch den Geruch eines Weibchens, versuchen, ein anderes Männchen zu begatten.

Bei einem derart interessanten Sexualleben kann es natürlich zu einer vermehrten Eiablage kommen, aber das hängt stark von der Art, vom Klima und dem zur Verfügung stehenden Blut ab. Der Menschenfloh legt beispielsweise 4 bis 8 Eier nach jeder Mahlzeit ab, der gebärfreudigere Katzenfloh bringt es dagegen einen Monat lang auf täglich 25 Eier. Diese Eier sind nur leicht klebrig, so dass sie nach der Ablage aus dem Fell des Wirtstieres fallen und sich im Nest weiterentwickeln. Meist sind sie perlfarben und rund. Bis zum Schlüpfen dauert es nur wenige Tage (im Schnitt 5 bis 10). Aus den Eiern krabbeln weiße Raupen mit braunen Köpfchen, die aussehen wie winzige Seidenraupen (sie sind höchstens einen halben Zentimeter lang). Die Flohlarven, die unsere Haustiere mittlerer Größe befallen, ernähren sich in besonderer Weise: Sie fressen Abfälle, Hautreste, Schuppen und ähnliche Überbleibsel, aber um ihre Entwicklung abzuschließen, benötigen sie Blut, obwohl sie selbst nicht stechen können. Die Evolution hat sich etwas Geniales für sie ausgedacht: Sie ernähren sich vom halbverdauten Blut der Erwachsenen, in Form von Fäkalien, jenen schwarzen Kügelchen, die sich gewöhnlich im Fell von befallenen Tieren oder auf dem Bettlaken finden, wenn Mieze auf die Idee gekommen ist, für ein paar Mitbewohner zu sorgen. Ohne diese Zufuhr von

Wirts-Blut sind die Larven in der Regel nicht in der Lage, die drei üblicherweise zu durchlaufenden Häutungen zu vollziehen. Ich muss zugeben, dass ich, obwohl ich bereits drei Mal gegen zwei verschiedene Arten von Flohbefall angekämpft habe, noch nie eine Larve zu Gesicht bekommen habe. Sie sind lichtscheu und ziehen sich in winzige, kaum sichtbare Spalten zurück, aber wo erwachsene Tiere sind, gibt es in der Regel auch Larven. Um sich entwickeln zu können, müssen außerdem die richtige Temperatur und Feuchtigkeit herrschen: Da es Tiere tropischen Ursprungs sind, gedeihen sie besser im warmen und feuchten Klima. Die Überlebenschance einer Larve bei 22° C und 50 % relativer Luftfeuchtigkeit ist deutlich geringer als bei derselben Temperatur und 75 % Luftfeuchtigkeit.

Die Entwicklungsdauer der Larve schwankt je nach Umweltbedingungen zwischen einer Woche und mehreren Monaten. Am Ende des Larvenstadiums bildet die Raupe einen feinen Kokon aus klebriger Seide, an dem Staub und verschiedene zusammengesammelte Überreste aus der Umgebung haften, um zur Tarnung der Puppe beizutragen. In diesem Ruhezustand kann der Floh ein, zwei Wochen, aber auch bis zu einem Jahr verbringen. Meist wird das Auftauchen aus dem Larvenstadium durch Vibrationen ausgelöst, der Floh schlüpft also erst, wenn Säugetiere in unmittelbarer Nähe sind.

Zurück zu den Abenteuern der guten Lucrezia. Stellen Sie sich folgendes, leider nicht allzu seltenes Szenarium vor: Eine Familie nimmt ihren Hund mit in eine gemietete Ferienwohnung. Der Hund, der endlich durch die Felder streifen darf, infiziert sich. Oder die Familie findet ein Kätzchen und nimmt es auf, wobei das Tier, wie so oft bei Findlingen, weniger Masse aufbringt als die Flöhe, von denen es befallen ist. Der Hund oder die Katze hinterlässt, während er bzw. sie durch das Ferienhaus streift, überall Eier, aus denen am Ende des Sommers Larven schlüpfen. Die ausgewachsenen Flöhe sind für die tierliebe Familie kein großes Problem, denn solange *Ctenocephalides felis* die Wahl hat, wird er statt der Menschen lieber die Katze oder den Hund beißen. Die Larven entwickeln sich im September, ernähren sich von den Kotkügelchen, die die erwachsenen Tiere zurückgelassen haben, verpuppen sich anschließend und verharren den gesamten Winter über im Ruhezustand in dem leeren Haus. Sie warten und warten. Dann, eine Erschütterung und … zack! Plötzlich schlüpft das ausgewachsene Tier mit einem Sprung aus seinem Kokon, es ist endlich frei und hüpft, auf der Suche nach seiner ersten Blutmahlzeit, wie verrückt herum. Dieses Mahl findet sich, oh je, an den Fesseln der guten Lucrezia, die auf Urlaub aus der Klinik, wo wir sie zurückgelassen hatten, hergekommen ist. Da Lucrezia nach ihrer schrecklichen Erfahrung mit Batuffolo (der inzwischen von anderen aufgenommen wurde) nichts mehr mit Tieren zu tun hatte, weiß sie auch kaum etwas über das Leben von Flöhen. Als sie nun anfängt, sich wie irre an den Fesseln zu kratzen, kauft sie holistisch-naturbelassen-biologische Kerzen mit Geraniol-Citronellol-Petrolderivat-Essenz, um diese lästigen Tigermücken loszuwerden, die es hier an der Küste gibt und die scheinbar nur dazu da sind, ihr (verdientermaßen) das Geld aus der Tasche zu ziehen. Wüsste Lucrezia ein wenig besser Bescheid, würde sie bemerken, dass die durch die Insektenstiche bei ihr ausgelösten allergischen Reaktionen sich meist in einer Reihe von drei Punkten zeigen, ebenso wie bei Wanzen. (Da es keine Tiere im Haus gibt, müssen die armen Flöhe ausschließlich mit ihr vorliebnehmen.) Man weiß nicht, weshalb diese flügellosen, blutsaugenden Insekten (Flöhe und Wanzen sind nicht miteinander verwandt) drei Mal hintereinander in einer Reihe stechen, aber es ist ein ziemlich sicheres Erkennungszeichen für einen Befall durch sie. Nicht alle Befallenen leiden unter Ausschlag oder Juckreiz, denn die entsprechende allergische Reaktion kann von Person zu Person unterschiedlich ausfallen. Lucrezia, die versuchsweise noch immer auf Freigang bleibt, hat großes Vertrauen in die verchromten Insektengitter, die ein befreundeter Architekt in ihrer Wohnung hat montieren lassen. Bei ihrer Heimkehr erlebt sie jedoch eine Überraschung: Sie hat weiterhin Ausschlag und Stiche auf der Haut. Während ihrer Abwesenheit ist nämlich in einem der Abflussrohre eine Ratte verendet. So etwas kommt leider vor. Bekanntermaßen verlassen Flöhe den toten Wirt, sobald die Körpertemperatur sinkt, und da sie winzig klein sind, können sie sich in extrem schmalen Spalten einnisten. Da Lucrezia nun in einem Jugendstilgebäude aus dem letzten Jahrhundert im Zentrum von Mailand lebt, mangelt es nicht an Spalten. So ist es den Rattenflöhen *(Xenopsylla cheopis)*, die das arme verendete Tier befallen hatten, gelungen, in die Wohnung der Unglückseligen einzudringen und das einzige warmblütige Tier in Reichweite zu befallen.

Der Katzenfloh sticht bevorzugt in die Fesseln oder die

Kniekehle. Das hat mit seinen Springgewohnheiten zu tun. Eine meines Erachtens dem Ig-Nobelpreis würdige Untersuchung klärt uns darüber auf, dass der Hundefloh im Schnitt 15,5 cm hoch springt, der Katzenfloh dagegen nur 13,2 cm. Der höchste von den Autoren der Studie verzeichnete Sprung eines Hundeflohs erreicht 25 cm, der eines Katzenflohs 17 cm. Das überrascht wenig, da Hunde im Durchschnitt größer sind als Katzen. Wer weiß, ob sie sich von Dackeln verwirren lassen? Wären die Autoren der Sache noch weiter auf den Grund gegangen, hätten sie bemerkt, dass der Kaninchenfloh *(Spilopsyllus cuniculi)* noch niedriger springt (er ist ein sesshafter Floh, der sich kaum von den Ohren des Kaninchens entfernt, und außerdem haben Kaninchen noch kürzere Beine als Katzen). Zu meiner Überraschung habe ich jedoch persönlich festgestellt, dass der Menschenfloh *(Pulex irritans)* deutlich weniger hoch springt als der Katzenfloh, aber das liegt vermutlich daran, dass er uns im Bett oder den Kleidern auflauert.

Falls Sie sich jedoch fragen, welche Flohart sich in Ihren vier Wänden herumtreibt, sollten Sie sich nicht die Mühe machen, mit dem Maßband die Sprunghöhe zu kontrollieren, denn in unseren Breiten handelt es sich zu 90% um den Katzenfloh. Er ist bräunlich, sehr agil und hüpft wie wild herum, wenn man versucht ihn zu fangen (ein im Übrigen sinnloses Unterfangen, da er zu klein und zu fest ist, um ihn zwischen den Fingern zu zerdrücken). Er sticht uns am liebsten in die Fesseln, ist aber ein Haustier in Reichweite, gibt er diesem den Vorzug. Er ist relativ groß (bis zu 4 mm). Unser Blut stillt seinen Hunger, schmälert aber die Fruchtbarkeit und die Zahl der abgelegten Eier. Der

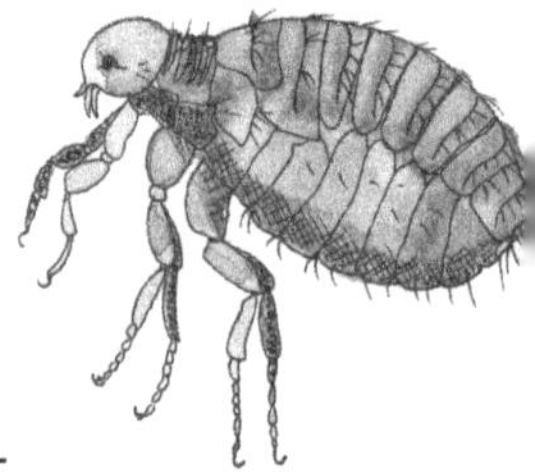

Menschenfloh ist dagegen etwas kleiner, schwarz, er hüpft weniger, sticht uns überall und nimmt mit uns genauso vorlieb wie mit Miezen (oder besser gesagt: Er gibt uns sogar den Vorzug). Wenn uns der Hund also welche ins Haus schleppt, ist das kein Vergnügen. Der Kaninchenfloh bleibt gewöhnlich auf seinem Kaninchen, er ist genauso beschränkt wie sein Wirt. Der Hühnerfloh, der den Kopf in die Haut bohrt, ist unverwechselbar. Den Rattenfloh, *Xenopsylla cheopis,* habe ich bisher zum Glück noch nie zu Gesicht bekommen. Den Eichhörnchenfloh dagegen schon. Die amerikanischen Eichhörnchen haben ihre speziellen Flöhe vermutlich aus Amerika mitgebracht. Es fehlen diesbezüglich sichere Belege, aber wenn es stimmt, bedeutet das, dass es zwei neue allochthone Arten zum Preis von einer gibt, zum großen Nutzen der biologischen Vielfalt.

Abgesehen von den Unannehmlichkeiten, die sie bereiten, sind Flöhe noch für etwas anderes bekannt, nämlich für ihre unglaubliche Sprungkraft, die an die Grenzen tierphysiologischer Möglichkeiten stößt. Hebt ein Floh zum Sprung ab, kann er eine Beschleunigung von bis zu 200 *g* erreichen.* Eine derartige Beschleunigung katapultiert den Floh innerhalb von 0,02 Sekunden in eine Entfernung von 30 cm. Der Rattenfloh kann ohne Unterbrechung 72 Stunden lang herumhüpfen, wobei er es auf bis zu 600 Sprünge

* Eine F16, die engste Manöver fliegt, erreicht 9 *g*, der Pilot verliert bei 8,5 *g* das Bewusstsein. Für alle, die es vergessen haben: Die Erdschwerebeschleunigung *(g)* beträgt im Schnitt 9,8 m/s^2.

pro Stunde bringt. Ich glaube kaum, dass irgendein Kriegsflugzeug derart lange solchen Beschleunigungen standhalten würde. Dass Flöhe physiologisch so gut zum Springen geeignet sind, hängt mit den Flugmuskeln ihrer geflügelten Vorfahren zusammen. Diese Muskeln haben sich durch die seitliche Abflachung des Körpers verschoben. Sie lösen den Sprung aus, aber der eigentliche Impuls erfolgt durch ein kleines Wunder der Biomechanik: die Kompression und unmittelbar darauffolgende Loslösung eines Proteins namens Resilin, das sich in einer bogenförmigen Struktur an den Hinterbeinen befindet. Dieses elastische Protein kann Energie sehr viel wirksamer speichern und aufbewahren als jeder synthetisch hergestellte Gummi und auch sehr viel besser als die elastischen Proteine unserer Muskulatur, Aktin und Myosin, oder als jedes andere Muskelprotein. Die Elastizitätseigenschaften des Resilins verändern sich nicht mit der Temperatur. Es bleibt auch bei Bedingungen um den Gefrierpunkt elastisch. Etwas Gutes ließe sich also selbst solch scheinbar unangenehmen Tieren abgewinnen: Unter Rückgriff auf Resilin könnte man durch biomedizinische Verfahren neue elastische Materialien mit unglaublichen Eigenschaften gewinnen. Entsprechende Studien laufen bereits.

Können Flöhe Krankheiten übertragen? Diese Frage muss leider bejaht werden. Deshalb ist Prävention bei unseren Haustieren so wichtig. Zuallererst sei an den Rattenfloh, *Xenopsylla cheopis,* erinnert (der sich vermutlich auf den mongolischen Rennmäusen entwickelt hat). Mit seinem Speichel kann er das Bakterium *Yersinia pestis* übertragen, den Erreger der Beulenpest. Das Bakterium tötet auch den Floh, aber es ist ein schwacher Trost, frei von Flöhen an der Pest zu sterben. In früheren Zeiten drang die Hausratte *(Rattus rattus)* in die Wohnungen ein und verendete dort, wenn sie mit dem Pesterreger infiziert war. Die Flöhe verließen daraufhin den Wirt und befielen die Lebewesen, die sie in der Umgebung fanden, nämlich Menschen. Dennoch scheint die Rolle der Rattenflöhe stark übertrieben worden zu sein. In Wahrheit ist die Krankheit offenbar hauptsächlich vom Menschenfloh übertragen worden, mit dem wir früher reichlich gesegnet waren. Es sei betont, dass die Pest in Europa ausgerottet ist und in der westlichen Welt nur noch in den Gebirgsregionen der Vereinigten Staaten Verbreitung findet. Gleiches gilt für das durch *Rickettsia typhi* verursachte und ebenfalls von Rattenflöhen übertragene Murine Fleckfieber. Wenn Ihr Haustier also Flöhe hat, müssen Sie nicht gleich in Panik verfallen. Sie sind nicht Lucrezia, und Sie werden nicht irgendeiner Krankheit zum Opfer fallen, die Sie eigentlich für ausgestorben gehalten hatten, zumindest solange Sie nicht in irgendeiner abgelegenen Tropenregion oder im Westen der Vereinigten Staaten leben, wo die Nager beide Krankheiten übertragen können. Weitere durch Flöhe übertragene bakterielle Erkrankungen sind Salmonellose, Tularämie und die Staphylokokken-Infektion, aber auch hier ist die Wahrscheinlichkeit sehr gering. Will man sich jedoch unbedingt Sorgen machen, so gibt es *Bartonella henselae,* einen Erreger, der in den Vereinigten Staaten jährlich 25 000 Fälle der Katzenkratzkrankheit verursacht, und außerdem den Gurkenbandwurm *Dipylidium caninum,* der nicht nur für Katzen und Hunde, sondern auch für uns Menschen (insbesondere für Kinder) eine reale Gefahr darstellt, wenn der Floh aus Versehen verschluckt wird. Der Floh ist lediglich der Zwischenwirt, und der Wurm entwickelt sich im Gedärm des Säugetiers, sei es Katze, Hund oder Mensch. Wenn Sie weiße, sich bewegende Reiskörner im Katzenklo (und nicht nur dort…) entdecken, sollten Sie sofort mit speziellen Arzneien Abhilfe schaffen.

Vorbeugende Maßnahmen für all das sind leicht zu ergreifen und sicher die beste Methode, um Unannehmlichkeiten zu vermeiden: Mit einem guten Flohschutz für Ihre Haustiere können Sie in jedem Fall beruhigt sein.

DIE FLIEGE, DIE AMEISEN ENTHAUPTET

Pseudacteon spp.

Es gibt eine kleine Gattung von Fliegen aus der Familie der Buckelfliegen *(Phoridae)*, die in der Neuen Welt, von Argentinien bis zu den Vereinigten Staaten, beheimatet ist: die *Pseudacteon*. Sie umfasst rund vierzig Arten, die allesamt parasitoid und winzig klein sind. Wohlgemerkt parasitoid, aber nicht parasitär. Der entscheidende Unterschied besteht darin, dass ein Parasit mit seinem Wirt zusammenlebt und ihn dabei zwar ausbeutet, aber nicht unbedingt umbringt, während ein Parasitoid sein Opfer in jedem Fall tötet und die Reproduktion verhindert. Will man eine Parallele zum Kino ziehen, so ist das Ungeheuer aus *Alien* ein Parasitoid, der Dämon aus *Der Exorzist* dagegen ein Parasit.

Die »Opfer« der auch als Scharfrichterfliegen bekannten *Pseudacteon* sind Arbeiterinnen der Feuerameisen (im Englischen *Fire ants*) vor allem der Gattung *Solenopsis,* aber auch von einem halben Dutzend anderer Gattungen. Die

Geschichte ist ein ziemlicher Horrorfilm. Sie sollten also auf alles gefasst sein und ein Antiemetikum griffbereit halten. Die Paarung der Fliegen erfolgt in der Regel in einiger Entfernung von dem Ameisennest. Nur bei wenigen Arten hat man auch Männchen in der Nähe der Ameisenkolonie beobachten können. Sobald das Weibchen zur Eiablage bereit ist, sucht es sich ein geeignetes Ameisennest, dessen Bewohner zuvor aufgeschreckt worden sind oder gegenüber anderen Ameisen ein extrem aggressives Verhalten an den Tag legen oder aber gerade einen Hochzeitsschwarm bilden: alles Situationen, in denen die Arbeiterinnen sich nicht sofort zurückziehen und in Deckung gehen können, wie sie es normalerweise beim Anblick einer Scharfrichterfliege tun würden. Die Suche nach einem Ameisennest erfolgt durch Rückverfolgung der Duftspur der aus dem Thorax ausgesonderten Kairomone oder anderer Pheromone. Ein Kairomon ist eine von einem Organismus abgesonderte Substanz, die sich für den, der sie produziert, als nachteilig erweist, anderen Organismen, in diesem Fall der Fliege, aber zum Vorteil gereichen kann.

Die Fliege wählt ihre Opfer aus, indem sie sich vor ihnen platziert. Sobald der geeignete Wirt aufgefunden ist, bewegt sich die Scharfrichterfliege zur Seite und injiziert mit einer raschen Bewegung ein einzelnes Ei in den Brustkorb der Ameise. Der Ovipositor (Eiablageapparat) der Fliege ist eine raffinierte Vorrichtung, eigens dafür vorgesehen, das Ei in einer speziellen Position in den Thorax zu injizieren, wobei sie sich an diesen mit einem nach dem Schlüssel-Schloss-Prinzip funktionierenden Mechanismus festhakt. Nicht alle Fliegen wählen ihr Opfer artspezifisch; während also einige eine ganz bestimmte Ameisenart suchen, sind andere anpassungsfähiger und legen ihre Eier in verschiedene *Solenopsis*-Arten.

Nach einigen Tagen schlüpft eine Larve aus dem Ei, die sich im Inneren des Brustkorbs über einige Wochen von den Körpersäften der Ameise ernährt. In dieser Zeit verrichtet die Ameise weiterhin ganz normal ihre Aufgaben und weist keine Verhaltensveränderungen auf, da der Befall offenbar keine besonderen Schmerzen verursacht. Ist die Larve herangewachsen und kurz davor sich zu verpuppen, wandert sie aus dem Brustkorb in den Kopf der Ameise, wobei sie sich ihren Weg durch das Gewebe des Wirtes beißt und dieses unterwegs verspeist. Nachdem sie den Kopf erreicht und dort einen Imbiss aus Hirnganglien zu sich genommen hat, produziert sie eine Substanz, die speziell die Verbindungsmembran des Ameisenkopfes auflöst. Der Kopf fällt ab, und der Körper mit den in die Luft gestreckten zappelnden Beinchen bleibt zurück (Insekten haben eine Menge im Körper verteilter Ganglien und kein Zentralnervensystem wie wir).

Bevor sich die Larve verpuppt, verzehrt sie im Kopf der Ameise alles Muskel-, Nerven- und Bindegewebe, das sie finden kann (das bringt die Ameise bereits vor ihrer Enthauptung um). Dann beginnt endlich die Metamorphose, gut geschützt durch das feste Exoskelett der Ameisenkiefer, während der gesamte Mundbereich, der in der Kopfkapsel Platz raubt, ausgestoßen wird. Statt wie die Schmetterlinge einen Seidenkokon zu bilden, nutzt diese Fliege den Kopf der Arbeiterin als bestens gepanzerten Kokon. Die Überreste der Ameise werden in der Regel von den anderen Arbeiterinnen auf entsprechende Friedhofsdeponien geschafft, wo die Fliegen-Puppe zwei bis drei ruhige Wochen verbringt. Am Ende dieser Zeit schlüpft das erwachsene Insekt aus der Mundhöhle der Ameise, und der Zyklus beginnt aufs neue. Diese Fliegen sind deshalb so winzig, weil sowohl die Larve als auch das ausgewachsene Tier vollständig im Kopf einer Ameise Platz finden müssen.

Besonders merkwürdig ist, dass das Geschlecht der Fliege von der Umgebung abhängt, in der sich das Ei entwickelt, obwohl die Zweiflügler ebenso wie wir X- und Y-Chromosomen haben: In kleineren Arbeiterinnen entwickeln sich Männchen, in den größeren die Weibchen, die offenbar einen höheren Nahrungsbedarf haben. Noch ist nicht geklärt, ob die ausgewachsenen Tiere sich überhaupt ernähren und, wenn ja, von was.

Abstoßend? Ziemlich, dennoch sei am Ende eine positive Seite des Ganzen erwähnt: In die Vereinigten Staaten sind aus Versehen verschiedene Feuerameisen aus Südamerika importiert worden, die mit den einheimischen Arten konkurrieren und bei Pflanzungen Schäden in Millionenhöhe verursachen. Man überlegt daher, die Scharfrichterfliegen als biologisches Bekämpfungsmittel gegen diese fremden Eindringlinge einzusetzen, da sie ein extrem selektives System darstellen, das, im Unterschied zu Pestiziden, lediglich die Feuerameisen, nicht jedoch die einheimischen Arten treffen würde.

Seit ich an diesem Kapitel schreibe, springe ich jedes Mal, wenn sich eine Fliege auf mich setzt, mindestens einen Meter in die Luft. Bin ich vielleicht nicht ganz normal?

EVOLUTION DER VAMPIRE

Buphagus spp.

Dies ist die Geschichte der beiden Arten von Madenhackern, jenen so unschuldig wirkenden Vöglein, die in ganz Subsahara-Afrika auf den Rücken der großen Huftiere leben und die wir alle schon einmal, wenn auch nicht unbedingt bewusst, in einem Dokumentarfilm über Großwild in der afrikanischen Savanne, wie Zebras, Giraffen, Gnus, Flusspferde etc., gesehen haben. Was treiben sie dort, dicht gedrängt auf dem Rücken von Büffeln? Würde man für die beiden fraglichen Arten, den Rotschnabelmadenhacker *(Buphagus erythrorhynchus)* und den Gelbschnabelmadenhacker *(Buphagus africanus)*, einen Personalbogen ausfüllen, müsste man hinter »Beruf« »Vertilger von Huftier-Parasiten« schreiben, und das wäre fast die reine Wahrheit. Diese kleinen Vögel ernähren sich in der Tat von Zecken, Läusen, Bremsenlarven, Tsetsefliegen, von Egeln, Mücken und verschiedenen Schnaken: Eine Wohltat für die Tiere, die von schädlichen und Krankheiten übertragenden Insekten befreit werden. Der kleinere Rotschnabelmadenhacker zieht Zecken in jüngerem Stadium vor, während der etwas größere Gelbschnabelmadenhacker auch die fetten, mit Blut vollgesogenen weiblichen Zecken zu fressen vermag. Ansonsten gibt es zwischen den beiden keine grundlegenden Unterschiede. Aber eine mit Blut vollgesogene Zecke schmeckt nach Blut, weshalb also nicht direkt an die Quelle gehen?

Außer von verschiedenen, Säugetiere befallenden Gliederfüßern ernähren sich die Madenhacker auch von »Erzeugnissen«, die direkt von den Säugetieren selbst stammen, so zum Beispiel Ohrenschmalz, Schleim aus den Augenwinkeln und Nasenlöchern, Resten abgestorbener Haut, Tränen, Schweiß und Blut. Sie nehmen tatsächlich Blut und sogar Fleisch vom Tier selbst als Nahrung auf. Ist irgendwo eine offene Wunde, picken sie mit dem Schnabel, um Blut zu trinken und kleine Stückchen lebendigen Fleisches herauszulösen, wodurch die Vernarbung verhindert wird. Wenn dann die Fleischfliegen kommen, fressen sie auch die, aber das ist nur ein positiver Nebeneffekt. Oft sterben die Tiere nicht an den zugezogenen Verletzungen, sondern durch die von den Madenhackern hervorgerufenen Schäden, aufgrund derer die Wunden nicht verheilen und sich infizieren. Als ob es damit noch nicht genug sei, fügen diese so unschuldig scheinenden Vögelchen der Haut bisweilen selbst Verletzungen bei, um sich, wie echte Parasiten, am Blut und Fleisch des Wirtes zu laben. Es sind Verletzungen, die sich bis zum Tod des Tieres nicht mehr schließen werden. Ich selbst habe einmal ein in Südafrika entstandenes Foto eines Rotschnabelmadenhackers gesehen, der sein zierliches Köpfchen in den Anus einer Giraffe steckte, und zwar sicher nicht zum Wohle letzterer. Der Vogel war vermutlich auf der Suche nach einer Stelle, wo die Haut dünner und entsprechend leichter zu durchbohren ist. Für die Giraffe muss es furchtbar gewesen sein. Gelegentlich ernähren sich Madenhacker auch von verendeten Tieren.

Raubvögel gibt es eine ganze Menge, aber soweit ich weiß, ist dieser Vogel der einzige Fall eines Vollzeit-Parasiten. Wie haben sich diese Gewohnheiten, die so anders sind als die seiner gefiederten Genossen, herausgebildet? Die Klassifikation der beiden Madenhacker-Arten war lange Zeit ungewiss. Aufgrund anatomischer Ähnlichkeiten hielt man sie zunächst für enge Verwandte der Stare, jener Vögel, die in Schwärmen von vielen Tausenden durch die Lüfte schwirren und (zum Glück!) gern Obst verspeisen. Molekulare Analysen lassen jedoch vermuten, dass sich die Madenhacker vor 22 Millionen Jahren von einem gemeinsamen Vorfahren abgespalten haben und sich aus dem verbleibenden Zweig Stare und Spottdrosseln, jene von Darwin untersuchten (jedoch nicht zu den Darwin-Finken zählenden) Vögel entwickelten.

Heute bilden die beiden Vogelarten eine eigene Familie, die der Buphagidae.

Die Ähnlichkeiten mit den Staren sind mittlerweile eher gering, sie beschränken sich hauptsächlich auf die Form und allgemeine Größe, die wenig wohlklingenden Lockrufe und die Angewohnheit, in Baumhöhlen zu nisten. Wirft man einen genaueren Blick auf die Anatomie, bemerkt man bei den Madenhackern äußerst interessante Anpassungen. Beim Rotschnabelmadenhacker hat zum Beispiel W.J. Beecher entdeckt, dass der Schnabel zwar insgesamt dem der Stare ähnelt, die Unterkiefermuskulatur aber in der für Spechte typischen Art verbreitert ist, so dass sie als Puffer für das Gehirn dient, wenn das Tier mit dem Schnabel auf Holz schlägt. Darüber hinaus weisen die Krallen dieselbe gekrümmte Struktur wie bei Klettervögeln, also Baumspechten, Mauerspechten etc., auf. Die mit dem Nestbau beschäftigten Madenhacker bewegen sich außerdem wie Spechte die Bäume hinauf und hinunter und halten wie diese das Gleichgewicht ihrer besonderen Körperstellung mit dem Schwanz. Der Kopf ist immer oben, und oft ist ihre Haltung aufrecht wie die der Pinguine.

All diese Merkmale könnten die Annahme nahelegen, dass die Madenhacker auf Bäumen lebende Vorfahren hatten, die sich wie die Spechte von unter der Baumrinde sitzenden Larven und Insekten ernährten. Der Sprung vom Baum aufs Rhinozeros scheint nicht allzu gewagt, und die Fülle an Gliederfüßern, die auf großen Säugetieren zu finden sind, hätte diesen Schritt sicherlich begünstigt. Außerdem könnte man ins Feld führen, dass Madenhacker nach wie vor bestens in der Lage sind, Löcher zu picken, nur dass sie nun statt Rinde Haut durchbohren. Was sich in meinen Augen jedoch allmählich zu verändern scheint, ist der Geschmack: Anstelle von Gliederfüßern wird nun das Blut von Säugetieren bevorzugt. Einer alternativen Hypothese zufolge könnte die Adaptation auch jüngeren Datums sein (es sind keine Fossilien von Madenhackern bekannt). Der Vorfahre könnte ein auf dem Boden, in der Nähe großer Herden lebender Vogel in der Art des heutigen Kuhreihers gewesen sein, der irgendwann die Idee hatte, auf den Zug der Evolution (und den Rücken der Rinder) aufzuspringen, um sein Leben von nun an zusammengekauert auf breiten Tierleibern zu verbringen. Die erste Hypothese klingt mir allerdings wahrscheinlicher. In diesem Fall hätten wir es mit einem Tier zu tun, das sich vom Generalisten (dem gemeinsamen Vorfahren von Madenhackern, Staren und Spottdrosseln) zu einem in Bäumen nach Spechtart lebenden Spezialisten und schließlich zu einem Symbionten von Säugetieren entwickelt hat, der sich in einem weiteren Schritt dem Leben als Parasit anpasst. Wenn die Entwicklung in dieser Richtung weitergeht, könnten sich die Nachkommen der heutigen Madenhacker in ein paar hunderttausend Jahren ausschließlich von Blut ernähren und Seite an Seite mit den Zecken, die ihnen heute als Nahrung dienen, auf den Paarhufern hocken, ohne sie jemals zu verlassen. Diese Tendenz scheint vorhanden, denn einige Populationen von Gelbschnabelmadenhackern in Sambia und Zimbabwe schlafen bereits auf dem Rücken ihrer Wirte, statt sich für die Nacht auf den Ast eines Baumes zurückzuziehen. In manchen Fällen steigen sie nicht einmal zum Waschen oder Trinken herunter, sondern warten darauf, dass der Wirt zum Trinken ein Gewässer aufsucht, um sich dann am Bein bis zu den im Wasser stehenden Füßen hinabzulassen. Evolution for you. Aus der Art, wie sie für den Stuhlgang den Schwanz heben und den Kot in möglichst große Entfernung von ihrem Reittier spritzen, scheint ein gewisser Anstand gegenüber dem Wirt zu sprechen. In Wahrheit hat das nichts mit Höflichkeit zu tun, sondern ist lediglich eine Hygienemaßnahme, um die eigenen Füße vor Parasitenbefall zu bewahren.

Erwähnenswert scheint mir im Kontext der Evolution noch die Tatsache, dass die beiden Madenhacker-Arten in Sympatrie, also nebeneinander an exakt denselben Orten, leben. In Tansania hat man sogar beobachtet, dass sie noch miteinander hybridisieren können. Der klassische Artbildungsmechanismus, so wie er im Lehrbuch steht, geht von zwei getrennt lebenden und sich unabhängig entwickelnden Populationen aus. In diesem Fall ist der Artbildungsmechanismus jedoch, ebenso wie bei den untereinander verwandten Darwinfinken der Galapagosinseln, ein anderer: Bei einer gleichförmigen Verteilung innerhalb des Lebensraums der Vögel können unter besonderen Umständen bestimmte Extreme zum Vorteil gereichen, so dass etwa die größeren Madenhacker die ausgewachsenen Zecken fressen und die kleineren Madenhacker die jüngeren Zecken. Die Vögel mittlerer Größe sind im Nachteil, da sie keinen speziellen Schnabel haben, sie werden dem Selektionsdruck erliegen und zur Abspaltung zweier Populationen auf der Grundlage ihrer Größe beitragen. Allen Kreationisten zum Trotz.

Wo endet die Symbiose zwischen Madenhackern und

Säugetieren, und wo beginnt der Parasitismus? Die Lehrbuchdefinition einer mutualistischen Symbiose besagt, dass bei einer solchen zwei Lebensformen gleichermaßen wechselseitigen Nutzen aus der gemeinschaftlichen Existenz ziehen. Beim Parasitismus ist dagegen der Parasit zu Lasten des Wirtes im Vorteil, auch wenn das Zusammenleben nicht direkt zum Tod des Wirtes führt. Die beiden Kategorien sind offenbar nicht klar voneinander getrennt. Vielmehr gibt es, wie im Fall der Madenhacker, alle möglichen Zwischenabstufungen, die vom Mutualismus über den Kommensalismus und Opportunismus bis zum Parasitismus reichen, ohne dass die Übergänge und Grenzen eindeutig definiert wären.

In unserem Fall fressen die Madenhacker wie gesagt die Parasiten ihrer Wirte, was ein unbestreitbarer Vorteil für letztere zu sein scheint. So glaubte man zum Beispiel, dass sich Impala (Schwarzfersenantilopen), die in den Genuss des Werks von Madenhackern kommen, weniger kratzen würden als Impala ohne Madenhacker. Doch mittlerweile wird das in Zweifel gezogen, da man nachgewiesen hat, dass sich die Impala durch gegenseitiges Grooming und dank spezieller Zähne selbst von den Zecken befreien können. Solange keine Verletzungen der Haut vorliegen, ließe sich ganz allgemein von einem perfekten Beispiel für Mutualismus sprechen: Der Vogel erhält Nahrung, und das Säugetier wird von Parasiten sowie übermäßigen Körpersekreten befreit. Darüber hinaus erweisen die Madenhacker ihren Wirten einen weiteren großen Dienst. Es ist wiederholt von Fällen berichtet worden, in denen diese Vögel Alarm geschlagen haben, sobald sich ein Jäger näherte, um dem Tier auf diese Weise zu einer raschen Flucht zu verhelfen. Die Kehrseite der Medaille ist, dass Jäger ihre Beute bisweilen gerade durch die an bestimmten Punkten kreisenden Madenhacker aufspüren. Das eigentliche Gleichgewicht wird offenbar dann gestört, wenn Madenhacker bereits vorhandene Wunden vergrößern oder gar neue zufügen.

Zweiundzwanzig Millionen Jahre Koevolution haben jedenfalls dazu geführt, dass die ursprünglich in der afrikanischen Savanne lebenden Huftiere ein Minimum an Gegenmaßnahmen gegen den ungezügelten Vampirismus entwickelt haben. Für gewöhnlich werden nur schwache Tiere von blutsaugenden Madenhackern angegriffen, meist beschränken sie sich opportunistisch auf bereits offene Wunden, oder sie toben sich an gerade verendenden Tieren aus. Gesunde Wildtiere können dagegen ohne große Probleme mit diesen angehenden Vampiren koexistieren.

Die Probleme begannen vor ein paar tausend Jahren, als die Hausrinder von Asien nach Afrika gelangten und mit ihnen auch Pferde sowie asiatische Esel. All diese Tiere wurden und werden nicht nur vom Menschen ausgebeutet, der zum Beispiel Eseln und Mauleseln einen Lastensattel aufzwingt, wodurch Wunden aufgescheuert werden, sondern auch von kleinen, boshaften, blutgierigen Vögeln. Madenhacker sind eine wahre Plage für das Vieh, und wenn Rinder in Reichweite sind, lassen sie die Zecken links liegen und fügen diesen selbst Wunden zu. Sie tragen in keiner Weise zum Entfernen des Ungeziefers oder zum Verhindern von Krankheiten, die durch dieses übertragen wird, bei. Sobald also ein wehrloser Wirt greifbar ist, neigen die Madenhacker zum produktiveren Parasitismus anstatt zum Mutualismus. Sich von Zecken zu ernähren hat bestimmte Nebenwirkungen: Die beiden üblichen Zeckenarten, *Amblyomma hebraeum* und *Boophilus decoloratus,* sind in den Nestern von Madenhackern auf den Küken gefunden worden. Wenn die Zecken also die Möglichkeit dazu haben, schlagen sie als Beutetiere zurück, indem sie sich selbst in Parasiten der Madenhacker verwandeln. Es ist allerdings nicht klar, ob die Vögel abwechseln und mal Wildtiere auf der Jagd nach Zecken aufsuchen, mal das Blut von Hausrindern anzapfen, oder ob sich die Populationen auf jeweils eine Ernährungsform spezialisieren. Der englische Name *Oxpecker* (dt.: Ochsenspecht) ist jedenfalls sehr bezeichnend.

Auch der lateinische Name ist nicht übel: *Buphagus* bedeutet so viel wie »Rinderfresser« – ein Zeichen, dass die ersten Naturforscher des 19. Jahrhunderts, die sie 1828 klassifizierten, bereits um die schlechten Gewohnheiten dieser Tierchen wussten: 85 % ihrer Zeit verbringen sie damit, sich von Blut, Ohrenschmalz und Haut zu ernähren, nur 5 % widmen sie der Suche nach Zecken. Die europäischen Bauern strichen das Fell des Viehs zum Schutz meist mit einer Tinktur auf Arsenbasis ein, die sowohl die Parasiten als auch die Madenhacker tötete. Heute greift man zum Glück nicht mehr auf diese Maßnahme zurück, so dass sich die Madenhacker-Populationen wieder rapide vermehren konnten. Eine Frage bleibt jedenfalls offen: Wenn die Vögel sich von einem Wirt zum nächsten begeben, welche Folgen hat das für die Übertragung von Krankheiten, für die man üblicherweise Zweiflügler und

Zecken verantwortlich macht? Sind es direkte Überträger anderer Krankheiten? All das wird man nur durch gezielte Untersuchungen herausfinden.

Ich möchte mit zwei Randbemerkungen abschließen. Erstens sind nicht alle Tiere der Savanne bereit, sich ungestraft von Madenhackern befallen zu lassen. So wehren sich etwa Elefanten, zum Beweis ihrer Intelligenz, vehement gegen diese Vögel, vermutlich auch deshalb, weil ihre zarte Haut unter deren spitzen Krallen leidet. Zweitens haben Madenhacker als anständige Vampirchen eine Iris von veränderlicher Farbe. Je nach Alter und Gemütszustand kann sie von Gelb über Braun bis zu Rot reichen, wobei der physiologische Mechanismus dieses Phänomens, ebenso wie dessen Ursachen, bisher ungeklärt ist.

DIE SCHÖNEN UND VERDAMMTEN: SÄUGETIERE AM RANDE DES AUSSTERBENS

Bitten Sie einmal Ihre Freunde, Ihnen drei Tiere zu nennen. Die klassische Antwort wird »Hund, Pferd, Kuh« oder dergleichen lauten, die etwas Phantasievolleren antworten vielleicht »Löwe, Jaguar, Flusspferd«. Ich habe den Test an mir selbst durchgeführt, um mir zu beweisen, wie viele Tiere ich kenne. Ich habe angefangen mit »Schuppentier, Breifuß-Beutelmaus ...«, bis mir auffiel, dass ich, verdammt noch mal, in dieselbe Falle getappt bin! Es bleibt dabei: Für uns ist »Tier« gleichbedeutend mit »Säugetier«. Allerhöchstens ein paar Hausvögel kommen noch hinzu. Es wäre interessant zu erfahren, wie hoch der Anteil der Wirbellosen läge, wenn man eine repräsentative Umfrage durchführen würde.

Trotz der unbewussten Bedeutung, die Säugetiere für uns haben, muss man zugeben, dass es ihnen im Schnitt nicht allzu gut geht, woran in erster Linie wir Menschen schuld sind: Lebensraumverlust, Wettbewerb mit allochthonen Arten, Umweltverschmutzung und Jagd haben innerhalb weniger Jahrhunderte zum Aussterben vieler Säugetiere geführt. Das gilt natürlich auch für andere Wirbeltiere und auch für Wirbellose, aber das Aussterben des Pandas oder Tigers würde uns, wenn wir ehrlich sind, emotional stärker mitnehmen als das Aussterben der zu den Manteltieren zählenden Schlauchseescheide (*Cionia intestinalis)* oder des Schleimaals, von deren Existenz die meisten gar nichts wissen.

Hinzu kommt, dass uns bei dem Gedanken an Säugetiere meist nur die uns vertrauten Haustiere oder die großen afrikanischen Säugetiere einfallen. Letztere bilden jedoch lediglich einen winzigen Bruchteil der rund 4500 bekannten höheren Säugetiere und Beutelsäuger. Ginge es allein nach der Anzahl, hätten die Mäuse bei dem Spiel mit den drei Tieren auf jeden Fall Anspruch, erwähnt zu werden, denn allein die Nagetiere bilden rund die Hälfte aller bekannten Säugetierarten (ohne die etwa 275 Beutelsäuger). An zweiter Stelle müssten die Fledermäuse genannt werden, die nach Abzug der Nagetiere gut die Hälfte der verbleibenden Säugetierarten ausmachen (also insgesamt etwa 25%). Die in Afrika oder anderswo beheimateten Huftiere umfassen dagegen nur rund 250 und die Raubtiere etwa 270 Arten, aber ebendiese fallen uns ein, wenn wir an Tiere denken. Aus alldem folgt, dass wir nicht nur zum Aussterben anderer Säugetiere beitragen, sondern dass wir das auch leichtfertig tun, ohne uns dabei zu fragen, wer alles zu unseren nächsten Verwandten gehört und inwiefern sie von uns und wir von ihnen ökologisch abhängig sind.

Was sind denn nun eigentlich Säugetiere? Ein Paläontologe könnte ein wenig plump erwidern, dass sie nichts weiter als große, lebendgebärende, behaarte Eidechsen mit unförmigen Schädeln seien, und er hätte damit nicht ganz unrecht. Aus irgendeinem Grund erzählt man uns, die ersten Säugetiere seien im Jura »aufgetaucht«, aber sehr klein gewesen, da die Nischen bereits von den Dinosauriern belegt waren und sie sich verstecken mussten. Diese Herangehensweise hat mir wegen ihrer implizit kreationistischen Prägung immer eine Gänsehaut verursacht. Die sogenannten Therapsiden – vermutlich bereits behaarte, gleichwarme (homoiotherme) lebendgebärende Reptilien mit zum Säugen befähigenden Brustdrüsen – fanden schon in der Trias, als Dinosaurier noch in der Erprobungsphase steckten, weite Verbreitung. Dann hatten sie Pech und verschwanden während des Massenaussterbens zwischen Trias und Jura beinahe vollständig, um den Dinosauriern zu weichen. Allerdings nur beinahe, denn die Vorfahren der Säugetiere blieben nicht nur am Leben, sondern entwickelten sich darüber hinaus allmählich zu immer neuen Arten. Nach dem Aussterben der Dinosaurier durchliefen die Säugetiere, also die Nachkommen der überlebenden Linie der Therapsiden, eine Phase der evolutionären Explosion und spalteten sich erneut in Hunderte verschiedene Formen und Größen auf. Die großen Dinosaurier stellen also (mit Ausnahme der Vögel) lediglich einen Ausrutscher in der Evolutionsgeschichte der Säugetiere dar, die immerhin zwei große Massenaussterben gut überstanden haben.

Wir befinden uns nun mitten in einem dritten Massenaussterben; das Schicksal der Säugetiere scheint recht wechselhaft zu sein. Im Folgenden sollen einige seltene und wenig bekannte Säugetiere vorgestellt werden, die vermutlich nicht überleben werden: gute Gründe, über sie zu sprechen.

DIE CHILOÉ-BEUTELRATTE SAGT … »NEIN!« (ZUM AUSSTERBEN)

Dromiciops gliroides

Die Chiloé-Beutelratte ist ein einzigartiges Tier: In ihrer Ordnung, der Microbiotheria, gibt es nur eine einzige Familie, eine einzige Gattung und eine einzige Art: *Dromiciops gliroides*, der letzte Nachkomme dieser Linie.

Im Spanischen (ebenso wie im Englischen und Italienischen) heißt die Chiloé-Beutelratte *Monito del monte*, was im Deutschen so viel wie »Bergäffchen« bedeutet. Der Name ist eine Anspielung auf die bestens zum Greifen geeigneten unbehaarten Hände und Füße dieses ungemein possierlichen Tierchens, die an die eines kleinen Primaten erinnern. In Wahrheit handelt es sich um ein Beuteltier, kaum größer als eine Maus (mit einem Gewicht zwischen 16 und 30 g), das in Südamerika beheimatet ist. Dass die Chiloé-Beutelratte keine lebenden Verwandten hat, hängt mit ihrem Lebensraum zusammen, der ebenso einzigartig ist wie dieses Tier. Er nennt sich Valdivianischer Regenwald und liegt zwischen den Anden und dem Pazifischen Ozean im Süden Chiles, mit einigen Ausläufern nach Argentinien und auf die Insel Chiloé. Das Biom ist vom Rest der Welt isoliert, da es ringsum von Wüste, hohem

Gebirge oder von Meer umgeben ist. Man kann sich also vorstellen, dass die Zahl der Endemiten in einer solchen Gegend extrem hoch ist: Rund 90% der dort beheimateten Pflanzen sind endemisch, also an keinem anderen Ort der Welt zu finden. Ein Drittel dieser Pflanzen hat mehr oder weniger entfernte Verwandte in Ozeanien, in Erinnerung an die guten alten Zeiten von Gondwana, jenem Superkontinent, der Südamerika, Antarktika und Australien miteinander verband.

Die Chiloé-Beutelratte lebt in dichten feuchten Wäldern, in denen Scheinbuchen *(Nothofagus)* und Bambus der Gattung *Chusquea* wachsen. Meist bringt man *Chusquea valdiviensis,* die in dieser seit 30 Millionen Jahren vom Rest der Welt isolierten Waldregion am weitesten verbreitete Bambusart, mit der Chiloé-Beutelratte in Verbindung, da das Tier die Blätter zum Nestbau verwendet. Ein Besuch jener Wälder muss wie eine Reise zurück in der Zeit sein.

Lassen Sie uns eine solch ideelle Zeitreise auf der Suche nach den Wurzeln dieses evolutionären Reliktes unternehmen. Es stellt sich die Frage, warum die Chiloé-Beutelratte mit keinem anderen lebenden Beuteltier direkt verwandt ist. Wenn wir uns auf die Suche nach entfernteren Verwandten begeben, müssen wir darüber hinaus zu erklären versuchen, weshalb die DNA-Analyse eine nähere Verwandtschaft der Chiloé-Beutelratte zu den australischen als zu den südamerikanischen Beuteltieren ergibt. Als man die Art 1894 entdeckte, glaubte man zunächst, es handle sich um ein Opossum. Spätere Untersuchungen bewiesen jedoch eine eindeutige Zugehörigkeit zu den Microbiotheria, einer Ordnung kleiner Beuteltiere, die man bis dahin für seit dem Miozän ausgestorben gehalten hatte und nur in Form von Fossilien kannte.

Dank der fossilen Funde wissen wir, dass sich jene winzigen Beuteltiere, die Microbiotheria, zwischen dem ausgehenden Jura und der beginnenden Kreide, also vor rund 130 bis 140 Millionen Jahren entwickelt haben. Sie waren von Anfang an in kaltgemäßigten Regenwäldern beheimatet, in denen *Nothofagus* und *Chusquea* gediehen, auf die sie offenbar nicht verzichten konnten. Von dem im Jura lebenden Urahn der Microbiotheria stammt auch die Ordnung der Didelphimorphia ab, zu der die amerikanischen Opossums gehören. Die beiden (die Chiloé-Beutelratte und das südamerikanische Opossum) haben sich also seit 130 Millionen Jahren auseinanderentwickelt und daher kaum noch etwas gemeinsam. Gegen Ende der Kreidezeit lagen Nord- und

Südamerika weit voneinander entfernt, nicht dagegen Antarktika, die durch Flachgewässer und große Inseln noch mit Südamerika verbunden war. Die in der Kreide erfolgten klimatischen Veränderungen und die damit einhergehende globale Erderwärmung führten dazu, dass sich die für Chiloé-Beutelratten unverzichtbaren *Nothofagus-Chusquea*-Mischwälder vom heutigen Bolivien über Brasilien bis nach Argentinien immer weiter nach Süden ausdehnten. Im Eozän waren die Beutelratten bis nach Antarktika vorgedrungen, die damals noch viel weiter nördlich lag und mit riesigen feuchten Mischwäldern bedeckt war; ebenjenen Wäldern, die die Chiloé-Beutelratten so mögen und die heute (mit ähnlichen oder gar denselben Pflanzen) in Tasmanien, Neuseeland und dem südlichen Südamerika zu finden sind. Zugleich verkleinerte sich das amerikanische Areal ihrer (ebenfalls zur Gattung der *Dromiciops* gehörenden) Verwandten stark. In Antarktika waren bis vor etwa 40 Millionen Jahren mit Sicherheit zwei Ordnungen von Beuteltieren beheimatet: die Microbiotheria und die (heute vollkommen ausgestorbenen, ebenfalls mausartigen) Polydolops. Der Einmarsch der Beuteltiere in Australien über Antarktika erfolgte vermutlich in einer Zeitspanne von vor 80 bis 50 Millionen Jahren. Der gemeinsame Vorfahre der australischen Beuteltiere verlagerte seinen Lebensraum also von Antarktika kommend in Richtung Osten nach Ozeanien. In dieser neuen, von den Säugetieren bis dahin noch ungenutzten und von den Dinosauriern soeben geräumten ökologischen Nische kam es zur Herausbildung einer Vielfalt neuer Arten, also zu dem, was Evolutionstheoretiker als adaptive Radiation bezeichnen. Der gemeinsame Vorfahre gehörte in diesem Fall zu den Microbiotheria: In Australien hat man das Fossil eines 55 Millionen Jahre alten primitiven Beuteltiers, des sogenannten *Djarthia,* gefunden, das praktisch ein Cousin unserer Chiloé-Beutelratte war. Das heißt, dass sich der Zweig der Microbiotheria erst vor 50 bis 60 Millionen Jahren von den australischen Beuteltieren abgespalten hat, was wiederum erklärt, weshalb die Chiloé-Beutelratte, auch wenn sie einzigartig ist, so doch größere Ähnlichkeit zu den australischen Beuteltieren als zu den amerikanischen Opossums aufweist (von denen sie sich vor 130 Millionen Jahren abgespalten hat). Es ist schon erstaunlich, dass eine kleine Beutelratte mehr Gemeinsamkeiten mit einem zwei Zentner schweren Känguru aufweist als mit einem gleich kleinen südamerikanischen Opossum.

Leider veränderten sich die Temperaturen in Antarktika, zum einen weil es mit der Erdneuzeit allgemein kälter wurde, zum anderen weil sich der Kontinent immer weiter nach Süden in seine derzeitige Position verlagerte. Die Fossilien der Microbiotheria aus dem Miozän, die man in Patagonien gefunden hat, gehen auf die zweite Wanderbewegung der Klade zurück, die von Antarktika nach Norden in Richtung Südamerika erfolgte, um der Kälte zu entkommen. Die *Nothofagus-Chusquea*-Wälder dehnten sich bis nach Südargentinien aus, und entsprechend erstreckte sich der Lebensraum der kleinen, stark behaarten, ausgestorbenen Verwandten der Chiloé-Beutelratte. Auch der Süden Chiles wurde erneut von dieser einzigartigen Mischwaldform erobert, wo sie noch immer gedeiht.

Mit dem allmählichen Klimawandel starben einige Arten der Microbiotheria aus und ließen Raum für andere, besser angepasste Arten. Bis heute sind fünfzehn verschiedene, in drei Gattungen unterteilte und (bis auf eine) allesamt ausgestorbene Arten bekannt. Es gab aber sicher sehr viel mehr; die Schwierigkeit besteht nur darin, Fossilien von kleinen, im Wald beheimateten Tieren zu finden. Die Chiloé-Beutelratte hat es jedenfalls als einzige geschafft zu überleben. Sie war der einzige Vertreter der Microbiotheria, der das Glück hatte, sich in einem vollständig isolierten und in evolutionärer Stasis begriffenen Ökosystem zu befinden. Das hat die Artaufspaltung der Chiloé-Beutelratte verhindert oder zumindest verlangsamt, so dass sie Körperform und Verhalten ihrer Urahnen seit undenklichen Zeiten beibehalten hat. In Australien haben sich dagegen die Nachkommen des *Djarthia* an gänzlich andere Umweltbedingungen als die des Valdivianischen Regenwaldes anpassen müssen, den es auf dem Kontinent heute nicht mehr gibt. So entwickelte sich eine großartige Form- und Farbvielfalt: Die Reformer haben die Konservativen geschlagen.

Obwohl die Chiloé-Beutelratte in Bambuswäldern lebt, ernährt sie sich doch nicht von dieser Pflanze, sondern hauptsächlich von Insekten (wie fast alle frühen Säugetiere). Sie sucht sich Larven und Puppen und ergänzt ihre Mahlzeiten durch ein paar Früchte. Ein besonders enges Verhältnis hat die Chiloé-Beutelratte zu einer bestimmten Mistelart, *Tristerix corymbosus*, deren Samen sie als einziges Tier verteilt; wenn die Beutelratte ausstirbt, wird also vermutlich auch diese Pflanze dran glauben müssen. Misteln sind Halbparasiten, die auf Kosten von Bäumen leben. Einige Arten gibt es auch in Europa (man kennt sie aus der Weihnachtszeit). Die Beeren von *Tristerix corymbosus* sind grün und daher für Vögel, die sich bei der Nahrungssuche vor allem vom Gesichtssinn leiten lassen, wenig verlockend. Säugetiere haben dagegen eine eher mäßige Farbwahrnehmung und stützen sich in der Regel auf den Geruchssinn. Die Farbe spielt daher für sie keine große Rolle, und die Pflanze kann es sich erlauben, ihre Früchte nicht bunt zu färben. Dass eine solche Verbindung besteht, liegt nicht unmittelbar auf der Hand, und ihre Entdeckung erfolgte beinahe zufällig. Die Geschichte ist folgende: Zwei Forscher der National University von Comahue in Argentinien, Guillermo Amico und Marcelo Aizen, waren mit Feldstudien im Valdivianischen Regenwald beschäftigt, als sie auf den Stämmen und Zweigen der Bäume lange Reihen von Samen jener speziellen Mistel entdeckten. Sie konnten nicht von Vögeln stammen, da diese ihre Exkremente meist aufs Geratewohl zu Boden fallen lassen und die Samen außerdem grün waren. So kamen die beiden darauf, dass es das Werk von Baumsäugetieren sein müsse und kamen schließlich den Chiloé-Beutelratten auf die Spur. Für die Mistel ist das praktisch, denn das Beuteltier entleert seine Gedärme beim Klettern und heftet die klebrigen Samen direkt an den Baumstamm, wo der Parasit dann Wurzeln schlagen kann. Für die Chiloé-Beutelratte wiederum ist es praktisch, da die Beeren eine leicht zu habende zuckerhaltige Nahrung bilden, mit der sie sich vor ihrer Winterruhe vollstopft und ihr Körpergewicht innerhalb von nur einer Woche nahezu verdoppelt.

Ja, die Chiloé-Beutelratte legt einen Winterschlaf ein,

um den strengen Winter ihres gemäßigten Lebensraums zu überdauern. Das ist für Beuteltiere ein ungewöhnliches Verhalten, und die einzigen, die das sonst noch tun, sind die Bergbilchbeutler *(Burramys parvus),* Vertreter der Gattung der Schlafbeutler *(Cercartetus* spp.) und die Zwerggleitbeutler, allesamt kleine, in Australien beheimatete Tiere. Bevor Anfang März auf der südlichen Hemisphäre der Herbst beginnt, muss die Chiloé-Beutelratte einige Reserven anlegen, um den Winterschlaf zu überstehen. Sie tut dies auf recht ungewöhnliche Weise: Statt sich ein paar Hüftringe zuzulegen, nimmt sie am unteren Ende des langen Schwanzes zu. In Wahrheit handelt es sich gar nicht um einen echten Winterschlaf wie bei den Murmeltieren, sondern eher um lange Ruhephasen von mehreren (maximal fünf) Tagen. Das ist nicht weiter erstaunlich: Dieses Merkmal hat sich herausgebildet, um die antarktischen Winter zu überstehen, und wurde beibehalten, wo es notwendig war, also von den kleinen, in Südaustralien beheimateten Tieren sowie von der Chiloé-Beutelratte, die nach wie vor in kühleren Wäldern lebt.

Die Lebensgewohnheiten dieses Tieres sind noch ziemlich unerforscht: Es ist scheu, gut versteckt und getarnt, nachtaktiv und lebt an kalten, schwer erreichbaren Orten. Entsprechende Untersuchungen gestalten sich daher schwierig. Wie der wissenschaftliche Name, *D. gliroides,* nahelegt, besteht eine Analogie zu unserem Siebenschläfer (aus der Familie der *Gliridae*), mit dem die Chiloé-Beutelratte eine Menge Ähnlichkeiten hat. Beide bauen sich ein kreisrundes Nest von etwa 20 Zentimetern Durchmesser, entweder auf Bäumen oder auf der Erde, unter Felsen oder umgestürzten Bäumen, wobei die Beutelratte schlauerweise die Wasser abstoßenden Blätter der *Chusquea* verwendet, um im Trockenen zu schlafen. Das Nest wird von innen mit weichen Blättern und Moos gepolstert. An diesem einladenden Plätzchen rollt sich die Chiloé-Beutelratte während der Ruhezeit zusammen (unser Siebenschläfer fällt dagegen in einen vollkommenen Winterschlaf). Wie ein Siebenschläfer klettert die Chiloé-Beutelratte unglaublich geschickt auf Bäume, nimmt ihre Mahlzeiten jedoch oft allein und des Nachts am Boden ein. Auch sie hat eine schwarze Maske um die riesigen Augen und ebenso pelzige Ohren wie der Siebenschläfer. Der Schwanz ist bei beiden behaart, bei der Chiloé-Beutelratte dient er außerdem teilweise zum Greifen. Das ist für eine in Bäumen lebende Art recht praktisch (merkwürdigerweise teilt sie diese Eigenschaft mit den amerikanischen Opossums, nicht jedoch mit den australischen Beuteltieren).

Die Paarung erfolgt zwischen Oktober und Dezember, ab November bringt das Weibchen dann ein bis vier Junge zur Welt. Wie bei allen Beuteltieren ist die Tragzeit äußerst kurz, da die restliche Entwicklung im Beutel erfolgt. Wenn die Jungen so groß sind, dass sie nicht mehr in den Beutel passen, lässt die Mutter sie in einem runden Nest in den Bäumen zurück, während sie selbst auf Nahrungssuche geht. Sobald die Kleinen kräftig genug sind, sich festzuklammern, trägt sie sie auf dem Rücken spazieren. Eine wirklich fürsorgliche Mutter. Mit zwei Jahren haben die Jungtiere die Geschlechtsreife erlangt, aber die durchschnittliche Lebensdauer dieser bewundernswerten und wenig gebärfreudigen Geschöpfe liegt nur bei drei bis vier

Jahren. Man braucht nicht eigens zu erwähnen, dass mit der Zerstörung des Lebensraums auch die Chiloé-Beutelratte verschwinden wird, die immerhin über gewaltige geografische und klimatische Veränderungen hinweg bis in unsere Zeit überdauert hat. Heute genügen jedoch ein paar Motorsägen und die Umweltverschmutzung, um innerhalb kurzer Zeit viele Hektar Wald verschwinden zu lassen. Die Gefahren, die sich aus der Konkurrenz durch allochthone Arten wie die Wanderratte oder durch die Ausbreitung von Nadelgewächsen wie *Pinus radiata* auf dem Gebiet des Valdivianischen Regenwaldes ergeben, sind offenkundig. Natürlich taucht die Art auf der Roten Liste der Naturschutzorganisation International Union for Conservation of Nature and Natural Resources (IUNC) als *near threatened* (teils gefährdet) auf und natürlich… nimmt die Population weiterhin ab. Was sonst? Man weiß nicht, wie viele Exemplare es noch gibt, derzeit steht die Art unter Beobachtung.

Die von den Einheimischen Colocolo oder auch Chumaihuén genannte Chiloé-Beutelratte spielt in ihrem Verbreitungsgebiet, obwohl sie so scheu ist, für das Brauchtum und den Aberglauben eine wichtige Rolle: Aus welchem Grund auch immer ist sie den chilenischen und argentinischen Einwohnern oft nicht besonders sympathisch, und es ranken sich eine Menge Legenden um das kleine Tier. Laut einer dieser Geschichten ist sein Biss giftig und verursacht Krämpfe (was absolut nicht stimmt; es hat zwar fünfzig Zähne, aber die sind klein und zum Zerkauen von Insekten gedacht, ein Biss verursacht also keine sonderlichen Schmerzen). Eine andere, die vollkommen von der

Fähigkeit des Colocolo absieht, schädliche Insekten zu vertilgen, behauptet, er würde Unglück bringen und sein Anblick ein schweres Schicksal verheißen. In einigen Gegenden Chiles wird ein Colocolo im Haus als Zeichen drohenden Unheils gedeutet. Um das schlimme Schicksal abzuwenden, muss man das eigene Haus bis auf die Grundmauern abbrennen. Die Chiloé-Beutelratte hält sich, ebenso wie Siebenschläfer, zum Überwintern gern auf Dachböden und Dächern auf, eine solch dramatische Begegnung dürfte also nicht allzu selten vorkommen. Ich kann den Zirkelschluss schon nachvollziehen: Wenn man einen Colocolo im Haus sieht, muss man es abbrennen, und das ist in der Tat ein großes Unglück!

Doch nicht alle teilen die Meinung, die Beutelratte bringe Unheil und Leid. In einer Legende der Insel Chiloé heißt es, der Ochse, der bei Christi Geburt dabei war, habe anschließend noch 33 Jahre gelebt. Als das Tier merkte, dass man Jesus umgebracht hatte, war es derart bekümmert und traurig, dass es starb. Während es seinen letzten Atemzug tat, entwich ihm sein Herz durch den Mund, da es von christlichem Geist durchdrungen war. Das Herz irrte lange umher, bis es seinen Platz in den Bergen von Chiloé fand und sich in die Beutelratte verwandelte. Das Tier ist so tugendhaft, dass es nicht einmal Nahrung zum Überleben braucht, und wer es zu Gesicht bekommt, wird vom Glück begünstigt.

DER PREIS DER FREIHEIT: DRAMA IN DREI AKTEN

Equus ferus przewalskii

PERSONEN IN DER REIHENFOLGE IHRES ERSCHEINENS

Equus ferus przewalskii, ein kleines mongolisches Wildpferd
Equus ferus ferus, einer seiner Verwandten
Equus caballus, ein Nachkomme von *Equus ferus ferus*
Johannes Schiltberger, ein bayerischer Edelmann
John Bell, ein schottischer Arzt
Mongolenhorden, darunter die von Mao-tun und Dschingis Khan
Nikolai Michailowitsch Przewalski, General des russischen Heers, Geograf und Forschungsreisender
Lutz und Heinz Heck, Naturwissenschaftler der NS-Zeit
Wehrmachtssoldaten
Wissenschaftler der Zoological Society of London (ZSL)

1. AKT. DIE ANFÄNGE

Schauplatz sind die großen eurasischen Steppen vor rund 2,4 Millionen Jahren. Damals entwickelten sich aus einem Urpferd mindestens zwei Unterarten, der Tarpan *(Equus ferus ferus)* und das Przewalski-Pferd (*Equus ferus przewalskii)*. Letzteres war östlich des Urals, ersteres westlich davon beheimatet.

Der Tarpan war ein stämmiges Pferd mit kurzen Beinen, Eselsohren und einer bananenförmigen Schnauze, aber er war immerhin ein Pferd. Laut dem bekannten Naturforscher Gmelin (der es beobachtete) hatte es mausgraues Fell, die Enden der Beine waren jedoch schwarz. Es lebte in kleinen Herden mit einem männlichen Leittier, einigen Stuten und ihren Fohlen, die durch die prähistorischen Wälder Europas galoppierten. Das belegen die zahlreichen Höhlenmalereien unserer Vorfahren; wenn man zur Großtierfauna gehörte, ohne in Lascaux mit einem Portrait verewigt worden zu sein, galt man nichts im Neolithikum – schlimmer als heutzutage nicht im *Who's Who* aufzutauchen. Wahrscheinlich gab es mindestens drei Populationen von unterschiedlicher Färbung.

Der Tarpan war ein schlaues Tier und ließ eine Annäherung an den Menschen zu: Durch Genanalysen wissen wir, dass das Hauspferd *(Equus caballus)* vom Tarpan abstammt, und jüngste archäologische Studien zeigen, dass die ersten Zähmungen vor 5500 Jahren in Kasachstan in der Botai-Kultur erfolgten. Der Zweck des Bündnisses zwischen Pferd und Mensch ist offenkundig: Das Pferd liefert nicht nur Fleisch, sondern auch Milch, es dient als Arbeitskraft und Transportmittel. Wilde Tiere zu erlegen und zu essen ist weitaus weniger klug, als die Mühen der Zähmung und künstlichen Selektion auf sich zu nehmen, vorausgesetzt, man findet gutes – also zueinander passendes – genetisches Material.

Das Przewalski-Pferd, das im Folgenden, wegen der schwierigen Schreibweise, nur noch bei seinem mongolischen Namen, Takhi, genannt werden soll (was soviel wie

»Geist« bedeutet), ähnelt dagegen eher einem Esel als einem Pferd: helle Schnauze, kurze Irokesen-Mähne, dicker Leib und unverhältnismäßig kurze Beine (die Widerristhöhe beträgt lediglich 1,2 bis 1,3 Meter, kaum mehr als bei einem Pony). Das Fell ist rotblond, mit einem dunkleren Streifen auf dem Rücken und schwarzen Streifen an den Beinen. Vor allem aber hat das Takhi einen noch störrischeren Charakter als ein Esel, weshalb eine Zähmung nie möglich war. Es ist über all die Jahrhunderte hinweg ein unbezwingbarer Freigeist geblieben, der weder Sattel noch Reiter jemals akzeptiert hat. Sein Lebensraum sind die kahlen Steppen Zentralasiens. Ebenso wie der Tarpan (und die heutigen wieder ausgewilderten Pferde) lebt es in kleinen polygamen Gruppen mit einem männlichen Leittier, einigen Stuten und Fohlen.

Die Taxonomie der drei großen »modernen« Gruppen von Pferden (Tarpan, Takhi und Hauspferd) scheint also einfach und linear. Aber das täuscht. Vorab sei bemerkt, dass Hauspferd und Tarpan 64 Chromosomen haben und frei miteinander kreuzbar waren, während das Takhi 66 hat. Hybriden haben 65 Chromosomen, sind aber fortpflanzungsfähig. Kreuzt man sie erneut mit dem Hauspferd, verlieren sie ein weiteres Chromosom und auch ihren verhängnisvoll wilden Charakter. Sie ähneln nunmehr dem Hauspferd.

All das führt zu einem Problem: Handelt es sich um verschiedene Unterarten derselben Art oder um drei unterschiedliche Arten? In jedem Fall sind sie miteinander kreuzbar und haben fruchtbare Nachkommen, selbst wenn ihre Chromosomenzahl voneinander abweicht (auch der

Vorfahre des Menschen konnte sich mindestens zwei Millionen Jahre lang, trotz unterschiedlicher Chromosomenzahl, mit dem Vorfahren des Schimpansen paaren; und damals hätte man durchaus noch von ein und derselben Art von Primaten sprechen können). Die Taxonomen sind sich, wie üblich, nicht einig. Einige unterscheiden *Equus caballus* (das Hauspferd), *Equus ferus* (den Tarpan) und *Equus przewalskii* (das Takhi). Andere sagen, es sei ein und dieselbe Art – und hier beginnt der Streit um den wissenschaftlichen Namen. Nach den Regeln der Taxonomie gilt der als Erstes verwendete Name. Dann müssten aber alle den von Linné verwendeten Namen *Equus caballus* tragen. 2003 hat jedoch die Internationale Kommission für Zoologische Nomenklatur beschlossen, dass für 17 Haustierarten eine andere Nomenklatur verwendet werden darf als für ihre in freier Wildbahn beheimateten Pendants. So

bleibt *Equus ferus* für Tarpan und Takhi bestehen (die zu *Equus ferus ferus* beziehungsweise zu *Equus ferus przewalskii* werden), und das Hauspferd ist *Equus caballus.* Zu der letztgenannten Unterart gehören die amerikanischen Mustangs sowie die australischen Pferde und die Camargue-Pferde, die »Wildpferde« genannt werden, in Wahrheit aber ausgewilderte Hauspferde sind. Leider sind nicht alle Taxonomen mit diesem »Regelübertritt« einverstanden, und die taxonomische Stellung der Pferde bleibt weiterhin unklar.

2. AKT. DER NIEDERGANG

Der Tarpan ist 1887 mit dem Tod des letzten Exemplars im Münchner Zoo ausgestorben. Der letzte Tarpan in freier Wildbahn war eine Stute, sie starb 1879 in Arkania-Nowa, in der Ukraine. Der Art erging es jedoch schon seit langem schlecht: Jagd auf Fleisch, genetische Vermengung mit dem Hauspferd und die Vernichtung von Lebensraum zu Gunsten der Landwirtschaft gefährdeten bereits seit mehreren Jahrhunderten ihren Erhalt. Die letzten wilden Herden lebten im 18. Jahrhundert im Bialowieża-Urwald. Einige Exemplare wurden eingefangen und 1770 in den zoologischen Garten von Graf Zamoyski in Bilgoraj, Polen, gebracht. Aber die Anstrengungen genügten nicht, und die Herde starb aus. Von diesen Tieren bleiben uns nur ein Foto, ein paar fossile Knochen und die bereits erwähnten Wandmalereien – sowie natürlich ihre Gene in der Variante des Hauspferdes.

Das Takhi hat es dagegen auf wunderbare Weise bis in unsere Zeit geschafft, aber nicht etwa, weil wir uns zu wenig um seine Ausrottung bemüht hätten, sondern lediglich wegen eines unverhofften Glücksfalls. Die ersten zu uns Europäern gelangten Beschreibungen des Takhi verdanken wir einem gewissen Johannes Schiltberger, einem deutschen Adligen aus dem frühen 15. Jahrhundert. Laut Überlieferung wurde er in der Schlacht von Nikopol (1396) gefangen genommen; später, nach der Schlacht von Ankara (1402), gelangte er in den Dienst von Timur (Tamerlan dem Großen) und lebte nach dessen Tod mit einem seiner Enkel in Armenien. Anschließend überließ man ihn dem Tataren-Prinzen Čegre, mit dem er nach Sibirien reiste. Eben bei dieser Gelegenheit beobachtete und beschrieb er die kleinen Pferde der mongolischen Steppe. Als er nach dreißig Jahren in die Heimat zurückkehrte (im Vergleich zu Schiltberger war Marco Polo ein regelrechter Amateur), schrieb er sein *Reisebuch* (von dem heute nur noch drei vollständige Exemplare existieren), in dem eine äußerst genaue Beschreibung des Takhi zu finden ist. Leider hatten nur sehr wenige Europäer Gelegenheit, sie zu lesen.

Der zweite Europäer, der diese Wildpferdchen bewunderte und beschrieb, war der abenteuerlustige schottische Arzt John Bell, der von Peter dem Großen als Gesandter nach China geschickt wurde. Auf seiner Reise durch die mongolische Steppe bis nach China sah Bell die Wildpferdchen und beschrieb sie in dem Kapitel *Journey from St. Petersburg to Pekin 1719–1722* seines Reisetagebuchs *Travels from St. Petersburg in Russia to Diverse Parts of Asia*. Dort heißt es:

»Außerdem gibt es eine gewisse Zahl an Wildpferden von braunem Fell, die sich nicht bezwingen lassen, selbst dann nicht, wenn man eines ihrer Fohlen gefangen hat. Diese Pferde unterscheiden sich der Form nach nicht vom gemeinen Pferd, aber es sind die umsichtigsten Tiere, die es gibt. Eines von ihnen wacht stets auf einem erhöhten Punkt, um die anderen zu warnen, und beim geringsten Anzeichen von Gefahr eilt es unter möglichst lautem Lärmen zur Herde. Daraufhin ergreifen alle die Flucht wie ein Schwarm Krähen. Der Hengst bildet schnaubend die Nachhut. Er beißt, schubst und treibt alle an, die nicht schnell genug sind. Trotz dieser großartigen Vorsichtsmaßnahmen werden die Tiere oft von Kalmücken überrascht, die mitten in die Herde rennen, auf die schnellen Pferde aufspringen und sie mit ihren langen Lanzen erlegen. Ihr Fleisch gilt als besonders delikat, und ihr Fell wird, anstelle von Strohsäcken, als Schlaflager verwendet.«

Der dritte Europäer, der die mongolischen Wildpferde beobachtete und beschrieb, war schließlich General Nikolai Michailowitsch Przewalski (eigentlich Nikolaj Michaljovič Prževal'skij geschrieben), der im Dienst Zar Alexanders III. stand. Zu Zeiten des Generals war die Anzahl der mongolischen Wildpferde bereits so gering, dass man praktisch nur noch Anekdoten über sie hörte. Przewalski, der Mitglied der Russischen Geografischen Gesellschaft war und in deren Auftrag bereits zahlreiche Forschungsreisen in die Gebiete der Tataren-Völker unternommen hatte, organisierte eine mit Erfolg gekrönte Expedition, um die Pferde aufzuspüren, die heute seinen Namen tragen.

Gegen Ende des 19. Jahrhunderts gab es nur noch wenige Dutzend mongolischer Wildpferde, da sie der von

Bell beschriebenen wahllosen Jagd zum Opfer gefallen waren. Die Art war zum Aussterben verdammt, wie das bereits bei ihrem europäischen Cousin, dem Tarpan, geschehen war.

3. AKT. DIE HOFFNUNG (?)

Der Tarpan ist ausgestorben, seine Gene sind es dagegen nicht. Insbesondere in Polen, wo der Tarpan die längste Zeit überdauert hat, ist eine Pferderasse verbreitet, die sich Konik nennt und einige typische Merkmale des Tarpans aufweist, wie etwa die kleine Gestalt und die graue Färbung. Es handelt sich zweifellos um Hauspferde, die von Wildpferden abstammen. Diese wurden im 17. Jahrhundert von polnischen Cowboys eingefangen und mit Hauspferden gekreuzt. So sind einige Leute auf die Idee gekommen, aus diesem genetischen Pool zu schöpfen.

Diese »Leute« waren die Brüder Lutz und Heinz Heck, ersterer Zoodirektor von Berlin, letzterer Zoodirektor von München. In ihren »arischen« Träumen hofften sie, jenen Tieren wieder zum Leben zu verhelfen, die einst von blonden germanischen Kriegern gejagt worden waren. So riefen sie 1928 ein Programm zur künstlichen Selektion mit dem Ziel der »Rückzüchtung« sowohl des Tarpans als auch des Auerochsen ins Leben. Sie glaubten tatsächlich, dass sich die Gene wie Puzzlestücke neu zusammenfügen und die jeweils passenden aus dem Hut zaubern lassen würden. Das Vorhaben, ausgestorbene Arten wieder zum Leben zu erwecken, ist im Grunde löblich, und die Genetik war damals eine noch ziemlich unbekannte Wissenschaft. Die grundlegenden Fehler in der Konzeption des Projekts sind also verzeihlich. Dennoch muss man wohl geflissentlich darüber hinwegsehen, dass der Warschauer Zoo während des Krieges geplündert wurde, um das notwendige genetische Material nach Berlin und München zu schaffen, und auch die politischen Ideen der beiden deutschen Brüder sollte man wohl besser nicht zu genau unter die Lupe nehmen.

Das wäre sonst für viele Menschen so, als würde man auf das Rote Kreuz schießen.

Um den Tarpan zurückzuerhalten, kreuzten die Brüder Heck zunächst polnische Konik mit Pferden aus dem Bialowieża-Urwald und Island-Ponys mit schwedischen Gotland-Ponys. Die daraus hervorgehenden Tiere kreuzten sie anschließend mit den mongolischen Takhi. Die Brüder Heck glaubten tatsächlich, die Gene des Takhi würden als »Katalysator« fungieren, um die im modernen Pferd ruhenden Eigenschaften des Tarpans zu aktivieren. Der erste dieser »Tarpane« wurde 1933, pünktlich zusammen mit dem Dritten Reich, im Münchner Zoo geboren. Weitere Kreuzungen brachten die »mongolischen« Merkmale der Takhi zum Verschwinden. In den 60er Jahren erhielt man den ersten »Tarpan« mit demselben Skelettaufbau wie die echten Tarpane, allerdings ohne die aufgestellte Mähne. Es handelt sich offensichtlich um einen propagandistischen Versuch von geringem wissenschaftlichen Nutzen: Ist eine Art erst einmal ausgestorben, kann die für sie charakteristische spezielle genetische Zusammenstellung durch nichts wiederhergestellt werden. Dennoch haben die Amerikaner nach dem Krieg einige dieser sogenannten Heckpferde *(Heck horses)* in die Vereinigten Staaten gebracht und rühmen sich nun, echte Wildpferde zu haben (wo doch Mustangs keine solchen sind). Mich stimmt diese ganze Geschichte vor allem traurig.

Dem Takhi ist es ein wenig besser ergangen. Kaum hatte General Przewalski der Welt ihre Existenz bewiesen, brachen zahlreiche Expeditionen zu ihrer Suche auf. Die meisten blieben jedoch wegen des argwöhnischen Charakters der Pferdchen erfolglos. Immerhin vier (zwischen 1897 und 1902 unternommene) Versuche gingen gut aus: 53 Fohlen erreichten lebend das Abendland, aber ihre Gefangennahme hatte die zugehörigen Muttertiere das Leben gekostet. Zwischen 1930 und 1940 wurde bei weiteren Expeditionen eine kleine Anzahl von Pferden eingefangen, von denen jedoch die meisten vor Erreichen ihres Bestimmungsortes starben. Das letzte freilebende Takhi oder Przewalski-Pferd (ein Hengst) wurde 1969 in der Mongolei von dem mongolischen Naturforscher Naydin Dovchin beobachtet. 1945 waren nur noch wenige Exemplare dieser Art verblieben: Die Hauptherde, die in Askania-Nowa gelebt hatte (also in demselben Gebiet, in dem auch der letzte Tarpan verstorben war), wurde während der Besetzung der Ukraine durch die Wehrmachtssoldaten ausgerottet. Alle heute existierenden mongolischen Wildpferde stammen von 14 Exemplaren ab, wobei elf von ihnen in den Zoos von München und Prag lebten, eines in den 1940er Jahren in freier Wildbahn gefangen worden war und zwei Tiere eine Kreuzung aus Wild- und Hauspferd waren.

Glücklicherweise haben sich diese Exemplare erfolgreich fortgepflanzt. So konnte es zu einem Programm für die Wiederaufzucht kommen, an dem weltweit verschiedene Zoos beteiligt waren. 2008 lag die Zahl der verzeichneten

Pferdchen laut Angaben der IUCN bei 1872. 1992 wurden, dank finanzieller Unterstützung der Zoological Society of London, 16 Pferde in der Mongolei in einem Gebiet ausgewildert, das man 1998 zum Hustai-Nationalpark erklärte. Die Tiere vermehren sich dort recht gut. Derzeit liegt die Zahl der in freier Wildbahn (wieder ausgewildert) lebenden Pferde bei 325. Sie fallen daher nun nicht mehr unter die Kategorie *extinct in the wild* (in der Natur ausgestorben), sondern gelten nur noch als gefährdet *(endangered).*

Hoffen wir das Beste. Die Wildpferde haben ihre Unabhängigkeit und Freiheit teuer bezahlt: Es wäre schön, wenn wenigstens eine Art noch ein Weilchen überleben würde.

BLAU WIE EIN KANINCHENNASENBEUTLER

Macrotis lagotis

Säugetiere haben meist eine ihrem Lebensraum angepasste Tarnfarbe. Ihre Tönung variiert daher in der Regel zwischen beige, braun, grau oder rotbraun, bisweilen auch schwarz oder weiß. Das ist eine evolutionäre Überlebensstrategie. Ein violettes Murmeltier oder ein orangefarbenes Rind würde in einer Umwelt voller Raubtiere kaum überleben. Das einzige grünliche Säugetier ist das Dreifinger-Faultier, wobei die Färbung lediglich von den Algen herrührt, die in seinem Fell wachsen. Bei blauen Säugetieren fallen mir nur ein paar vom Menschen gezüchtete Katzenrassen, wie die Russisch Blau, ein – und natürlich der Kaninchennasenbeutler.

Der Kaninchennasenbeutler ist ein australisches Beuteltier. Er ist etwa so groß wie ein Kaninchen und ähnelt diesem auch wegen der großen Ohren, der langen Hinterläufe und der hüpfenden Fortbewegungsweise. Er gehört zu jener Ordnung von Beuteltieren, die im angelsächsischen Sprachraum als Bandicoot und in Fachkreisen als Peramelemorphia bezeichnet wird (was soviel wie »dachsartig mit Beutel« bedeutet). Im Deutschen sind, obwohl es hier wie anderswo in Europa seit mindestens hundert Millionen

Jahren keine Beuteltiere mehr gibt, gleich zwei Bezeichnungen geläufig: Nasenbeutler und Beuteldachse.

Die Vorfahren der Kaninchennasenbeutler haben sich zeitig von der Entwicklungslinie der übrigen Nasenbeutler abgespalten, da sie sich an immer trockenere Wüstenregionen anpassen mussten. Vermutlich wurden sie von den anderen Nasenbeutlern in diesen Lebensraum abgedrängt, in dem sie außerdem Schutz vor Raubbeutlern fanden. Leider haben es nur zwei Arten geschafft, bis in unsere Zeit zu überleben: *Macrotis lagotis* (der Große Kaninchennasenbeutler) und *Macrotis leucura* (der Kleine Kaninchennasenbeutler), wobei letzterer leider in den 1950er Jahren ausgestorben ist.

Die feindliche Umwelt des australischen Outbacks brachte die Vorfahren der heutigen Kaninchennasenbeutler dazu, einzigartige Merkmale zu entwickeln, die sie von den übrigen Nasenbeutlern unterscheiden. Vor allem sind das die großen, unbehaarten Ohren, die für ein unglaublich feines Gehör sorgen (wie auch in deren Innerem die sehr große Bulla tympanica oder Paukenblase bezeugt) und zur Wärmeabgabe dienen. Das ist nichts Neues, werden Sie sagen, auch Kaninchen und Hasen, die nicht in der Wüste beheimatet sind, haben dieses Merkmal. Offenbar ist dem Kaninchennasenbeutler wärmer als den anderen Nasenbeutlern, deren Ohren nur so groß sind wie die von Mäusen. Das Fell ist weich, dicht und seidig, um das Tier möglichst gut vor hohen Temperaturen zu schützen. Auch das ist nichts Neues unter der Sonne, ebenso greifen die Kängurumäuse darauf zurück. Allerdings gräbt sich der Kaninchennasenbeutler mit seinen kräftigen Vorderläufen lange unterirdische Gänge in den Erdboden, die spiralförmig bis zu drei Meter tief hinabführen und ihn vor Hitze und Räubern (Echsen, Falken, Menschen, Füchsen, Wildkatzen) schützen. Ein einziger Kaninchennasenbeutler kann in seinem Territorium ein Dutzend solcher Höhlen haben. Die merkwürdigste Adaptation ist jedoch das bläuliche Fell.

Wie kommt es, dass ein in der roten Wüste des australischen Outbacks beheimatetes Tier blau ist? Dadurch scheint es sich doch gerade besonders vor dem Hintergrund abzuheben. Ein Scherz des Uhrmachers, der nicht nur kurzsichtig, sondern obendrein farbenblind ist? Undenkbar, denn dann wäre es längst ausgestorben. Sind vielleicht die australischen Raubbeutler alle farbenblind? Die Antwort lautet: Ja, sie sind allesamt farbenblind. Das Grundmodell des Wirbeltiers ist zwar stets mit drei oder vier Farbrezeptoren ausgestattet, aber Säugetiere, die sich vor allem für ein nachtaktives Leben entwickelt haben, verfügen im Allgemeinen nur über zwei Farbrezeptoren, wodurch es unmöglich wird, gewisse Farbschattierungen zu erkennen. Wir höheren Primaten bilden dabei eine Ausnahme. Wir haben einen Rezeptor »wiedererfunden«, der uns zu einer besseren Rotwahrnehmung verhilft. Wäh-

rend also ein Kaninchennasenbeutler in meinen Augen eines trichromatisch sehenden Affen bei Sonnenuntergang als blau vor rotem Hintergrund erscheint, ist er, wie durch ein Wunder, aus der Sicht eines Beutelwolfes oder Dingos bloß grau auf grau und verschwindet somit perfekt getarnt im Unsichtbaren. Die rötlichen Tupfer an den Seiten und der weiße Bauch verwischen darüber hinaus die Umrisse des Tieres, auch während es in Bewegung ist. Auf einen ähnlichen Trick greifen einige Fische und andere Meeresbewohner zurück, die außerhalb des Wassers eine feuerrote Färbung aufweisen, aber in der Tiefe, wo das Rotlicht nicht hingelangt, für ihre Feinde absolut schwarz und unsichtbar sind.

Ein farbliches Manko hat der Kaninchennasenbeutler jedoch, nämlich seinen Schwanz. Die gesamte optische Täuschung versagt traurig beim Anblick der drei Streifen in Grau, Schwarz und Weiß, die den Schwanz zieren und ihn wie einen Leuchtturm hervorheben. Was soll das? Ist das Tier verrückt geworden? Vermutlich handelt es sich lediglich um eine Art der Kommunikation unter Artgenossen, die, wenn sie sich begegnen, ihre Schwänze aufrichten und wie Fahnen zur Schau stellen. Als wollten sie sagen: »Hier bin ich, ich habe hinreichend gute Gene, um auch mit einem derart albern gefärbten Schwanz zu überleben, und du tust besser daran zu verschwinden.« Ich habe ganz vergessen zu erwähnen, dass diese Tiere bis auf die Zeit der Paarung (die in Abhängigkeit von Nahrung und Niederschlägen während des gesamten Jahres erfolgen kann) eher Einzelgänger sind. Sollte wirklich einmal ein Räuber durch das weiße Büschel am Schwanzende des Kaninchennasenbeutlers angelockt werden, gibt es einen einfachen Trick: rasch in einer der Höhlen verschwinden, ganz bis nach unten vordringen und eventuell noch ein Stück graben.

Eine weitere Anpassung an die Wüste besteht in der Ernährung. Als Allesfresser nimmt der Kaninchennasenbeutler Insekten, Larven, Samen, Spinnen, Knollen, Früchte, Pilze und kleine Wirbeltiere zu sich, nach denen er mit seinen gewaltigen Krallen und der langen, unbehaarten, rosa Schnauze gräbt. Durch die Nahrung wird er mit dem nötigen Wasser versorgt. Kaninchennasenbeutler trinken nicht, wenn sie es müssten, hätten sie im Outback keine Hoffnung zu überleben.

An den Hinterläufen sind der dritte und vierte Zehenknochen zusammengewachsen, so dass sie eine Art Kamm bilden, mit dem sich die Tiere permanent durch das dichte Fell streichen. Das scheint sie in verwandtschaftliche Nähe zu den Kängurus zu rücken. Ihr Gebiss wirkt dagegen eher wie das von fleischfressenden Beuteltieren. Die Abstammung der Kaninchennasenbeutler und der anderen Nasenbeutler ist somit geheimnisvoll: Waren es Pflanzen- oder Fleischfresser? Weitere fossile Funde werden in der Zukunft zu einem Urteil führen.

Der Beutel ist nach hinten geöffnet, damit beim Graben kein Sand hineingeraten kann. Die Jungen, meist zwei, höchstens drei, halten den wenig angenehmen Rekord, unter den Säugetieren die kürzeste Zeit im mütterlichen Uterus zu verbringen: lediglich 12 bis 14 Tage. Wenn man in einer derart unwirtlichen Gegend lebt, muss man sich ranhalten und darf die Mutter nicht zu sehr mit der Tragzeit belasten. Kaninchennasenbeutler haben es nicht gerade leicht. Aber immerhin ist der Gedanke tröstlich, dass die Kaninchennasenbeutler-Babys nach der Geburt weitere 75 Tage bei der Mutter im Beutel verbringen. Sobald sie diesen verlassen haben, können sie nicht mehr zurück, da sich in der Zwischenzeit weitere, kleinere Geschwisterchen dort breitgemacht haben. Doch eine Zitze lugt heraus, so dass das Kaninchennasenbeutler-Junge noch weiter saugen kann, ohne die Geschwister zu zerquetschen. Die verschiedenen Zitzen produzieren Milch mit unterschiedlichen Ernährungseigenschaften wie verschiedene Biersorten vom Fass, damit alle zufriedengestellt werden.

Die Großen Kaninchennasenbeutler, die in Zentral- und Süd-Australien einst zahlreich verbreitet waren, sind nunmehr ernsthaft gefährdet und vom Aussterben bedroht, wie dies bereits im 20. Jahrhundert mit dem Kleinen Kaninchennasenbeutler *(Macrotis leucura)* geschehen ist. Mittlerweile findet man sie nur noch in sehr verstreuten Gebieten, in denen Mulga-Sträucher und Stachelkopfgräser wachsen, in der Tanamiwüste, in den westaustralischen Trockengebieten, in der Großen Sandwüste, in der Gibsonwüste und im Südwesten von Queensland (wo die östliche Unterart *Macrotis lagotis sagitta* beheimatet ist).

Die Gründe für das Aussterben sind hauptsächlich in der Schädigung des Ökosystems durch die europäischen Siedler zu suchen:

- Wettstreit mit den Kaninchen um den Lebensraum;
- Beutetiere für Wildkatzen und Füchse;
- uneingeschränkte Jagd zunächst durch die Aborigines wegen des Fleisches und später durch die Europäer wegen des Fells;

- Vergiftung durch vergiftete Kaninchenköder;
- Zerstörung und Zersplitterung des Lebensraums, um Raum für Weideland zu schaffen;
- veränderter Verlauf der Buschbrände aufgrund veränderter Vegetation;
- Dürren, die in einer zerstörten und landwirtschaftlich genutzten Umwelt verheerendere Auswirkungen haben.

Nach fast einem Jahrhundert der Vernachlässigung haben die australischen Behörden endlich beschlossen, etwas für den Kaninchennasenbeutler, der auf der Roten Liste der IUCN als »gefährdet« eingestuft ist, zu tun. Wenn auch nicht gerade viel. Die Wiederansiedlung ist sinnvoll, und die Einrichtung von Parks und Naturschutzgebieten immerhin ein erster Schritt; allerdings verhindern Naturparks die Zersplitterung des Lebensraums nicht, sondern fördern sie eher. Um das Problem an die Öffentlichkeit zu bringen und wahrscheinlich auch aus einem gewissen Patriotismus heraus, hat man vor einigen Jahren beschlossen, im Kontext entsprechender Sammelaktionen den Osterhasen durch den »Easter Bilby«, also den Oster-Kaninchennasenbeutler zu ersetzen.

Hoffen wir für den Kaninchennasenbeutler, dass es sich nicht nur um eine kommerzielle Werbeaktion handelt.

VOM DESMAN WIRD NICHTS WEGGESCHMISSEN

Galemys pyrenaicus und Desmana moschata

Welches Tier hat den Körper eines Maulwurfs, die Nase einer Elefantenrüsselmaus, den Schwanz einer Bisamratte und die Pfoten eines Schnabeltiers? Der Desman natürlich. Wenn Sie nicht wissen, was das ist, lesen Sie einfach weiter. Es gibt ehrlich gesagt gute Gründe, nicht zu wissen, was ein Desman ist, denn es handelt sich um ein scheues, im Aussterben begriffenes Tier. Obwohl in Europa beheimatet, ist über seine Lebensgewohnheiten wenig bekannt. Im Grunde genommen ist es ein Maulwurf, der statt unter der Erde in eiskalten Gebirgsbächen lebt, und die Anpassung an diese ziemlich außergewöhnliche Lebensweise hat den Körper des Tieres auf bizarre Weise verändert.

Bei längerem Nachdenken scheint es nicht ganz verkehrt, den Desman in die Nähe des Schnabeltiers zu rücken und ihn als europäisches Schnabeltier zu definieren. Obwohl die beiden Tiere in keiner Weise miteinander verwandt sind (ihr letzter gemeinsamer Vorfahre hat vor mindestens 180 Millionen Jahren gelebt), ist ihr Lebensraum sehr ähnlich. Das hat zu einer evolutionären Konvergenz geführt: Beide haben Pfoten mit Schwimmhäuten und kleine, wenig funktionstüchtige Augen, beide sind nachtaktiv, beide haben einen abgeflachten Schwanz (das Schnabeltier in horizontaler, der Desman in vertikaler Richtung), der als Steuer und teils für den Antrieb im Wasser dient, beide ernähren sich von wirbellosen Wasserlebewesen, bewohnen vom Wasser aus zugängliche Höhlen an Flussufern, haben dichtes braunes Fell und außerdem eine lange, mit hochspezialisierten Rezeptoren versehene Schnauze, dank derer sie ihre kleine Beute in den dunklen Gewässern aufspüren können. Beim Entenschnabel des Schnabeltiers sind es Elektro-Rezeptoren; bei der rüsselartigen Schnauze des Desmans sind es die sogenannten Eimerschen Organe, hochempfindliche taktile Rezeptoren, die sich ständig in Bewegung befinden.

Es gibt zwei Arten von Desmanen: den Pyrenäen-Desman *(Galemys pyrenaicus)*, der, wie der Name sagt, in den Pyrenäen, zwischen Frankreich, Spanien und Portugal beheimatet ist, und den Russischen Desman *(Desmana moschata)*, der in den Flüssen Westrusslands, Weißrusslands und der Ukraine lebt. Der grundlegende Unterschied zwischen den beiden Arten besteht in der Größe. Der Russische Desman ist fast doppelt so groß wie sein iberischer Cousin und im Gegensatz zu diesem obendrein gesellig. Die beiden so weit voneinander entfernten Populationen sind vermutlich ein Relikt aus der Eiszeit, ein Andenken aus dem guten alten Pleistozän, als sich das Gebiet des Desmans über ganz Europa bis nach England erstreckte. Ich vermute (auch wenn es dafür keine fossilen Belege gibt), dass sich darin, also in dem Vorhandensein des großen Desmans in Nordeuropa und des kleineren in Südeuropa, eine geografische Trennung widerspiegelt, die jener der Dachse heute (»heute« im geologischen Sinne verstanden) entspricht.

Ganz allmählich verändert sich das Klima, es wird immer wärmer, die Gebirgsbäche verschmutzen, immer mehr Fischfangnetze werden aufgestellt, der Mensch hat seine Jagdwaffen verfeinert, von Übersee sind konkurrierende Arten eingeführt worden, und mittlerweile gibt es nur noch wenige vereinzelte Desmane.

Vor allem der Russische Desman ist systematisch ausgerottet worden, indem man rücksichtslos auf ihn Jagd machte. Hinzu kam die Errichtung von Staudämmen, die seinen Lebensraum veränderten. Der Grund, weshalb man den Desman jagte (und zwar beide Arten, auch den Pyrenäen-Desman, der kaum größer als 10 bis 15 Zentimeter wird), war früher zunächst das Fell, das außergewöhnlich ist. Es besteht aus zwei verschiedenen Schichten, dem langen, vollen, wasserabweisenden Deckhaar und dem kurzen, äußerst dichten Unterfell, um das Tier vor Kälte zu schützen, wenn es in den Gebirgsbächen oder eiskalten Seen unterwegs ist (natürlich haben alle behaarten Tiere, bis auf uns, Deckhaar und Unterfell, aber beim Desman sind sie klarer voneinander unterschieden). Ein ziemlich ausgeklügelter Entwurf, doch leider ist der Uhrmacher kurzsichtig und hat gar nicht bemerkt, dass der mit einem solch dicken, warmen und wasserabweisenden Pelz ausgestattete Desman Schwierigkeiten haben

wird zu tauchen, da ihn die eingeschlossene Luft wie ein Schlauchboot an der Oberfläche treiben lässt. Das arme Geschöpf ist also gezwungen, sich permanent zu lecken, um das dichte Fell in Ordnung zu halten, und muss außerdem große Energien aufwenden, um in tieferes Wasser zu gelangen. Es kann immer nur kurz, meist nur für wenige Minuten, unter Wasser gehen, um anschließend keuchend wieder aufzutauchen und nach Luft zu schnappen. Es ist das Erbe eines Maulwurfsfells, das eben Kompromisse fordert. Um für Räuber unbemerkt zu bleiben, greift der Desman auf eine kluge Fortbewegungsmethode zurück: Er schnorchelt. Der Körper bleibt unter der Wasseroberfläche, nur das abgeflachte Ende der langen, gefurchten, an eine Doppelflinte erinnernden Schnauze schaut hinaus. Sollten Sie mit der Idee eines Desman-Pelzmantels zu Weihnachten liebäugeln, habe ich jedoch eine schlechte Nachricht: Selbst im nicht gerade für Umweltbewusstsein berühmten Russland steht diese Art seit den 1950er Jahren unter Naturschutz. Darüber hinaus bezweifle ich, ob es überhaupt noch genug Tiere gibt, um einen ganzen Mantel daraus zu fertigen; wie viele Exemplare noch existieren und in welchem Umfang illegale Jagd betrieben wird, weiß man nicht genau. Was die Desmane betrifft, die man in die Ukraine gebracht hat, um sie vor verschmutzten Flüssen zu retten, fürchte ich, dass sie wegen Tschernobyl nun im Dunkeln strahlen.

Das mag zwar in der Diskothek angesagt sein, ist aber sicher nicht allzu gesund.

Der Pelz ist jedoch nicht die einzige Attraktion des Russischen Desmans: Unter dem Schwanz hat er Drüsen, die eine ölige, zähflüssige Substanz absondern, mit der er sein Territorium markiert und die stark nach Moschus riecht. (Das erklärt sowohl die lateinische Bezeichnung *moschata* als auch den Namen Desman, der sich von dem schwedischen Wort *desmanråtta,* dt.: »Moschusratte«, herleitet. Aber aufgepasst: Dieses Tier ist nicht mit der im Volksmund ebenfalls als Moschusratte bekannten Bisamratte, *Ondatra zibethicus,* einem ursprünglich aus Amerika stammenden Nagetier zu verwechseln.) Das Sekret dieser Drüsen wurde zur Herstellung von Parfüms verwendet und scheint ganz besonders zu sein. Sollten sie jedoch zu Weihnachten den Wunsch nach einem Desman-Moschus-Parfüm verspüren, so tut es mir ob Ihrer olfaktorischen Gelüste leid, denn ich fürchte, dass es kaum, oder allerhöchstens auf dem Schwarzmarkt, zu finden sein wird. Aber in Russland ist das, wie manch anderes, ja durchaus denkbar. Wenn Sie Ihre Wäsche parfümieren möchten, so hätten Sie bis vor hundert Jahren (heute jedoch hoffentlich nicht mehr) Gelegenheit gehabt, in Russland einen ausgehöhlten und zum selbstduftenden Duftsäckchen umfunktionierten Desman-Schwanz zu erwerben. Ich weiß nicht, ob das Tier auch essbar ist, aber vermutlich schon. Vom Desman wird nichts weggeschmissen.

Auch der kleine Pyrenäen-Desman markiert sein Territorium mit einem starken Moschus-Duft, und er tut es sogar mit größerer Leidenschaft als der Russische Desman: Er ist sehr auf ein Territorium festgelegt und abgesehen von seinem Partner ein Einzelgänger. Das Territorium des Weibchens ist kleiner und überschneidet sich mit dem des Männchens. Die beiden teilen sich das Gebiet, allerdings nicht in besonders friedvoller Weise. Um die Jungen kümmert sich ausschließlich das Weibchen. Immerhin kommen die Eltern so gut miteinander aus, dass sie andere Desmane, die sich aus Versehen in ihre Nähe verirren, vertreiben können. Das ist eine notwendige Strategie, da es in den Gebirgsbächen, in denen Pyrenäen-Desmane leben, aufgrund der niedrigen Temperaturen nur wenig Nahrung gibt: ein paar Wasser-Insektenlarven, Krebse und Amphibien. Die größte Gefahr geht für diese Art in der Tat nicht von der Jagd, sondern von der Umweltverschmutzung aus, die das zerbrechliche und karge Ökosystem, in der sie beheimatet ist, zu zerstören droht. Die Russischen Desmane leben dagegen in Flachlandflüssen mit reichhaltigerem Nahrungsvorkommen. Da sie größer sind, jagen sie auch manche Fische. Ein Leben in Gruppen erweist sich für sie als günstiger. Bis zu acht Tiere teilen sich eine Höhle, was den russischen Wilderern das Leben deutlich erleichtert. Über das Sozialverhalten dieser Tiere weiß man allerdings so gut wie nichts.

Wenn Sie sich nun zu Weihnachten einen lebenden Desman wünschen und versuchen möchten, ihn selbst zu fangen, rate ich Ihnen dringend davon ab. Als Überbleibsel ihrer Maulwurfs-Vorfahren haben sie lange, spitze und kräftige Krallen, mit denen sie sich an die Felsen klammern und Verletzungen zufügen können. Vor allem aber sind sie im Aussterben begriffen. Deshalb sollte man sie unbedingt schützen, bevor sie vollkommen verschwunden und ob ihres scheuen, uns wenig bekannten Daseins gänzlich in Vergessenheit geraten sind.

ARMER SCHWARZER KATER ODER ARME GESCHECKTE KAFFEEKATZE?

Der Fleckenmusang: *Paradoxurus hermaphroditus*

Im Italienischen wird der Fleckenmusang *civetta delle palme* (zu Deutsch »Palm-Eule«) genannt. Der merkwürdige Name für dieses außergewöhnliche Tier verdankt sich einer linguistischen Interferenz mit dem Englischen, genauer gesagt einem sogenannten *falschen Freund*. Im Englischen heißt der Fleckenmusang in Anspielung auf seinen ursprünglichen Lebensraum *Palm civet*. Aufgrund der lautlichen Nähe von engl. civet (Zibetkatze) und ital. civetta (Eule) haben die Italiener aus der Palm civet (der Palm-Zibetkatze, einer im Deutschen übrigens ebenfalls geläufigen Bezeichnung) die Palm-Eule gemacht.

Besagte Zibetkatze, also der Fleckenmusang, gehört zu den Schleichkatzen *(Viverridae)*. Diese sind mit den Mangusten und den Ginsterkatzen verwandt, eine Art Kreuzung zwischen Marder und Katze und wie sie nachtaktive Räuber. Der wissenschaftliche Name des Fleckenmusangs, *Paradoxurus hermaphroditus,* ist etwas irreführend. Weder ist dieses Tier ein Hermaphrodit, noch ist es in irgendeiner Form paradox. Allerdings haben sowohl Männchen als auch Weibchen stark vergrößerte Analdrüsen, die aussehen wie Hoden. Diese Drüsen sondern bei Bedarf einen ekelerregenden Geruch ab, etwa wenn das Tier Angst hat oder wenn es sein Territorium markieren und mit den Artgenossen kommunizieren will.

Der Fleckenmusang sieht wegen seiner Gesichtsmaske wie ein dunkelgrauer Waschbär aus. Größe und Körperbau entsprechen denen einer Hauskatze. Trotz ihrer Verwandtschaft zu Fleischfressern ist diese Schleichkatze ein Allesfresser. Sie ist in China, Südostasien, Java, Sumatra und auf anderen indonesischen Inseln sowie den Philippinen beheimatet. Derzeit ist sie nicht unmittelbar vom Aussterben bedroht, da sie sich dem Verlust des alten Lebensraums angepasst hat. In ihrem Verbreitungsgebiet ist sie recht bekannt. Allerdings weiß man nichts über ihre jeweilige Populationsdichte, und auch ihre taxonomische Stellung ist unklar. Es könnte daher durchaus sein, dass auf den verschiedenen kleinen Inseln seltene Unterarten wie etwa *Paradoxurus hermaphroditus lignicolor* beheimatet sind. Gut, ich gebe es zu, ich verrenne mich gerade ein wenig, aber ich brauche eine Begründung, dieses für uns Menschen so besondere Tier in vorliegendes Kapitel einzufügen.

Was den Fleckenmusang so besonders macht, ist seine Gier nach den Früchten der Kaffeepflanze, die ursprünglich aus Afrika stammt, aber auf großen Plantagen in den asiatischen Lebensräumen des Musangs angebaut wird. Soweit scheint kein Unterschied zu Ratten, Vögeln oder anderen Kleintieren zu bestehen. Das Besondere ist, dass der Fleckenmusang die Samen der Früchte (die Kaffeebohnen) nicht verdaut, sondern sie mit dem Kot unverdaut wieder ausscheidet. Sammelt man diesen, reinigt die darin enthaltenen Kaffeebohnen und röstet sie leicht, erhält man den erlesensten, gefragtesten und teuersten Kaffee der Welt, den sogenannten Kopi Luwak (*Kopi* heißt Kaffee, und *Luwak* ist der indonesische Name des Tiers). Kopi Luwak kostet heute etwa 400 Euro pro Kilogramm, wobei der Preis je nach der von den Musangs verdauten »Mischung« und der Herkunft variieren kann. In London kostete 2011 eine Tasse dieses Kaffees 8 Pfund-Sterling, was rund 9 Euro entspricht. Verglichen mit den üblichen Kaffeepreisen ist das ganz schön teuer, zumal wenn man bedenkt, dass es sich um Kaffee aus Schleichkatzen-Kacke handelt.

Die Geschichte des Kopi Luwak begann, als die Niederländer im 18. Jahrhundert Indonesien, vor allem Java und Sumatra, abholzten, um dort den sehr viel einträglicheren Kaffee anzupflan-

zen. Die Fleckenmusangs, ihrer Lieblingsnahrung, des Safts einiger einheimischer Palmen beraubt, mussten schauen, wie sie zurechtkamen, und entwickelten sich zu einer die Kaffee- und Kakaoplantagen befallenden Schädlingsart. Die Einheimischen hatten mehr oder weniger dieselben Probleme wie die Fleckenmusangs, sie hatten keine Wälder mehr und nicht einmal Kaffee zum Ausgleich, da dieser auf den europäischen Märkten landete. Die Kunst des Überlebens brachte die Fleckenmusangs dazu, die neuen Früchte zu verzehren, und die Indonesier dazu, das zu rösten, was sich ihnen bot, nämlich die vom Verdauungsapparat der Zibetkatzen abgesonderten Kaffeebohnen. Das Ergebnis war eine Win-win-Situation für alle, und der kostbare Kaffee eroberte nach und nach auch die europäischen Märkte.

Kenner behaupten, das Aroma sei sehr viel besser und der Kaffee runder und zarter im Geschmack. Die Erklärung hängt mit dem Stoffwechsel der Tiere zusammen: Die Verdauungssäfte zersetzen die Proteine der Cuticula der Kaffeebohne, die normalerweise für den bitteren Nachgeschmack verantwortlich sind. So wird das Aroma insgesamt milder. Das scheint auch durch bestimmte, mikroskopisch kleine Furchen auf der Schale der Kaffeebohne bestätigt zu werden, die durch die Verdauungsenzyme des Musangs erzeugt werden.

Es gibt aber auch eine andere, einfachere Erklärung: Die Fleckenmusangs bevorzugen reife Früchte mit entsprechend süßeren Bohnen. Sie nehmen also eine Auslese vor. Der auf den Plantagen gepflückte Kaffee ist dagegen eine Mischung aller Reifegrade und somit niemals optimal.

Die Fleckenmusangs neigen dazu, ihre Exkremente stets

am selben Punkt zu hinterlassen, um auf diese Weise ihr Territorium zu markieren. Das erleichtert das Sammeln, das bisher per Hand und in den Wäldern erfolgte. Skrupellose Menschen haben jedoch versucht, die Tiere zu fangen und sie zu Profitzwecken in Gefangenschaft mit den Beeren zu füttern. Das ist grausam und obendrein sinnlos, da es die Fleckenmusangs daran hindert, die »richtigen« Beeren auszuwählen, und somit ein Kaffee von minderer Qualität »produziert« wird. Auf einigen Kopi-Luwak-»Farmen« lässt man die Tiere daher frei auf den Plantagen herumlaufen, und die Plantagen-Arbeiter kommen regelmäßig vorbei, um die Exkremente einzusammeln und die Mahlzeiten der Tiere durch geeignetere Nahrung zu ergänzen.

Noch gibt es keine Untersuchungen zu den Auswirkungen des Koffeins auf das Nervensystem der Fleckenmusangs. Das Fruchtfleisch der Bohnen enthält jedoch mit Sicherheit größere Mengen Koffein, und dieses kann etwa bei Frettchen, einem anderen kleinen Räuber, zu einem beschleunigten Herzschlag führen. Wenn Koffein Auswirkungen auf das Nervensystem der Fleckenmusangs hat, sind die Plantagen, auf denen Kopi Luwak gesammelt wird, bestimmt verhaltensbiologisch hochinteressante Orte.

Andere Zibetkatzen sind in Afrika beheimatet, woher auch die Kaffeepflanze stammt. Man vermutet, dass Zibetkatzen wie *Civettictis civetta* die Kaffeebohnen (in ihrem Bauch) von Zentralafrika nach Äthiopien transportiert haben, wo der Kaffee schließlich von den Arabern entdeckt wurde. Es ist also durchaus denkbar, dass die Zibetkatzen durch Koevolution das Koffein neutralisieren können und gegen die Auswirkungen auf das Nervensystem immun sind. Schade, mir gefällt die Vorstellung einer niemals endenden Zibetkatzen-Rave-Party in den indonesischen Wäldern.

Abgesehen davon, dass man Fleckenmusangs zu Profitzwecken einfängt, sind diese Tiere auch dadurch gefährdet, dass Farmer ohne Vorwarnung auf sie schießen, wenn sie in Obstplantagen (zum Beispiel Mango oder Rambutan) eindringen. Auch zur Ernährung und zu Heilzwecken wird Jagd auf sie gemacht (die Indonesier benutzen ein öliges Extrakt aus dem Fleisch des Fleckenmusangs zur Behandlung von Krätze), und während der SARS-Epidemie sind sie leider stark dezimiert worden. Offenbar stammt der SARS-Erreger von einem Virus, der diese Tiere infiziert und der durch eine leichte Mutation auf den Menschen übertragbar ist. Die Übertragung von der Zibetkatze auf den Menschen erfolgte entweder durch das Zusammenleben (Fleckenmusangs hausen gern unter Dächern und veranstalten nachts, ähnlich wie die Siebenschläfer, oft ziemlichen Lärm) oder durch den Verzehr des Fleisches. Zum Glück genügt es offenbar, den Kopi Luwak zu rösten, um ihn mikrobiologisch unbedenklich zu machen. Kaffeeliebhaber können also weiter ohne Angst vor gefährlichen Mikroorganismen ihren aus Exkrementen gewonnenen Kaffee genießen.

HELLO KITTY IST NICHTS IM VERGLEICH ZUR RIESENOHR-SPRINGMAUS

Euchoreutes naso

Sie könnte nicht süßer sein, selbst wenn Walt Disney, Yuko Shimizu und Beatrix Potter sie gemeinsam entworfen hätten. Sie scheint alle uns ansprechenden kindlichen Merkmale in sich zu vereinen: zwei gigantische Ohren in der Art von Dumbo, dem fliegenden Elefanten, die ihr etwas Tollpatschiges verleihen, große kugelrunde Perlenaugen, ein im Verhältnis zum Körper überdimensionaler Kopf, riesige Füße, mit denen sie wie ein Känguru hopst und ein Schwanz mit einem Fellbüschel am Ende. Alles in allem eine Mischung aus Maus, Känguru und Kaninchen. Wirklich zum Umfallen süß.

Leider lebt die Riesenohr-Springmaus nicht in einem rosaroten Zuckerkuchenhaus, sondern in der rauesten Wüste dieses Planeten: der Wüste Gobi in der Mongolei und China, mit Temperaturen von –40 °C im Winter bis +40 °C im Sommer und durchschnittlich 100 mm Niederschlag pro Jahr, wobei es in manchen Regionen zwei bis drei Jahre hintereinander nicht regnet.

Ihr Lebensraum besteht aus kargen Sandgebieten mit niedrigem Strauchbewuchs. Das Tier wurde aber auch schon im Hochland von Tibet (Qingzang) und in der Wüste von Alashan, beides kalte, hochgelegene Regionen, beobachtet. Um dem eisigen Klima standzuhalten, ist das Fell, abgesehen von dem Haarbüschel am Schwanzende, kurz, aber sehr dicht. Die riesigen Füße (von 4 cm Länge, bei einer Gesamtkörperlänge von 10 cm) sind mit Borsten bedeckt, die die Auflagefläche vergrößern und verhindern, dass das springende Tierchen in dem lockeren Sand versinkt.

Die großen Füße bewahren die Riesenohr-Springmaus nicht nur vor dem Versinken im Sand, sondern ermöglichen ihr auch gewaltige Sprünge. Im Gegensatz zu anderen Springmäusen, Kängurumäusen und sonstwie hüpfenden Mäusen machen sie diese Sprünge nicht, um Räubern zu entkommen, sondern um selbst auf Beutejagd zu gehen. Die Riesenohr-Springmaus ist tatsächlich in der Lage, geflügelte Insekten aufzuspüren und die Beute, sobald ihre Position bestimmt ist, durch gewaltige Hochsprünge zu fangen. Eine ziemlich ungewöhnliche Jagdtechnik, die vermuten lässt, dass sie über eine Echoortung verfügt wie die Fledermäuse. Diese Springmäuse sind in der Tat derart einzigartig, dass sie nicht nur eine eigene Gattung, die *Euchoreutes* (dt.: »gute Tänzer«), sondern auch eine Unterfamilie *(Euchoreuti-*

nae) bilden. Während die übrigen Springmäuse überwiegend Samenfresser sind, sich also vegetarisch ernähren, ist die Riesenohr-Springmaus die einzige vermutlich fast ausschließlich Insekten fressende Art. Allerdings greifen die Populationen in China eher mal zu vegetarischer Kost als in der Mongolei. Insekten und Eidechsen bilden jedoch einen Großteil der Nahrung der kleinen Nagetiere.

Man weiß sehr wenig über diese Art. Sie wurde 1879 von dem großen russischen Forschungsreisenden und Naturkundler Nikolai Przewalski* (demselben, nach dem die oben erwähnten mongolischen Wildpferde benannt sind) in der Dsungarei in Asien entdeckt und 1890 von Sclater klassifiziert. 1924 spürte man die Art auch in der Mongolei auf, dann hörte man 50 Jahre lang nichts über sie. 1978 veröffentlichten Sokolov und seine Mitarbeiter weitere Untersuchungsergebnisse und fanden andere Orte, an denen das Tier beheimatet war. 1992 revidierten Šenbrot und sein Team die taxonomische Stellung. Unlängst wurde die Spezies auf einer von der Zoological Society of London finanzierten Expedition »wiederentdeckt«. Es wird also deutlich, weshalb man über diese Springmausart so wenig weiß: Kaum jemand hatte bisher den Mut, sich auf das Studium einer kleinen, seltenen, wahrscheinlich nacht-

* Ein großer Naturkundler ist leider nicht immer auch ein großartiger Mensch. Obwohl Przewalski biologische Proben von unschätzbarem Wert sammelte, empfand er doch eine tiefe Verachtung gegenüber den Völkern Zentralasiens. Er betrachtete sie als minderwertig, bezeichnete sie gar als Abschaum und war der Meinung, die Europäer hätten das Recht, sie im Namen der Zivilisation zu unterwerfen oder gar zu vernichten, wie es zu Zeiten der spanischen Eroberung unter Cortez in Südamerika geschehen war.

aktiven Art einzulassen, die noch dazu in einer der unzugänglichsten Regionen der Welt beheimatet ist.

Man nimmt an, dass *Euchoreutes naso* ebenso wie die anderen Springmaus-Arten nachtaktiv ist und ebenso wie diese Sandbäder nimmt, um Duftspuren zu hinterlassen und so mit den Artgenossen zu kommunizieren. Das Hörorgan dieser Tiere lässt allerdings vermuten, dass sie, wie oben angesprochen, auch über eine Kommunikation mittels Schwingungen verfügen. Ehrlich gesagt gehe ich selbst sogar davon aus, dass sie, wie Fledermäuse und Spitzmäuse, Ultraschall und ein Sonar-System verwenden, mit dem das zurückprallende Echo aufgefangen wird. Zumindest legen Größe und Form der Ohren das nahe. Weitere Untersuchungen werden zeigen, ob ich recht habe. Das kleine Schweineschnäuzchen scheint meine Vermutung ebenfalls zu stützen: Natürlich dient es zum Einatmen von heißer oder eiskalter Luft, vielleicht aber auch dazu, um Töne von hoher Frequenz zu erzeugen.

Im Winter hält die Riesenohr-Springmaus in Höhlen Winterschlaf, die sie in den Sand gräbt, um den niedrigen Temperaturen standzuhalten. Die Paarung erfolgt im Sommer, zweimal im Jahr, mit Würfen von zwei bis sechs, im Durchschnitt drei Jungen (die bei der Geburt 2 g wiegen). Um die Jungen kümmert sich vermutlich ausschließlich das Muttertier. Über das Fortpflanzungsverhalten ist jedenfalls noch sehr wenig bekannt, wie über alles andere im Übrigen auch. Immerhin weiß man, dass unsere Riesenohr-Springmaus ein großartiger Baumeister ist und mindestens vier verschiedene Arten unterirdischer Höhlen in den Sand bauen kann: ein zeitweiliges Versteck für tagsüber, ein zeitweiliges Versteck für nachts, einen dauerhaften Bau für den Wurf und die Aufzucht der Jungen sowie einen ebensolchen für den Winterschlaf. Die Höhlen werden von innen abgedichtet, um extreme Temperaturen und Räuber fernzuhalten.

Nachtaktive Räuber wie die Eulen gelten als die größten Feinde der Riesenohr-Springmäuse, aber auch hier herrscht wenig Gewissheit. Man weiß jedoch, dass dieser flinke Nager bei der Fortbewegung die Ohren auf dem Rücken anlegt (vermutlich um nicht darüber zu stolpern), wodurch er für Feinde leichter zu erkennen ist. Während besonders windiger Tage vermeidet das kleine Tier es, die Höhle zu verlassen, um nicht aus Versehen abzuheben. Bei Windgeschwindigkeiten von 140 km/h werden die Ohren leicht zu Segeln. Von wegen fliegender Elefant.

Die Art steht auf der Roten Liste der IUNC, ist aber wegen ihres riesigen Areals nur als gering gefährdet eingestuft. Die Verbreitungsdichte ist jedoch nach wie vor äußerst gering, und man hat nur sehr ungenaue Kenntnis über die tatsächliche Anzahl der Vertreter dieser Spezies. Allerdings ist bekannt, dass jedes einzelne Tier ein Gebiet von mindestens zwei Hektar beansprucht: eine gewaltige Fläche für 30 g Körpergewicht. Zum Glück lassen sich diese Tiere aufgrund der extremen Umwelt, in der sie leben, nicht so ohne Weiteres züchten. Andernfalls wäre es sicherlich längst zu einem Boom auf dem Heimtiermarkt gekommen. Wer würde nicht gern ein süßes Mäuschen haben, das in der Wohnung herumhüpft und im Sommer die Mücken fängt? Zum großen Glück der Tiere ist eine Aufzucht auf eigene Faust unmöglich, und die Riesenohr-Springmaus gehört heute zu den zehn Flaggschiffarten des Artenschutzprojekts EDGE (Evolutionary Distinct and Globally Endangered), das deren Lebensraum und alle damit verbundenen Arten zu schützen versucht.

RATTE, IGEL ODER UNGEHEUER?

Echinosorex gymnura

Curly erwacht aus dem Winterschlaf mit dem unangenehmen Gefühl, einen Albtraum gehabt zu haben. Curly ist ein Braunbrustigel *(Erinaceus europaeus)*, der zufrieden in einem Garten in einiger Entfernung von Ihrem Haus lebt, Regenwürmer frisst und geduldig darauf wartet, an einem Herbstabend von einem Auto überfahren zu werden. In der Dunkelheit seines Winterquartiers erinnert sich der kleine Igel im Halbschlaf an den Traum, der ihn vorzeitig hat erwachen lassen: Er war in einem Sumpf und hatte alle, tatsächlich all seine Stacheln verloren. Das ist für einen Igel schon schlimm genug, aber Curly ähnelte im Traum nicht etwa Spud, dem in England gefundenen Igel, der seine Stacheln wegen einer Krankheit verloren hatte: Er sah viel, viel furchterregender aus. Der Igel aus dem Traum war riesig, mit einem Maul voller Zähne. Er war ganz hell und hob sich gut sichtbar gegen die Mangroven im Hintergrund ab. Er befand sich nicht etwa auf der Suche nach leckeren Schnecken und zarten Regenwürmern, sondern fing riesige Tausendfüßler, gewaltige Skorpione, grausige Spinnen und Krabben. Im Traum stank dieses Tier nach verfaulten Zwiebeln und war (oh Schreck!) mitten am Tage unterwegs. Curly hatte sich in ein Ungeheuer, in einen Igel-Werwolf, verwandelt.

Diesen Igel-Werwolf, den Albtraum aller europäischen Igel, gibt es tatsächlich. Er ist Curlys tropischer Cousin (und gehört zur selben Familie, Erinaceidae). Er nennt sich Großer Rattenigel oder *Echinosorex gymnura* und ist in den Feuchtwäldern und Mangroven-Sümpfen von Malaysia, Borneo und Sumatra beheimatet. Wie Sie bereits erraten haben, hat er keine Stacheln, sondern ein struppiges schwarz-weißes Fell, wobei die Tiere in Borneo bisweilen auch ganz weiß sein können. Der Name Rattenigel ergibt sich aus der Ähnlichkeit dieses Tieres mit einer großen Ratte: Es hat einen langen Schwanz (bei unseren Braunbrustigeln ist er dagegen extrem kurz), eine spitze, unbehaarte Schnauze, einen schlanken Körper und blässliches Fell. Eigentlich ähnelt es weder Igel noch Ratte, sondern eher dem Nord-

opossum, das ebenfalls weißlich grau und zerzaust, aber ein Beuteltier ist: ein schlichter Fall evolutionärer Konvergenz.

Die Vertreter der Familie Erinaceidae (insgesamt 24 in Europa, Afrika und Asien beheimatete Arten) haben – bis auf die sieben Arten der aus den ostasiatischen Wäldern stammenden Rattenigel – allesamt Stacheln. Wie kommt das? Vielleicht wäre es korrekter zu sagen, dass die Rattenigel ihre Stacheln nicht verloren, sondern die Igel sich diese durch natürliche Auslese als Verteidigungsmechanismus zugelegt haben. Das wäre zumindest kein Einzelfall: So haben auch die Ameisenbären in Australien und Neuguinea, die Tenreks aus Madagaskar, die afrikanischen Stachelschweine und die amerikanischen Stachelratten ihre Stacheln vollkommen unabhängig voneinander aus dem Fell entwickelt. Eine gute Idee, die sehr wirkungsvoll und wenig energieaufwendig ist.

Die Rattenigel haben große Ähnlichkeit mit den Adapisoricidae, primitiven, stachellosen Insektenfressern, die sich vor über 100 Millionen Jahren, also zu Beginn der Oberkreide, abgespalten haben und alle Anpassungen entwickeln mussten, die für ein Leben in unwirtlichen, extrem heißen und feuchten Gegenden nötig waren. Während die Vorfahren der Stacheligel eher trockenes und gemäßigt kühles Klima bevorzugten (wobei der einzige Winterschlaf haltende Stacheligel unser in Europa beheimateter Braunbrustigel ist), leben die Rattenigel alle in dem Tropengebiet zwischen China und den Philippinen. Aber wie verteidigen sich Rattenigel gegen Feinde?

Ihr Fleisch schmeckt sicher nicht schlecht, denn

noch heute wird es von der einheimischen Bevölkerung verzehrt, so wie die Roma Stacheligel essen (in der Glut gebacken, die Stacheln in Tonerde gewickelt, gelten sie als Delikatesse). Die Rattenigel vertreiben Feinde einfach durch ihren Geruch. Ebenso wie die Skunks sondern sie aus den Analdrüsen eine stark ammoniakhaltige Substanz ab, die angeblich wie »verfaulende Zwiebeln« riecht. Bemerkenswerterweise wenden die Nordopossums, denen sie so stark ähneln, genau die gleiche Technik an und sondern im Gefahrenfall unangenehme Gerüche ab. Letztendlich erinnern die Rattenigel durch ihre schwarz-weiße Färbung an die amerikanischen Streifenskunks, die bekanntermaßen ebenfalls stark stinken. Konvergenzen über Konvergenzen.

Bevor die Großen Rattenigel (die mit ihren rund 2 kg Körpergewicht etwa die Maße von Kaninchen haben und als die größten lebenden Insektenfresser gelten) etwas von ihrem kostbaren Anal-Chanel versprengen, verstecken sie sich jedoch bei drohender Gefahr lieber zwischen den Mangrovenstämmen oder in den selbst gegrabenen Erdlöchern.

Ich weiß nicht, wie es so großen hellen Geschöpfen gelingt, in einem dunklen Wald unbemerkt zu bleiben, aber anscheinend funktioniert ihre Methode derart gut, dass sie, wenn sie Lust haben, sogar tagsüber unterwegs sein können. Die Stacheligel sind dagegen, trotz Stacheln und Tarnfarbe, rein nachtaktiv.

Während man Stacheligel und Rattenigel früher als Insektenfresser (die heutige Ordnung der Eulipotyphla) klassifizierte, handelt es sich eigentlich um Allesfresser:

Ganz in der Art von Dichtern wie Walt Whitman sind sie offenbar voller Widersprüche und bergen vielfältige Seiten in sich. Eine besondere Vielfalt birgt vor allem der Magen des Großen Rattenigels: Hier finden sich kleine Nager, Käfer, Fische, Krabben, Schnecken, Obst und Palmöl, also alles, was nicht allzu rasch die Flucht ergreifen kann. Die Nahrung wird von insgesamt 44 Zähnen zerkleinert, das sind acht mehr als beim Braunbrustigel. Sie sind obendrein größer und die Eckzähne besonders gut ausgebildet. Ein Biss dieses Ungeheuers dürfte nicht allzu angenehm sein, ebenso wenig wie sein Geruch. Über die Resistenz der Rattenigel gegen Schlangengift ist nichts bekannt. Der Braunbrustigel ist, wie man weiß, gegen viele Gifte (in individuell unterschiedlichem Maße) unempfindlich.

Rattenigel sind Einzelgänger. Wenn ein Artgenosse trotz der Duftmarken in ihr Territorium eindringt, wird er durch einen Chor aus Seufzern und Pfiffen, die in schöner englischer Lautmalerei als hiss-puff bezeichnet werden, sowie durch ein stimmloses Knurren empfangen. Ist das Weibchen paarungsbereit, empfängt es das Männchen schnaubend, den Rest können Sie sich selbst denken. Im Schnitt kommt es zu zwei Würfen pro Jahr mit jeweils zwei Jungen. Sie werden in einem mit Blättern gepolsterten Nest ausschließlich vom Muttertier gehütet.

Ich weiß nicht, wie es Ihnen ergeht, aber mir sind unsere heimischen Igel, trotz der Stacheln, eindeutig sympathischer.

ENTDECKT MICH, BITTE!

Die Rotschopf-Baumratte: *Santamartamys rufodorsalis*

»Huhuu! Hier bin ich! Ist da jemand?« Eben das scheint die geheimnisvolle Rotschopf-Baumratte gedacht zu haben, als sie sich Anfang Mai 2011 Lizzie Noble und Simon McKeown in den Weg stellte. Die beiden waren als Helfer bei einem Forschungsprojekt über die Amphibien des Naturreservats El Dorado in der Sierra Nevada de Santa Marta in Kolumbien dabei.

Gegen 21.30 Uhr befanden sie sich auf dem Weg zu ihrer Basis und näherten sich bereits dem Ausgang des Reservats, als sie auf die Idee kamen, sich einen Augenblick auf dem Holzsteg niederzulassen. Nachdem die kleine Ratte sie erspäht hatte, trottete sie ihnen entgegen, und zwar gut sichtbar auf dem Geländer des Stegs. Dort blieb sie ganze zwei Stunden zu einer Fotosession und ließ sich durch die beiden jungen Leute kein bisschen stören. Als sie sicher war, dass zumindest ein Foto gelungen sein müsste, trottete sie gemächlich zurück in das Unterholz des Waldes, glücklich darüber, die oberste Direktive verletzt und mit einer fremden Spezies Kontakt aufgenommen zu haben. Die Geschichte ist schon für sich genommen verrückt genug, denn normalerweise verharren Tiere nicht zwei Stunden lang gut sichtbar für Feinde auf Holzstegen. Aber das Ganze geht noch weiter.

Die kleine Ratte ist eigentlich gar keine Ratte. Statt mit unseren Altweltmäusen ist sie eher mit den peruanischen Meerschweinchen oder mit Biberratten verwandt. Sie ist nicht nur süß und pelzig, sondern galt auch als ausgestorben. Die Art war nur durch zwei Felle mit dazugehörigen Schädeln bekannt, die der Zoologe Joel Asaph Allen 1898 für das American Museum of Natural History beschafft hatte, wenige Meilen von der Stelle entfernt, an der das Tierchen den ersten Kontakt mit den beiden Biologen aufgenommen hatte. In den 113 Jahren dazwischen hat niemand das Tier gesehen oder davon reden hören.

Nicht etwa weil es an Versuchen gemangelt hätte. 2005 unterzog Louise Emmons von der Smithsonian Institution die beiden Felle einer erneuten Untersuchung und kam zu dem Ergebnis, dass es sich nicht nur um eine eigene Art, sondern auch um eine eigene Gattung mit nur dieser bekannten Art innerhalb der Familie der Echimyidae oder Stachelratten handelt. Die Zähne von *Santamartamys rufodorsalis,* wie Emmons die neue Gattung und die neue Art nannte (wörtlich: rotrückige Maus von Santa Marta), sind vollkommen anders als die anderer Stachelratten, die Paukenblase *(Bulla tympanica)* ist sehr klein (süß, aber schwerhörig?), und die Position der Zitzen ist ebenso einzigartig wie das lange, dichte, weiche und wollige Fell. Es fühlt sich vermutlich so flauschig und seidig an wie ein Kuscheltier für Neugeborene. Einem kleinen Löwen gleich hat das Tierchen eine unverwechselbare, lange, rote Kopfmähne und einen langen pelzigen Schwanz, der am Ansatz schwarz, am hinteren Ende rein weiß ist. Es gibt kein damit vergleichbares Lebewesen. Vermutlich gab es jedoch vor der Ankunft von Columbus ähnliche Baumratten in den Antillen, und bei unserer kolumbianischen Ratte handelt es sich um ein Relikt, um den letzten Überlebenden einer nahezu ausgestorbenen Fauna.

Nachdem Emmons ihre Arbeit veröffentlicht hatte, organisierte Paul Salaman, Direktor der Abteilung Tierschutz der Umweltorganisation World Land Trust USA, für 2007/08 eine insgesamt ein Jahr dauernde Expedition nach Kolumbien, um nach der Rotschopf-Baumratte zu suchen. »Wir hatten zwei kolumbianische Biologen vor Ort«, erklärte Salaman in einem Interview für die Tageszeitung *USA Today*. »Sie haben es überall probiert, haben Fallen auf den Bäumen und auf der Erde aufgestellt und alles abgesucht.« Die Expedition blieb erfolglos, und die Art wurde von der IUCN als ausgestorben erklärt.

Offenbar gefiel unserem Tier diese Entscheidung nicht. Vielleicht sind ihm auch die Kolumbianer unsympathisch, da es offenbar beschlossen hatte, sich von einer jungen Engländerin entdecken zu lassen. Lizzie Noble ist jedoch keine Expertin für Säugetiere, und so schickte sie

die Fotos an Salaman, erhielt aber vier lange Tage keine Antwort. Doktor Salaman war damals selbst zu Forschungszwecken in Kolumbien unterwegs und hatte in dieser Zeit keinen Internetzugang. Als er bei seiner Rückkehr in die Zivilisation die Fotos sah, die Lizzie ihm geschickt hatte, traf ihn beinahe der Schlag, denn unsere kleine Ratte ist absolut unverwechselbar.

Über Skype rief er sie von Washington D.C. aus an, wobei vermutlich der Neid an ihm nagte wie eine ganze Herde wütender Wasserschweine, und sagte zu ihr: »Du hast soeben das Tier entdeckt, nachdem wir seit Jahren suchen!« Es liegt auf der Hand, dass über die Biologie dieses Tieres absolut nichts bekannt ist. Man weiß nur, dass es in hochgelegenen Regenwäldern zwischen 1200 und 1700 Metern Höhe auf Bäumen lebt, dass es (inklusive Schwanz) rund 45 cm lang ist und nach Abschätzung von Lizzie Noble um die 300 g wiegen dürfte (also etwa dasselbe Gewicht hat wie unsere Eichhörnchen). Es ist somit kein ganz kleines Tier, und dennoch ist es so lange Zeit unbeobachtet geblieben. Die Wahrscheinlichkeit, dass die Art wegen des Verlustes ihres Lebensraums ausstirbt, bevor wir herausfinden, wo es die ganze Zeit über gesteckt und was es getrieben hat, ist ziemlich hoch. Hoffen wir nur, dass es nicht das letzte seiner Art war.

WENN DER KURZSICHTIGE UHRMACHER SEINE SPÄSSE TREIBT: AUSSERGEWÖHNLICHE EVOLUTIONÄRE ANPASSUNGEN

Die Sache mit dem kurzsichtigen Uhrmacher ist, wie ich hier nochmals betonen möchte, lediglich eine Metapher für die Evolution, deren treibende Kräfte zwar kausal bestimmt sind, die aber – wenn man so will – durch die Brille herrschender Notwendigkeiten gefiltert werden. Es gibt keinen Uhrmacher und somit auch niemanden, der die Marionettenfäden in der Hand hält und sich einen Spaß daraus macht zu schauen, was passiert, wenn man hier eine Nase verlängert und dort einer Schnecke etwas Farbe verpasst. Die vermeintlich »außergewöhnlichen« Anpassungen sind dies nur aus einer anthropozentrischen Sicht, und nur deshalb, weil es sich um außergewöhnliche Lösungen für ganz gewöhnliche Probleme handelt. Grünes Blut zu haben ist für ein Wirbeltier in der Tat ungewöhnlich, ebenso wie fehlende Kiefer oder ein lebenslanges Dasein als Jungtier. Solche Fälle sind wirklich bemerkenswert. Bei näherer Betrachtung haben allerdings alle Arten außergewöhnliche Merkmale: Dass sie merkwürdig erscheinen, liegt nur an dem Blickwinkel, aus dem man sie betrachtet. Für einen Orang-Utan müssen beispielsweise wir *Homo sapiens* recht ungewöhnliche Affen sein. Wir haben extrem kurze, kaum bis zu den Schenkeln reichende Arme, die Beine sind dagegen äußerst lang. Wir laufen aufrecht wie die Gockel und haben, abgesehen von ein paar lächerlichen Haaren auf dem Kopf und hier und da ein paar Büscheln, praktisch unser gesamtes Fell verloren. Unser Kopf ist unverhältnismäßig groß, das Gesicht platt, und obendrein produzieren wir eine unglaubliche Vielfalt an Lauten. Ganz zu schweigen von Gewohnheiten wie der, uns zu verhüllen, uns zu waschen und damit unseren Geruch zum Verschwinden zu bringen oder uns auf dem Boden statt auf Bäumen zu bewegen. Mit anderen Worten: Wir sind ziemlich merkwürdige Affen, mit absolut außergewöhnlichen physiologischen Adaptationen und Verhaltensweisen.

Andererseits sind wir recht eigenwillige Tiere und haben Dinge wie Anatomie, Taxonomie und Verhaltensbiologie erfunden. Manche von uns gönnen sich gar den Luxus, ihre Zeit mit der Frage zu verbringen, wie die anderen Tiere beschaffen sind und was sie treiben, anstatt sich um die eigenen Belange zu kümmern. Manchmal kommt es mir aber auch so vor, als seien wir zu sehr auf uns selbst, auf unsere Spezies und unsere Gesellschaft bezogen, um zu bemerken, was uns umgibt. Damit sind wir vermutlich nicht die einzigen. Für Bärtierchen *(Tardigrada)* oder Fettschwalme gilt genau das Gleiche, aber immerhin rühmen diese Tiere sich nicht einer »überlegenen« Intelligenz.

Unsere außergewöhnlichste Anpassung, und gleichzeitig unsere wirksamste Waffe, ist tatsächlich die Neugierde. Mir (wie vermutlich den meisten Menschen) geht es so, dass die Alltagsroutine wie ein Schwarzweißfilm abläuft.

Aber sobald ich auf abgelegeneres Terrain gerate und mich nach unerwarteten Details umschaue – seien dies Regenwürmer, Mücken oder was es sonst so gibt –, setzt meine mentale Farbwahrnehmung wieder ein, und der Film ist plötzlich nicht nur in Farbe, sondern auch in 3D und in hoher Auflösung. Ich hoffe nur, dass man mich nicht irgendwann zum Pay-per-view verdonnern wird.

Das seltsame Verhalten sei uns *Sapiens* also verziehen. Man möge uns die Welt in Farbe betrachten und uns einer unserer Lieblingsbeschäftigungen nachgehen lassen: dem Staunen über die Vielfalt der Anpassungen anderer.

DO OCTOPI DREAM OF EIGHT-LEGGED SHEEP?

Octopoda

Eine der intelligentesten bekannten Spezies, deren Intelligenz uns jedoch ebenso unerklärlich wie fehl am Platz erscheint, sind die Kraken, also jene Tiere, die als Meeresfrüchtesalat auf unseren Tellern landen, ohne dass wir auch nur einen Gedanken daran verschwenden, was sie davon halten mögen.

Springen wir ein Stück zurück: Kopffüßer gibt es seit mindestens 500 Millionen Jahren. Sie reichen von einfachen Formen ähnlich den Napfschnecken bis zu Orthoceren, von Kegelschnecken bis zu Perlbooten. All diese Geschöpfe führen ein sessiles oder zumindest extrem schlichtes Leben. Vor etwa 200 Millionen Jahren, als auf dem Festland die allerersten Säugetiere und Vögel in Erscheinung traten, erlebten auch die Kopffüßer in den Meeren ihre Kopernikanische Revolution. Es entwickelten sich neue, aus kognitiver Sicht beunruhigende Lebensformen: die Coleoidea oder Tintenfische (Sepien, Kraken und Kalmare), die als einzige ihrer Klasse in der Lage waren, es an Schnelligkeit mit den Fischen aufzunehmen und (mit Ausnahme der Perlboote) bis in unsere Zeit zu überdauern. Darüber hinaus sind sie die einzigen Meereslebewe-

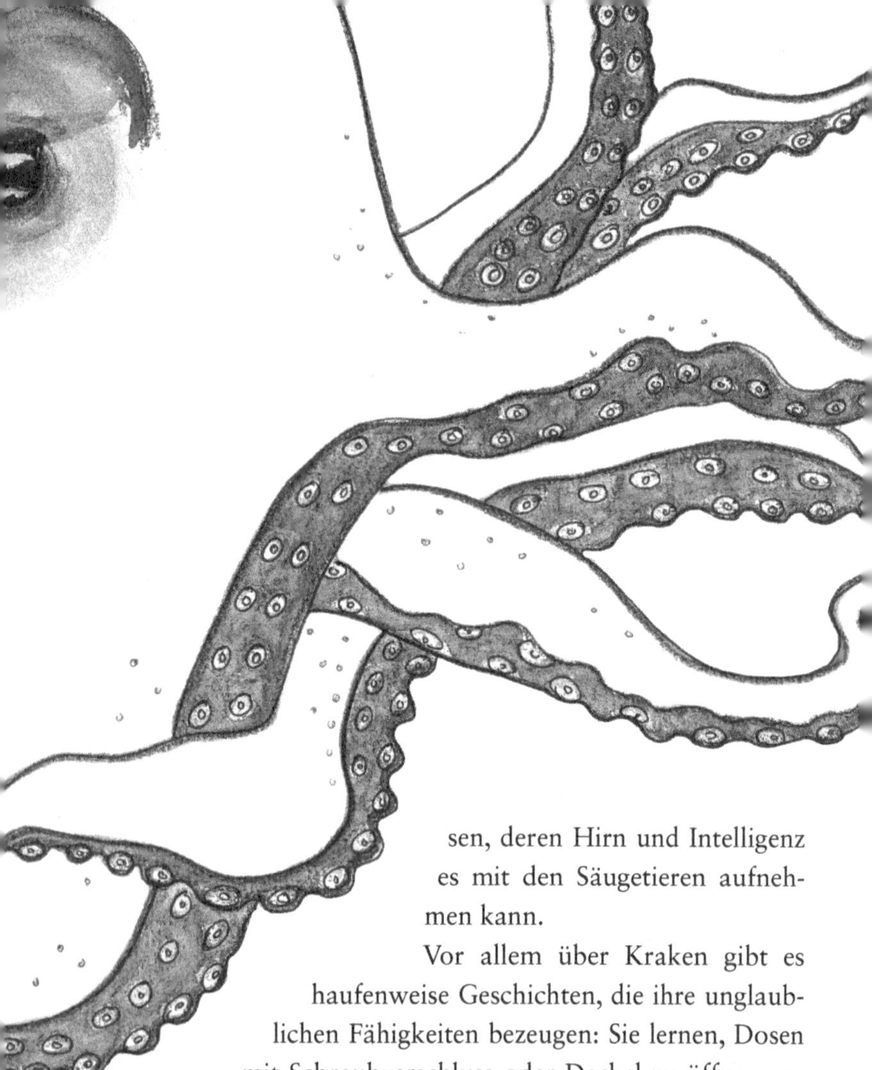

sen, deren Hirn und Intelligenz es mit den Säugetieren aufnehmen kann.

Vor allem über Kraken gibt es haufenweise Geschichten, die ihre unglaublichen Fähigkeiten bezeugen: Sie lernen, Dosen mit Schraubverschluss oder Deckel zu öffnen, erkennen Personen wieder und begutachten sie neugierig, sie finden durch Labyrinthe, merken sich Erlerntes, erkunden neue Orte, verlassen heimlich ihr Aquarium, stibitzen eine Languste und kehren anschließend in ihr Becken zurück, sie lauern im Hinterhalt, um Zoowärtern ins Gesicht zu spucken, sie gestalten die Einrichtung ihrer Becken um usw. Was von alldem ist wahr? Die Wissenschaft hat natürlich versucht, eine Antwort zu geben. Dabei hat sie teils unglaubliche Entdeckungen, teils aber auch Rückschritte gemacht und neue Fragen aufgeworfen; immerhin handelt es sich um derart andersartige Tiere, dass es willkürlich erscheint, sie mit unseren Maßstäben von Intelligenz zu messen. Die Gefahr der Anthropomorphisierung ist jedenfalls ziemlich hoch. Gehen wir der Reihe nach und beginnen mit der Hardware. Das Gehirn aller derzeit 200 existierenden Kraken-Arten (gemessen an den 4500 Säugetier- und 9500 Vogelarten sind das nicht gerade viele) ist im Verhältnis zum Körper ziemlich groß. Zumindest ist es kaum kleiner als bei Vögeln oder Säugern und in jedem Fall größer als bei Fischen und Reptilien. Allerdings zählt die Größe des Gehirns bekanntermaßen nur zu einem gewissen Grad, andernfalls ständen wir im Vergleich zum Neandertaler oder Elefanten schlecht da. Das Gehirn des Kraken besitzt Windungen sowie separate taktile und visuelle Zentren. Es erzeugt elektrische Ströme, die durch ein Elektroenzephalogramm messbar sind und unseren Gehirnströmen ähneln. Im Gegensatz zum *Amplitudenausschlag* anderer Weichtiere wie der Venusmuscheln, die der Neurophysiologe Ted Bullock von der University of California untersucht und deren Muster er mit »brutzelndem Speck« verglichen hat, sind sie langsam und gleichmäßig, allerdings schwächer als unsere.

Das Gehirn eines Kraken besteht aus rund 500 Millionen Neuronen und lässt sich in drei Abschnitte unterteilen.

1. Der zentrale Teil wird von einem Knorpelschild geschützt, der in etwa dieselbe Funktion wie unsere Hirnschale hat. Das ringförmig um die Speiseröhre gelegene Zentralhirn umfasst etwa 45 Millionen Neuronen. Ebenso wie unser Gehirn ist das des Kraken in Hirnlappen unterteilt. In diesem Fall sind es etwa vierzig. Sie sind das Erbe der Hirnganglien von primitiveren Weichtieren. Dieser Teil ist das oberste Informations-Verarbeitungszentrum. Am wichtigsten ist der Vertikallappen, der sowohl strukturell als auch in seiner Funktion dem Hippocampus des Säugetiergehirns entspricht und für das Gedächtnis und das Lernen eine Rolle spielt.

2. Die Augenlappen enthalten etwa 120 bis 180 Millionen Neuronen. Ihre Struktur ähnelt stark der Netzhaut und den Sehzentren des Menschen. Das gilt auch für den Teil, der für die Bilderfassung verantwortlich ist, obwohl der Mechanismus der Lichtwahrnehmung physiologisch anders ist.

3. Das Nervensystem der Arme umfasst zwei Drittel der gesamten Neuronen: Jeder Abschnitt steuert einen Arm und ermöglicht stereotypisierte Bewegungen ohne Einbeziehung des Zentralhirns. In der Praxis »delegiert« das Gehirn an die Ganglien der Arme all jene Bewegungen, die keiner komplexeren Planung bedürfen. So entsteht ein sternförmiges Netzwerk, wie es bisweilen bei unsern PCs Verwendung findet: mit Terminals an den Enden und einem zentralen Server. Das ermöglicht ein schnelleres Agieren.

Kommen wir nun zur Software. Sie erweist sich als funktionstüchtiger als Windows Vista (wobei dafür vermutlich bereits das Hirn einer Jakobsmuschel genügen würde). Die ersten Untersuchungen zum Verhalten von Gewöhnlichen Kraken *(Octopus vulgaris)* stammen von 1947. Damals begann der englische Neurophysiologe John Zachary Young in der Zoologischen Station Anton Dohrn in Neapel einige Experimente mit diesen Tieren durchzuführen, die in den folgenden dreißig Jahren zu faszinierenden Entdeckungen im Zusammenhang mit deren Neurophysiologie führ-

ten. So fand er beispielsweise heraus, dass Kraken lernfähig sind und über ein Langzeitgedächtnis verfügen. Youngs Ergebnisse stützten sich allerdings hauptsächlich auf die anatomische Sezierung von Teilen des Gehirns. Aus Sicht der Verhaltensforschung geschah hingegen wenig. Norman Stuart Sutherland aus Oxford war der erste Forscher, der in den 1950er Jahren Experimente zum Lernverhalten von Kraken durchführte. Er brachte einigen Exemplaren bei, zwischen einem horizontal und einem vertikal ausgerichteten Rechteck zu unterscheiden. Die Tiere waren in der Lage, auch bei verschiedenen Größen das jeweils richtige Rechteck zu wählen.

Zu einem regelrechten »Durchbruch« kam es jedoch 1992, als zwei italienische Wissenschaftler, Graziano Fiorito und Pietro Scotto, ebenfalls in Neapel und ebenfalls für den Gewöhnlichen Kraken nachwiesen, dass dieser lernen kann, indem er die Tätigkeit seiner Artgenossen beobachtet. Dazu sind nicht alle Säugetiere fähig. Das Experiment bestand in Folgendem: Einige Gewöhnliche Kraken wurden in zwei Gruppen aufgeteilt. Die eine musste mittels Belohnung und Strafe lernen, rote Bälle zu erkennen und zu bewegen und die weißen unbeachtet zu lassen. Die andere Gruppe durfte der ersten beim Erlernen zuschauen. Als dann die zweite Gruppe mit den Bällen in Kontakt kam, wählte ein guter Teil die roten Bälle. Daraus schloss man, dass Kraken, ebenso wie die intelligenteren sozialen Wirbeltiere, über Spiegelneuronen, also über jene Neuronen verfügen, die für das Lernen nach Vorbild verantwortlich sind, das letztlich die Grundlage unserer Kultur bildet.

Beunruhigend, oder? Kraken, die andere Kraken nachahmen, um sich neue Tricks anzueignen. Doch ganz so einfach ist es nicht. Die Arbeit von Fiorito und Scotto ist in vielerlei Hinsicht heftig kritisiert worden. Die schärfste Kritikerin ist die amerikanische Forscherin Jean Boal, die ebenfalls in dem Institut in Neapel tätig war. Anscheinend waren vor allem die Kontrollen ungenügend, und die Kraken gaben bereits vor dem Experiment den roten Bällen den Vorzug (weshalb, wenn nicht durch Farberkennung?). Boal ist es außerdem offenbar nie gelungen, das Experiment zu wiederholen, und das ist problematisch. Die Frage, ob Kraken nach Vorbild lernen oder nicht, muss offenbleiben.

Ein weiterer, kontrovers diskutierter Beweis für die Intelligenz von Kraken stammt von der kanadischen Forscherin Jennifer Mather. Gemeinsam mit dem Amerikaner Roland Anderson behauptet Mather, dass jeder Krake eine eigene Persönlichkeit habe. Das wäre natürlich ein Zeichen lebhafter Intelligenz, denn individuell verschiedene Reaktionen setzen Informationsverarbeitung und keine automatischen Reaktionen voraus. Das Problem ist, wie man Persönlichkeit definieren soll. Bei den Experimenten wurden Reaktionen auf verschiedene Reize wie Nahrungsangebote oder Bedrohung beobachtet. Während Insekten zwar individuell verschiedene Reaktionen aufweisen, diese aber bei ein und demselben Individuum nicht wiederholbar sind, wiederholt ein Krake sein Verhalten (sei es Flucht oder neugierige Annäherung) in konstanter Weise und anders als andere Artgenossen. So ist es beispielsweise Zoowärtern möglich, zwischen den verschiedenen Individuen zu unterscheiden und ihnen Namen zu geben. Kritiker wenden jedoch ein, dass man bei den Beobachtungen unbewusst vermenschlichen und »Persönlichkeiten« sehen könnte, wo gar keine sind. Die Ergebnisse stimmen jedoch mit den Untersuchungen des amerikanischen Wissenschaftlers David Sinn überein, der bei 73 von ihm beobachteten Kraken »Schlüsselmerkmale« im Verhalten ausfindig gemacht hat. Sinn berichtet darüber hinaus, dass junge Kraken aktiver und aggressiver seien. Mit zunehmendem Alter werden sie bedächtiger, was auf Erfahrung beruhen könnte.

Mather und Anderson haben sich von der Kritik nicht entmutigen lassen und sind sogar noch einen Schritt weiter gegangen, indem sie behaupten, Kraken würden spielen. Das Spiel ist in der Welt der Wirbellosen allgemein unbekannt und gilt auch bei einigen Wirbeltieren als strittig, denn soweit wir wissen, ist es in erster Linie an soziale Intelligenz gekoppelt. Weshalb sollte ein Weichtier Energien für ein Verhalten aufwenden, dessen praktischer Nutzen nicht unmittelbar gegeben ist? Andersons Experiment bestand darin, acht Kraken kleine, farbige, an der Oberfläche treibende Plastikflaschen zu geben. Sechs Kraken haben sie erst

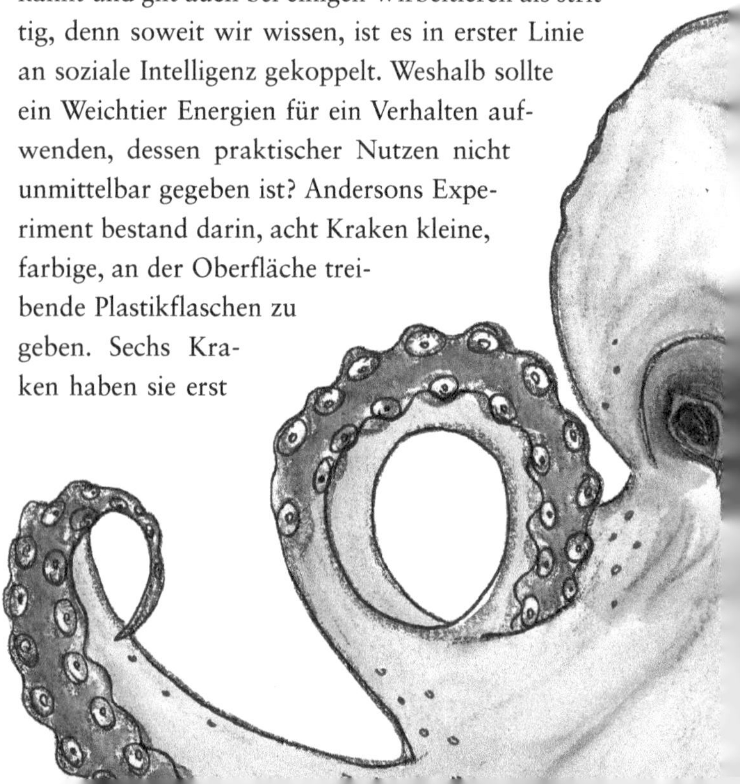

untersucht und anschließend nicht weiter beachtet, der siebte trieb eine der Flaschen im Becken vor sich her, und der achte schmetterte eine von ihnen immer wieder an den Beckenrand, als wäre es ein Ball. Der skeptische Einwand kam wieder einmal von Jean Boal, die bezweifelt, dass es sich um ein echtes Spiel handelt: Die Beobachtungen könnten sich auch als Stress-Verhalten deuten lassen, wie man es von im Käfig auf und ab laufenden Zootieren kennt. Auch sei die Untersuchung wegen der geringen Zahl an Beispielen nicht aussagekräftig. Doch Louis sieht das anders. Louis weiß, wovon er spricht. Louis ist ein Pazifischer Riesenkrake und lebt in einem Zoo in Cornwall. Dieses Tier hat eine Beziehung zu einem kleinen Spielzeug entwickelt, das an Mr. Potato erinnert und das die Wärter ihm gegeben haben. Er nimmt es mit in seine Höhle, schleppt es mit sich herum, wird ganz aufgeregt, wenn die Wärter Krabben in die verborgene Öffnung im Kopf der kleinen Figur füllen, und so weiter. Mr. Potato ist für Louis sicher das wichtigste all seiner Spielzeuge. Hier scheint nicht gerade Stressverhalten vorzuliegen. So legt beispielsweise meine Katze genau dasselbe Verhalten mit einer kleinen Löwenfigur an den Tag, und meine Nichte tat als Zweijährige genau dasselbe mit

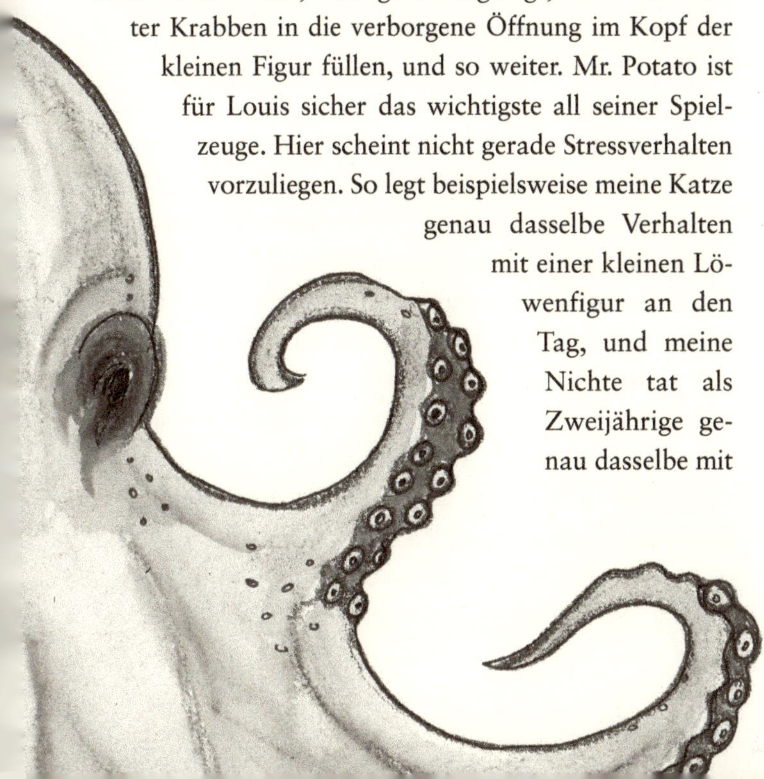

Tweety. Oder sind am Ende gar meine Katze und meine Nichte gestresst?

Jedenfalls hat man bewiesen, dass Kopffüßer sich langweilen können. Wenn Kraken in einem Becken voller Stimuli leben, weckt das ihre Neugierde, und sie erlernen rascher neue Tricks als Kraken, die in einem kahlen Becken gehalten werden. Das gibt selbst die skeptische Boal zu. Sie selbst hat übrigens nachgewiesen, dass Kraken eine Ortswahrnehmung haben und auf Bezugssysteme zurückgreifen, um sich aus Labyrinthen, manchmal gleich zwei Labyrinthen gleichzeitig, zu befreien ... Aller Skepsis zum Trotz. Darüber hinaus kommt es bei Kraken möglicherweise zu Lateralisation (Boal sagt, man könne mangels Experimenten nicht sicher sein), das heißt, sie geben eventuell einer Körperseite den Vorzug gegenüber der anderen, so wie es bei Menschen Rechts- und Linkshänder gibt. Kraken benutzen beispielsweise ein Auge stärker als das andere.

Anderson ist noch einen Schritt über das Spiel hinausgegangen (vielleicht weil er sich dachte, dass aus Spiel rasch Ernst werden kann) und hat entdeckt, dass Kraken schlafen, vielleicht sogar träumen. Normalerweise bringt man Schlaf mit Wirbeltieren in Verbindung. Das Phänomen ist für Wirbellose bisher kaum untersucht worden. Anderson hat beobachtet, dass die meist wachsamen und aufmerksamen Kraken Phasen der Untätigkeit haben. Dann trüben sich die lidlosen Augen, die Atmung verlangsamt sich, die Tiere reagieren nicht mehr auf Lichtreize, und die Männchen lassen in bedenklicher Weise den Hectocotylus, den zur Fortpflanzung dienenden dritten Arm von rechts, baumeln. Ein ähnliches Verhalten hat Stephen Duntley von der Washington University Medical School in St. Louis bei Sepien beobachtet. Wenn sie schlafen, liegen sie reglos da, die Haut nimmt eine dunkelbraune Tarnfärbung an, aber hin und wieder beginnen sie, sich für 10 bis 15 Minuten zu schütteln, bewegen die Fangarme, und auf der Haut bilden sich deutlich sichtbare, farbige Flecken.

Der Zyklus scheint analog zu unseren REM-Phasen abzulaufen. Träumen sie am Ende gar? Das ist eine Frage, die wir vielleicht nie beantworten können. Zumindest wissen wir, dass Träume für uns Wirbeltiere eine wichtige Rolle bei der Verarbeitung aufgenommener Informationen spielen. Da Kraken ziemlich lernfähig sind, wäre es immerhin möglich, dass sie träumen, oder?

Die eigentliche Frage lautet aber anders und hat viel weitreichendere Folgen: Was fangen die Kraken mit ihrer Intelligenz an? Sie sind Einzelgänger von kurzer Lebensdauer. Der durchschnittliche Krake lebt ein Jahr. Auf die längste Lebenszeit kommt mit drei Jahren der Pazifische Riesenkrake. In zwölf Monaten schaffen es diese Tiere zeitlich kaum, die zum Überleben notwendigen Fähigkeiten zu erlernen. Außerdem ist ihr Stoffwechsel langsam, und sie vergeuden obendrein Zeit mit Schlafen. Sie erinnern mich an die Replikanten aus dem Film *Blade Runner*, die für eine dreijährige Lebensdauer programmiert sind, um auf diese Weise zu verhindern, dass sie durch Erfahrung lernen und die Oberhand über die Menschen gewinnen. Warum sollte man sich die Mühe machen, ein derart komplexes Verhalten und ein derart großes Hirn zu entwickeln, wenn man nur so kurz am Leben bleibt? Tiere, die auf die r-Strategie zurückgreifen, also kurz leben, aber viele Nachkommen zeugen, gründen ihre Existenz meist nicht auf das Gehirn, sondern auf ihre Anzahl. Dennoch gibt es auch unter den Wirbeltieren ein entsprechendes, erhellendes Gegenbeispiel: die Mäuse. Sie leben im Schnitt ein Jahr, bekommen viele Junge und sind sehr intelligent. Irgendeinen Grund muss es für diese Intelligenz geben – wir erkennen ihn nur nicht.

Auf der Grundlage einer Theorie von Nicholas K. Humphrey und Jane Goodall (der berühmten Verhaltensforscherin, die das Verhalten von Schimpansen in der Natur untersuchte) ist Intelligenz mit Gesellschaft verknüpft. Kraken führen jedoch von Geburt an ein Dasein als Einzelgänger, denn unmittelbar nach dem Schlüpfen der Eier stirbt das Muttertier, das während des gesamten Lebens nur einen einzigen Fortpflanzungsakt vollzieht. Nach dem Schlüpfen leben die jungen Kraken eine Zeitlang planktonisch, dann suchen sie sich einen Felsspalt, wo sie allein ihre kurze Existenz verbringen.

Während der Paarung haben die Männchen allerdings einen ganzen Harem verschiedener Weibchen, die sie kämpferisch gegen Rivalen verteidigen. Es kommt also zu Interaktionen zwischen Artgenossen, auch wenn sie nicht in Gruppen leben. Kalmare schließen sich dagegen tatsächlich zu Gruppen zusammen, und wer weiß, ob die Intelligenz der Kraken nicht von sozialen Vorfahren herrührt. Im Übrigen sind auch die Vielfraße höchst intelligente Tiere, aber unter allen Säugetieren gleichzeitig die extremsten Einzelgänger, die wir kennen. Für den Vielfraß ist seine Intelligenz eine unverzichtbare Waffe, um in einer feind-

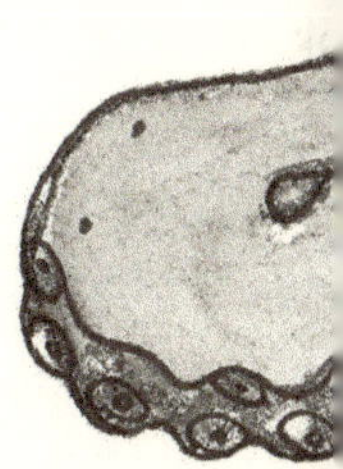

lichen Umwelt überleben zu können. Kraken leben am Grund praktisch aller Meere, aber sie haben ein Problem: Sie haben viele natürliche Feinde. Sie selbst ernähren sich von Krebstieren, eine wegen ihrer Verteidigungswaffen nicht ganz ungefährliche Beute, deren Schale ziemlich schwierig zu öffnen ist. Liegt vielleicht dort der Schlüssel zum Verständnis ihrer Intelligenz?

Schwer zu sagen. Schwer vor allem deshalb, weil wir uns zwar vielleicht das Verhalten von Mäusen erklären können, die immerhin unsere direkten Cousins sind, uns das Verständnis einer sich ganz eigenständig herausgebildeten Intelligenz jedoch Probleme bereitet: Unser gemeinsamer Vorfahre mit den Kraken hat vor 700 Millionen Jahren gelebt. Alle mit der Intelligenz zusammenhängenden Strukturen, der dem Hippocampus ähnliche Hirnlappen, die Augen, die visuelle Integration etc., sind analog, ähneln den unseren also nur aufgrund evolutionärer Konvergenz. Ähnlichen Problemen wird mit ähnlichen Lösungen begegnet, die Vererbung hat damit nichts zu tun. Wenn wir uns darin üben wollten, Außerirdische zu verstehen – wenn es sie denn überhaupt gibt –, brauchten wir uns nur weiterhin dem Studium der Kraken zu widmen. Das einzige

Problem, auf dem die skeptische Jean Boal zu Recht beharrt, ist, dass wir aufpassen müssen, diese uns so fremde Intelligenz nicht zu vermenschlichen.

DIE PHOTOSYNTHETISCHE SCHNECKE

Elysia spp.

Statt zu überlegen, was man essen soll, einzukaufen, zu kochen und abzuwaschen (die Reihenfolge ist nicht zwingend), wäre es doch angenehm, den ganzen Tag am Strand bleiben zu können, sich zu sonnen und abends mit einem angenehmen Sättigungsgefühl heimzukehren, glücklich darüber, den Tag geruhsam mit der Lektüre der *Introduction to Genomics* oder auch weniger unterhaltsamen Dingen wie der Tageszeitung oder dem »Rätselmagazin« verbracht zu haben. Einziger Nebeneffekt wäre statt einer zartbraunen (oder in meinem Fall leuchtend hummerfarbenen) eine salatgrüne Hautfarbe.

Den Meeresschnecken der Gattung *Elysia* gelingt, woran alle Hausfrauen im Urlaub scheitern: Sie sind photosynthetisch und können bis zu 10 Monate ohne Nahrungsbeschaffung auskommen. Die Sache funktioniert kurz gesagt, folgendermaßen: Die Schnecken nehmen die Chloroplasten der Algen auf, die sie fressen. Sie färben sich grün und sind nun in der Lage, den Photosynthese-Prozess auf eigene Faust fortzuführen. Ein Mischwesen zwischen Tier und Pflanze.

Diese zu den Schlundsackschnecken *(Sacoglossa)* gehörenden Tiere durchbohren bei der Nahrungsaufnahme mit ihrer rauen Zunge, der sogenannten Radula, die Zellen der Algen und saugen sie aus. Normalerweise ist die Oberfläche der Radula bei den Schnecken mit spitzen Zähnchen bedeckt wie bei einer Raspel. Die Schlundsackschnecken haben jedoch nur eine einzige Zahnreihe, die eher dem Durchbohren als dem Abraspeln dient. Wir haben es hier wohlgemerkt nicht mit mikroskopisch kleinen Tieren zu tun, die jeweils nur eine Zelle durchbohren. Diese Schnecken werden bis zu 10 Zentimeter lang, und was sie da tun, ist etwa so, als würden wir ein Eis mit einer Feile lecken.

Der Zellinhalt wird verschluckt und in einen Verdauungstrakt weitergeleitet, der so ausgebildet und verzweigt ist, dass er sich praktisch über den gesamten Körper des Tieres erstreckt. Das Cytoplasma und die übrigen Organellen werden verdaut, aber den Chloroplasten ist ein anderes, sehr viel interessanteres Schicksal beschieden. Sie werden von Spezialzellen aufgenommen, die sich im gesamten Verdauungstrakt, insbesondere an den Enden der Darmfalten, befinden. Dort bleiben sie erhalten und erfüllen weiterhin ihre Funktion.

Chloroplasten sind die Organellen, die für die Photosynthese sorgen, also für jenen Prozess, bei dem Kohlenstoffdioxid aus der Luft zusammen mit Licht und verschiedenen chemischen Substanzen in Traubenzucker (Glucose) verwandelt wird und Sauerstoff als Abfallprodukt entsteht. Mithilfe von radioaktivem Kohlenstoffdioxid (gekennzeichnet durch das Isotop C14) ließ sich beobachten, dass die verschluckten Chloroplasten in der Schnecke wirksam bleiben, als wären sie in der Zelle ihrer Ursprungsalge. Die Schnecke wandelt

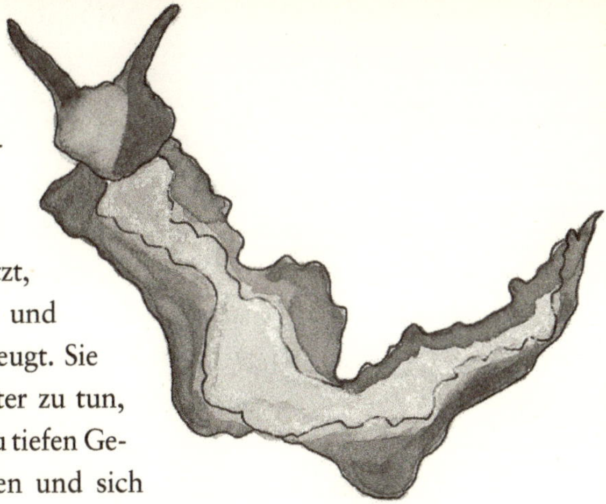

die Glucose dann in Galactose (einfachen Milchzucker) um, die sie für all ihre Bedürfnisse nutzt, indem sie Proteine und anderes daraus erzeugt. Sie braucht nichts weiter zu tun, als sich in nicht allzu tiefen Gewässern aufzuhalten und sich möglichst viel der Sonne auszusetzen, um die Photosynthese in den Chloroplasten in Gang zu setzen. Um eine möglichst große Oberfläche darzubieten und für entsprechend mehr Photosynthese zu sorgen, haben viele Schnecken der Gattung *Elysia* sogenannte Scheinfüßchen (Pseudopodien) entwickelt, die sich verzweigen und eine Art Lockenkranz an den Seiten, bisweilen auch auf dem Rücken bilden. Der Körper ist stark verbreitert und flach, die Rückenoberfläche halb transparent, um das Eindringen der Sonnenstrahlen zu gewährleisten. Ein bescheidener Preis für all die Mahlzeiten, die auf diese Weise umsonst zu haben sind. Natürlich ist in Wahrheit nichts umsonst: Auch die Schnecke muss hin und wieder fressen, um die Zellinhalte der Algen aufzunehmen, die sie mit Spurenelementen und weiteren Chloroplasten versorgen.

Andere Tiere, wie die Korallenpolypen, nutzen ein ähnliches Prinzip. Aber keines von ihnen hat es zu derartiger Perfektion gebracht. Korallenpolypen leben zum Beispiel in Symbiose mit einzelligen Braunalgen, den sogenannten Zooxanthellen, die ihren Wirt im Gegenzug für ein geruhsames und geschütztes Dasein mit Zucker versorgen. Es handelt sich hier jedoch um die Symbiose zweier Organismen und nicht um die Aufnahme einer spezialisierten Organelle. Was bei *Elysia* geschieht, nennt sich dagegen *Kleptoplastie* (wörtlich: Diebstahl von Plastiden). Es ist ein ganz anderes Phänomen, da es hier nicht um das Zusammenleben mit einem anderen Eukaryoten geht, sondern einzig um die Nutzung des von den Chloroplasten erzeugten Zuckers.

Für die Chloroplasten ist es kein großer Unterschied, ob sie sich nun in einer Pflanze oder einem Tier befinden. Chloroplasten sind ursprünglich gar keine Zellorganellen, sondern zur Photosynthese befähigte, frei lebende Bakterien (früher als Blaualgen, heute als Cyanobakterien bezeichnet). Höchstwahrscheinlich kam es im Lauf der Entwicklungsgeschichte des Lebens auf der Erde wiederholt zu einer »Infektion« eukaryotischer Zellen durch Cyanobakterien. Diese Organellen sind derart wertvoll, dass der »Diebstahl« von Chloroplasten zur Einverleibung ganzer eukaryotischer Zellen durch andere Organismen geführt hat. So stammen etwa die Chloroplasten der Braunalgen von Cyanobakterien mit einer anderen Art von Chlorophyll, dem Chlorophyll C (das in höheren Pflanzen nicht vorkommt). Diese Bakterien sind in biologischen Urzeiten von einem einzelligen, zur Gruppe der Rhodobionten oder Rotalgen gehörenden Organismus einverleibt worden. Der Rhodobiont wurde wiederum im Ganzen von einer Braunalge einverleibt, die heute ihrerseits in den Korallenpolypen zu finden ist. Wie die russischen Matruschkas: ein Bakterium in einem Rhodobionten, in einer Alge, in einer

Koralle. Und das Ganze für ein bisschen mehr Zucker. Der Prozess der Einverleibung eines Organismus in einen anderen ist jedoch nicht so einfach. Er geht mit schwerwiegenden Umgestaltungen einher, mit dem Verlust oder der Neubildung von Zellmembranen, der Verschmelzung von Cytoplasmen, der Veränderung biochemischer Abläufe und vor allem mit der Verlagerung von Genen von einer DNA auf die andere. Es ist tatsächlich überflüssig, Energien zur Erzeugung zweier Kopien ein und desselben Proteins – einer für den Chloroplasten und einer für die Alge – zu vergeuden. So wurde die DNA der Chloroplasten auf ein Minimum reduziert und der Großteil der Gene in die Chromosomen der Alge eingefügt. Nur etwa 13 % der von den Chloroplasten benötigten Proteine wird von der Organelle selbst erzeugt; der Rest wird durch Gene bereitgestellt, die nunmehr im Zellkern der Pflanze enthalten sind.

Daraus ergibt sich für die *Elysia* ein Problem. Sie sind nämlich nicht in der Lage, die Chloroplasten mit all dem zu versorgen, was diese brauchen, und müssen sie daher nach ein paar Monaten durch frische, aus den Algen gewonnene Chloroplasten ersetzen. So können beispielsweise weder die Chloroplasten noch die *Elysia* Chlorophyll-Moleküle produzieren. Ebenso wenig sind die *Elysia* befähigt, die Chloroplasten bei ihrer Replikation zu unterstützen. *Elysia* hat es dennoch probiert. Herausgekommen ist das, was Genetiker als horizontalen Gentransfer von einer Art auf eine andere bezeichnen, in diesem Fall von der Alge auf die Schnecke. Die *Elysia* haben nun in ihrer DNA diverse Gene, die ursprünglich von der Alge stammen und die Proteine für die Chloroplasten erzeugen. Das erklärt die lange Existenz und optimale Funktionsweise der Chloroplasten im Inneren dieser Schnecken. Einige Wissenschaftler der University of Texas haben zum Beispiel bei *Elysia chlorotica* das Gen psbO gefunden, das zur DNA von *Vaucheria litorea* gehört, einer Alge, von der sich die Schnecke ernährt. Dieses Gen enthält die Information zur Erzeugung einer sehr empfindlichen, immer wieder zu erneuernden Komponente der Chloroplasten.

Ein und dieselbe Schneckenart ernährt sich im Lauf ihres Lebens von verschiedenen Algenarten und ist in der Lage, sich die Chloroplasten all dieser Arten einzuverleiben. Die artspezifischen Besonderheiten stellen also kein Problem dar, und der Gentransfer ist auf die Gene beschränkt, die für die Erzeugung der allen Algen gemeinsamen Proteine sorgen. *Elysia clarki* ernährt sich beispielsweise von vier verschiedenen Makroalgen der Gattung Bryopsidales (*Penicillus capitatus, Penicillus lamourouxii, Halimeda incrassata* und *Halimeda monile*).

Die Chloroplasten versorgen die *Elysia* nicht nur mit Nahrung, sondern tun ihnen einen weiteren großen Gefallen: Sie dienen zur Tarnung. Eine in flachen Gewässern lebende Schnecke ohne Gehäuse ist den erbarmungslosen Blicken aller vorbeiziehenden Räuber preisgegeben. Ihre einzige Chance liegt darin, sich durch Tarnung so der Umgebung anzupassen, dass sie unbemerkt bleibt. Durch die verschluckten Chloroplasten haben die Schnecken dieselbe grüne Farbe wie die sie umgebenden Algen. Darüber hinaus hat der Körper der Schnecke, unter anderem zu Tarnzwecken, die Form eines Blattes angenommen. So ist sie auf dem Grund praktisch nicht zu erkennen.

Die Aufnahme der Chloroplasten erfolgt ab einer frühen Lebensphase der Schnecke. Die planktonisch lebenden Veliger-Larven ernähren sich von Algen, nehmen aber die Chloroplasten nicht in sich auf. Bei manchen Arten von Veliger-Larven besteht sogar Zweifel, ob sie sich überhaupt ernähren, obwohl sie zu ihrer Entwicklung die jeweilige Alge in ihrer Nähe benötigen. Diese Tiere sind in praktisch allen tropischen Gewässern der Erde beheimatet, vorausgesetzt, diese sind sonnenbeschienen und einigermaßen flach. Wenn Sie jedoch eine dieser fantastischen Schnecken mit Solarantrieb bewundern wollen, brauchen Sie gar nicht so weit zu reisen. Immerhin acht Arten leben im Mittelmeer: *E. hopei, E. flava, E. timida, E. translucens, E. viridis, E. gordanae, E. ordanae* und *Bosellia mimetica*. Außerdem gibt es da noch die geheimnisvolle *E. hetta*, die angeblich an der Salentinischen Küste im Golf von Tarent lebt. Leider stammen alle Informationen über sie aus einer heute unauffindbaren Publikation.

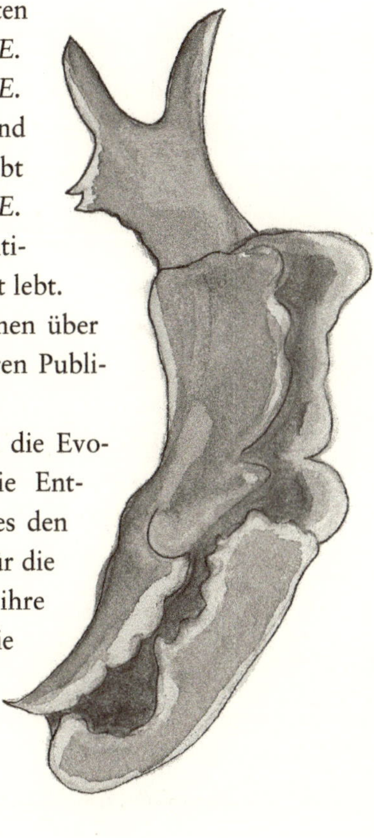

Der Uhrmacher ist blind und die Evolution unberechenbar. Wenn die Entwicklung so weiterginge, wenn es den Schnecken gelingen würde, alle für die Chloroplasten nötigen Gene in ihre DNA einzufügen, und wenn sich die Chloroplasten von der Mutter auf die Jungen übertragen ließen, ohne die Pflanzen aufnehmen zu müssen, könnten die *Elysia* im Lauf von einigen zehntausend Jahren vollkommen autotroph werden. Sie wären dann die ersten Tiere, die das Problem der Nahrungsbeschaffung vollkommen beseitigt hätten. Da die Wege der Evolution jedoch unvorhersehbar sind, ist alles möglich: vom Aussterben der Klade bis zur Rückkehr zu einer Lebensform als Primärkonsumenten. Wer weiß, vielleicht entwickeln sie sich gar auf lange Sicht zu intelligenten Fleischfressern.

FEINSTES VOGEL-ÖL: DER FETTSCHWALM

Steatornis caripensis

18. September 1799. Der deutsche Entdecker Freiherr Alexander von Humboldt und sein Reisegefährte, der Botaniker Aimé Bonpland, erkunden den Urwald von Venezuela. Sie werden von Führern des Stammes der Chaima begleitet. Bei Sonnenuntergang erreichen sie, wie geplant, den Eingang einer großen Höhle und schlagen ihr Nachtlager auf.

Humboldt hatte in der nahegelegenen Franziskaner-Mission Geschichten über diese Höhle gehört, die er überprüfen wollte. Der beste Zeitpunkt dafür war die Nacht. Die heute unter dem Namen Cueva del Guacharo bekannte Höhle hatte für die Chaima eine besondere mystische Bedeutung: Sie galt als Eingang ins Reich der Toten, denn die Seelen der Verstorbenen hielten sich, so die Vorstellung, in den tiefen Höhlengängen auf. Schamanen und Giftmischer vollzogen Rituale, um Ivoriokiamo, den Anführer der bösen Geister, zu beschwören. Deshalb gingen die Indios nie weit in die Höhle hinein, die sich, wie wir heute wissen, über eine Länge von mehr als 10 Kilometern erstreckt. Auch Humboldt konnte nur den vorderen Teil inspizieren: Bis zu den Seelen der Verstorbenen vorzudringen wäre in den Augen der Chaima eine Reise ohne Rückkehr geworden.

Bei Einbruch der Dämmerung vernimmt die Gruppe mit einem Mal durchdringend schrille, klagende Laute und Knackgeräusche. Der Lärm wird immer ohrenbetäubender. Irgendwann erkennt man im Halbdunkel eine Bewegung, Flügelflattern, plötzlich tauchen aus der Höhle tausende schwarzer Schatten auf und erheben sich zum dunklen Himmel über dem stillen Wald.

Es ist der Fettschwalm (dessen spanischer Name Guacharo so viel wie »der Jammernde« bedeutet), ein großer Vogel aus der Familie der Schwalmartigen *(Caprimulgiformes)*. Humboldt war eigens zu der Höhle gekommen, um diese Tiere zu beobachten, die aussehen wie eine Mischung aus Nachtraubvogel und Mauersegler. Wenn es sich bei der Höhle um die Unterwelt handelte, so waren die Vögel ihre Wächter.

Die Chaima gibt es heute nicht mehr, auch sie sind durch Waffengewalt, durch Krankheiten (und die katholische Kultur) vernichtet worden wie so viele indigene Völker Südamerikas. Fast all unser Wissen über sie verdanken wir dem umfassenden Reisebericht des deutschen Naturforschers. Merkwürdig ist, dass die Fettschwalme, obwohl sie so »heilig« waren, von den Indios getötet wurden, um Öl aus ihnen zu gewinnen. Wie bitte, Öl?, werden Sie sagen. Tatsächlich lautet der englische Name dieser Vögel *Oilbird* und obwohl sie heute unter Naturschutz stehen, hat man sie noch vor wenigen Jahrzehnten zu diesem Zweck gejagt. Als ich das erste Mal von *Oilbirds* hörte, kamen mir, wie in einem Trickfilm, gleich Bilder einer riesigen Mühle in den

Kopf, die von zwei im Kreis laufenden Wasserschweinen betrieben wurde und aus der Gekreisch und ein Gewirr aus Federn aufstiegen. Unten quollen Öl und Flaum hervor. Ich weiß, ich habe eine kranke Fantasie.

Fettschwalme sind übrigens die einzigen Mitglieder ihrer Familie und keine Insektenfresser. Sie ernähren sich von den Samen mehrerer Dutzend verschiedener Pflanzen, die allesamt ziemlich reich an Fettsäuren sind, wie etwa die Ölpalme, tropischer Lorbeer und Kaffee. Ebenso wie die Mauersegler haben sie kleine, wenig funktionale Füße und bauen ihre Nester, nach Art der Stadttauben, aus Guano auf den Vorsprüngen der senkrechten Höhlenfelswände. Sie legen je zwei bis vier Eier. Die geschlüpften Küken werden von den Eltern mit Samen gefüttert, die, wie bereits erwähnt, reich an Lipiden sind. Innerhalb kürzester Zeit werden sie unglaublich fett und erreichen beinahe das doppelte Gewicht ihrer Eltern. Humboldt nannte diese großen Vögel (mit einer Flügelspannweite von bis zu 90 Zentimetern) *Steatornis caripensis*, was so viel wie »fetter Vogel aus Caripe« bedeutet.

Die Eingeborenen drangen einmal im Jahr, im August, mit langen Ruten in die Höhle ein, rissen die Nester mit den noch flugunfähigen Jungvögeln ab und töteten sie. Das Fett, das sich zwischen den Schenkeln der Küken angesetzt hatte, kochte man traditionellerweise in großen Tonkesseln über dem Feuer aus. Durch Erhitzen erhielt man ein farbloses, geschmacklich neutrales Öl, das zum Betreiben der Lampen und zum Kochen verwendet wurde.

Die Population der Fettschwalme war durch das Vorgehen der Indios glücklicherweise nicht ernstlich bedroht, zumal sich die Vögel in der Zeit von März bis September fortpflanzen. Heute leben in der Cueva del Guacharo rund 15 000 Exemplare. Sie sind auch in Guyana, Trinidad, Kolumbien, Ecuador und Teilen von Brasilien beheimatet, überall dort, wo es Wald und Höhlen gibt. Die größte Bedrohung geht nunmehr von Wilddieben aus.

Besonders faszinierend an den Fettschwalmen ist ihre Fähigkeit, in den engen Höhlengängen zu leben, mühelos zu fliegen und in der absoluten Finsternis Hindernisse wie Stalaktiten und andere Vögel zu vermeiden. Zu diesem Zweck haben sie zwei ausgezeichnete und äußerst raffinierte Orientierungssysteme entwickelt.

Zum einen verfügen sie über einen sehr guten Gesichtssinn. Ihre Netzhaut ist einzigartig unter den Landwirbeltieren. Sie besteht hauptsächlich aus winzigen, eng aneinandergereihten Stäbchen und weist die höchste Dichte an Fotorezeptoren auf, die je bei einem Wirbeltier gemessen wurde: gut eine Million pro Quadratmillimeter. Die Pupillenöffnung ist im Verhältnis zu dem nicht besonders riesigen Auge extrem groß (9 mm bei einer Augenbreite von 16 mm). Dadurch können die Vögel ein Maximum an Licht aufnehmen. Obwohl die Sehemp-

findlichkeit (die Fähigkeit der Lichtaufnahme) beim Fettschwalm besonders hoch ist, vermuten Dr. Graham Martin und andere Forscher eines internationalen Teams, dass die Auflösung (also die Fähigkeit, zwei nahe beieinandergelegene Punkte zu unterscheiden) eher gering ist, da sie mit der Anzahl der Nervenfasern des Sehnervs verknüpft ist (viele Stäbchen sind um ein und dieselbe Sehnervenfaser gruppiert und bilden eine visuelle Einheit). Die Zahl der Zäpfchen, die für eine größere Auflösung sorgen, ist dagegen sehr gering. Die Vögel sehen daher vermutlich in Schwarzweiß und unscharf, aber sie sind ohnehin nachtaktiv, bleiben tagsüber in ihren Höhlen und kommen, wie bereits beschrieben, erst bei Einbruch der Dämmerung hervor.

Um dem Problem der schlechten Auflösung entgegenzuwirken und sich in der vollkommenen Dunkelheit zu orientieren, haben die Fettschwalme ein zusätzliches System entwickeln müssen: Gemeinsam mit einer weiteren Vogelgattung (den zu den Seglern gehörenden *Collocalia* spp, von denen die Chinesen ihre »Schwalbennester« für die Suppe haben) sind

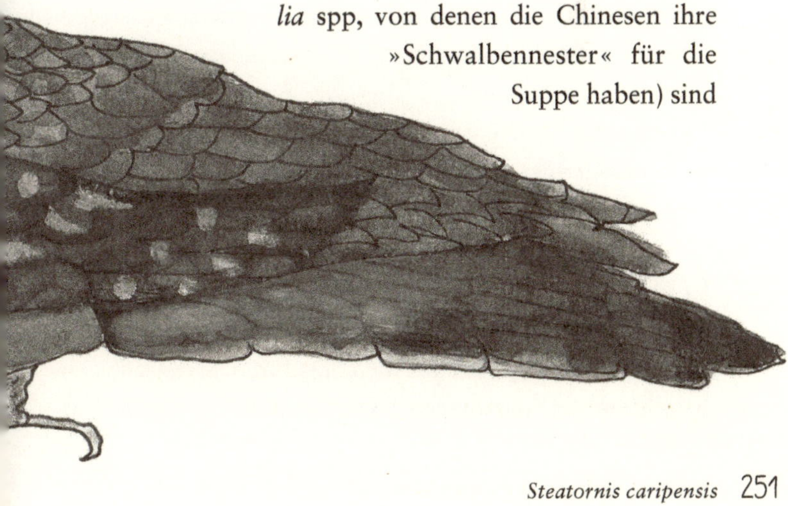

es die einzigen Vögel, die, wie die Fledermäuse, zur Echoortung fähig sind. Die Knackgeräusche, die man in den von Fettschwalmen bewohnten Höhlen hören kann, sind jene mit der Kehle (und nicht, wie man irrtümlich glaubte, mit dem Schnabel) erzeugten Laute, anhand deren Echo sich die Vögel behände in vollkommener Dunkelheit bewegen können. Der Frequenzbereich der ausgestoßenen Laute liegt zwischen 1 und 15 kHz (und somit oberhalb unserer Wahrnehmungsgrenze; es handelt sich nicht um Ultraschall). Das kleinste erkennbare Hindernis ist eine Scheibe von 20 Zentimetern Durchmesser. Nicht übel. Allerdings ist das System nicht so ausgefeilt wie bei den Fledermäusen. Aber Fettschwalme müssen schließlich auch keine Mücken fangen, sondern nur aufpassen, dass sie sich in der Höhle nicht den Kopf einschlagen. Das schließt natürlich nicht aus, dass das System im Lauf der Zeit noch verfeinert werden könnte, vorausgesetzt, die Art stirbt nicht aus. Als Dreingabe zu dem einwandfreien Orientierungssystem in der Dunkelheit verfügen Fettschwalme für ihre Suche nach den überwiegend würzigen Samen, von denen sie sich ernähren, auch über einen ausgeprägten und spezialisierten Geruchssinn.

Außer den Klicklauten, die sie ausstoßen, um das Echo zu empfangen, können die Fettschwalme ein großes Spektrum an weiteren Lauten erzeugen. Als eine in Kolonien lebende Art, deren Fortpflanzung und gesamtes Leben in der Dunkelheit stattfinden, müssen alle sozialen Interaktionen, wie kämpferische Rivalitäten oder Paarungsrituale, mittels Lauten geführt werden. Dadurch erweisen sich diese Vögel als eine äußerst lärmende Art. Die Laute klingen meist derart unheimlich, dass die Indios sich davon beeindrucken ließen und Alfred Hitchcock ein Ton-Team in die Cueva del Guacharo entsandte, um die Rufe der *Oilbirds* für seinen Film *Die Vögel* aufnehmen zu lassen.

VERDE QUE TE QUIERO VERDE

Prasinohaema virens

Wir sind es gewohnt zu glauben, alle Wirbeltiere müssten rotes Blut haben, da Hämoglobin, das mithilfe von Eisen den Sauerstoff transportiert, überall vorhanden ist. Infolge des roten Blutes sind normalerweise Muskeln, Haut und Schleimhaut rot oder rötlich. Es ist ein Erbe, das vom gemeinsamen Vorfahren der Wirbeltiere stammt und das wir alle teilen. Wie stets gibt es natürlich Ausnahmen von der Regel: Einige seltene Wirbeltiere haben grünes Blut und folglich auch grünes Gewebe.

Zu diesen Tieren gehört ein kleiner, erst vor wenigen Jahren entdeckter Frosch – *Chiromantis samkosensis* –, der in Kambodscha beheimatet ist, grünes Blut und ein blaues, durch die transparente Haut gut erkennbares Skelett hat. Auch einige Fische, wie *Clinocottus analis* (ich will lieber nicht wissen, weshalb der so heißt), haben grünblaues Blutplasma, und

der Hornhecht *(Belone belone)* hat durch das Biliverdin sogar ein grünes Skelett.

Neuguinea ist eine Insel, die für stets neue Überraschungen sorgt. Derzeit sind fünf Arten von Skinken mit grünem Blut bekannt. Sie gehören alle zur Gattung der *Prasinohaema,* was im Griechischen, welch Zufall, »grünes Blut« bedeutet: *P. virens* (grünlich), *P. flavipes* (mit gelben Füßen), *P. prehensicauda* (mit Greifschwanz), *P. parkeri* und *P. semoni*. Alle leben an der Westküste der Insel, in Papua-Neuguinea.

All diese Skinke, und insbesondere *P. virens,* haben schillernd grünes Blut, grüne Schleimhäute, grüne Muskeln, grüne Knochen, eine grüne Zunge, grüne Haut usw.... Sie haben sicher bereits verstanden, worum es geht. Würde er Eier legen, wären sie vermutlich ebenfalls grün, aber er ist ovovivipar, das heißt, die Jungen kommen lebend zur Welt. Woher kommt die grüne Farbe? Das Blut dieser Tiere enthält ganz normales Hämoglobin für den Sauerstofftransport, aber darüber hinaus auch einen Farbstoff, Biliverdin, der für die grüne Färbung sorgt. Dieser Farbstoff findet sich übrigens bei vielen Wirbeltieren und ist auch für das grüne Blut des kambodschanischen Frosches, für das blaugrüne Blutplasma einiger Fische, für das Blut der Larve des Tabakschwärmers *(Manduca sexta)*, für die grüne und blaue Flügelfarbe von Nachtfaltern und Schmetterlingen, für die bläulichen oder grünen Vogel- und Froscheier, für die bläuliche Plazenta von Hunden, für die grüne und gelbe Farbe von Blutergüssen sowie die fantastisch gelbe Haut- und Augenfarbe von Leuten mit Leberproblemen verantwortlich. Die gelbgrüne Farbe, die ich nach einer Gallenblasenentfernung

vor einigen Jahren aufwies, hätte jeden neuguineischen Skink vor Neid erblassen lassen.

Biliverdin entsteht aus Hämoglobin. Anders als bei Verkehrsampeln ist dieses Molekül rot, solange es seine Funktion erfüllt, und grün, sobald diese zum Erliegen kommt. Die roten Blutkörperchen bleiben rund 120 Tage in unserem Blut erhalten (bei Vögeln und Reptilien etwas länger, da sie dort den Zellkern bewahren). Wenn die roten Blutkörperchen zu alt sind, um ihre Aufgabe weiterhin zu erfüllen, werden sie von weißen Blutkörperchen, den sogenannten Makrophagen, verschlungen. Der Proteinanteil des Hämoglobins wird vollständig abgebaut, und das Eisen kehrt ins Blut zurück, um von dort in Speicherorgane transportiert zu werden, während sich die sogenannten Tetrapyrrolen, also die Moleküle, die das Eisen enthielten, durch eine Reihe chemischer Prozesse zunächst in Biliverdin und anschließend in Bilirubin verwandeln. Das Bilirubin wird zur Leber transportiert und an andere Substanzen gebunden. Von dort aus wird es entweder Teil der (nicht nur zufällig grünen) Galle oder gelangt in die Eingeweide, um für die Färbung der Fäkalien zu sorgen.

Dieser Vorgang vollzieht sich bei allen Wirbeltieren. Vögel haben darüber hinaus eine eigene Drüse, die Biliverdin erzeugt, um die Eier zwecks Tarnung zu färben.

Die Skinks der Gattung *Prasinohaema* haben dagegen gänzlich veränderte Stoffwechselwege. In ihren Körpern wird das Biliverdin nicht in Form von Bilirubin zur Leber transportiert, sondern gelangt in den Blutkreislauf, wo es toxische Konzentrationen annimmt, die jedes andere Wirbeltier das Leben kosten würden.

Wer bringt sie dazu? Es gibt diesbezüglich zwei verschiedene Thesen. Die eine besagt, dass der hohe Anteil an Biliverdin sie bitter und ungenießbar mache. Ein ahnungsloser Vogel würde es daher nach einer ersten Kostprobe vermeiden, diese kleinen (rund 3 g schweren) Reptilien zu fressen. Das Herausstrecken der grünen Zunge in einer Gefahrensituation sei außerdem eine Form der Abschreckung möglicher Feinde. Die zweite These ist faszinierender: Laut einer Studie von Austin und Perkins aus dem Jahr 2006 lässt der hohe Biliverdin-Anteil diese Tiere immun gegen Blutparasiten werden, und zwar insbesondere gegen das auch beim Menschen Malaria verursachende Protozoon *Plasmodium* sp. Wir Menschen haben, um gegen Malaria resistent zu werden, die Mittelmeeranämie (auch Thalassämie genannt) entwickelt. Der entsprechende genetische Defekt sorgt zwar für eine Veränderung des Hämoglobins und verhindert das Eindringen des Plasmodiums in die roten Blutkörperchen, doch wenn zwei Paare dieses Gens vorliegen, hat das tödliche Folgen. Die Skinks haben die eindeutig bessere Lösung gefunden: Nicht nur sind sie ohne die Nebenwirkung einer Anämie gegen Malaria resistent, sondern darüber hinaus auch noch ungenießbar für feindliche Räuber. Die einzige Nebenwirkung ist, dass sie aussehen wie Vulkanier. Sie sind, mit anderen Worten, perfekt für eine Diät geeignet: Sie schmecken (im wahrsten Sinne des Wortes) bitter wie Galle und gehören darüber hinaus zu den wenigen Reptilien, die keinerlei Fettpolster um ihre inneren Organe anlegen. Weshalb auch immer.

Diese kleinen Geschöpfe scheinen wahre Meister im Auffinden interessanter Lösungen für schwierige Probleme zu sein. Alle fünf grünen Skinks leben auf Bäumen. *P. prehensicauda* hat verrückterweise einen Greifschwanz wie die Opossums entwickelt, um sich an Zweige zu hängen. *P. virens* hat noch Besseres zu bieten: Ganz allein und ohne zuvor vorhandene Gene hat er Gecko-Füße mit seitlich angeordneten Schuppen (Lamellen) herausgebildet. Sie sind mit Härchen (Setae) bedeckt, die ihn befähigen, wenn er will, sogar an Glasscheiben hinaufzuklettern. Diese besondere Anpassung an ein Leben auf Bäumen hat sich mindestens drei Mal unabhängig voneinander entwickelt: bei den Geckos, bei den Anolis, kleinen amerikanischen Echsen, die wie die Geckos klettern, und bei einer einzigen Art von Skinks, unserem besagten *P. virens*. Die übrigen Skinke nutzen zum Klettern anderweitig modifizierte Füße, etwa in Form von Falten und Kämmen.

Schade, dass all die anderen biologischen Merkmale dieser Tiere so wenig erforscht sind. Man weiß praktisch nichts über ihr Verhalten, ihre Fortpflanzung, ihr Zusammenleben usw. Hoffentlich wird bald jemand all diese Fragen klären, bevor auch diese Art dem unaufhaltsamen »Fortschritt« des Menschen zum Opfer fällt, der unter anderem darin besteht, Wälder abzuholzen, in denen unglaubliche Tiere wie diese beheimatet sind.

LURCH À LA PETER PAN (MIT EINEM EINSCHLAG VON GOLLUM)

Der Grottenolm *Proteus anguinus*

Wir befinden uns in einem langen, dunklen Karsthöhlensystem, das sich in Gängen, schmalen Stollen und Schluchten über Hunderte von Kilometern unter den Bergen erstreckt. Stellen Sie sich vor, an die schwarzen Wasser eines stillen unterirdischen Sees zu gelangen. Die Stille ist nahezu vollkommen bis auf ein leichtes, kaum hörbares Platschen. Und plötzlich erkennen Sie in der kalten Dunkelheit, im Licht Ihrer Lampe, ein Geschöpf. Es ist weißlich, glitschig und schwimmt auf Sie zu.

Das ist es, was die Entdecker der Höhlen, in denen der Grottenolm beheimatet ist, erlebt haben müssen. Zum Glück besitzt dieses Tier keinen mächtigen Ring und fragt Sie nicht, wo sein Schatz geblieben ist, auch wenn es seit undenklichen Zeiten in diesen Höhlen lebt. In früheren Jahrhunderten glaubten die Slowenen, wenn nach einem Unwetter die Höhlen überflutet und die unterirdischen Geschöpfe ins Freie gespült wurden, allerdings weniger an Gollum als vielmehr daran, es mit neugeborenen, in den Tiefen der Höhlen lebenden Drachen zu tun zu haben. Und damit schienen sie gar nicht so unrecht zu haben.

Das fragliche Höhlensystem ist Teil jener Karstlandschaft, die sich zwischen Istrien, Dalmatien, Slowenien und Bosnien-Herzegowina entlang der östlichen Adriaküste erstreckt. Es folgt dem unterirdischen Flusslaufsystem des Timavo, des Isonzo und der Vipava, zwischen den Provinzen von Triest und Gorizia und den Grotten von Oliero (Valstagna) in der Provinz von Vicenza.

Das weißliche, entfernt an einen Drachen erinnernde Tier, das in diesen Höhlen lebt, gehört zu den Salamandern und verzichtet seit vielen tausend Jahren auf zwei für das Leben auf der Erdoberfläche grundlegende Elemente: auf Sonnenlicht und auf das Erwachsenwerden. Es gibt viele Tiere, die Tageslicht meiden und sich in die vollkommene Dunkelheit von Höhlen zurückziehen, um auf diese Weise einen sicheren Lebensraum zu haben. Bei diesem Prozess vollziehen sich an ihrem Körper entsprechende Veränderungen, mit denen sie sich der neuen Umwelt anpassen, etwa der Verlust von Pigmenten oder von funktionstüchtigen Augen. Daran ist soweit nichts Ungewöhnliches. Der Grottenolm hat darüber hinaus jedoch noch auf etwas anderes verzichtet, nämlich auf den Übergang zum Erwachsensein. Wobei ihn das nicht daran hindert, sich fortzupflanzen.

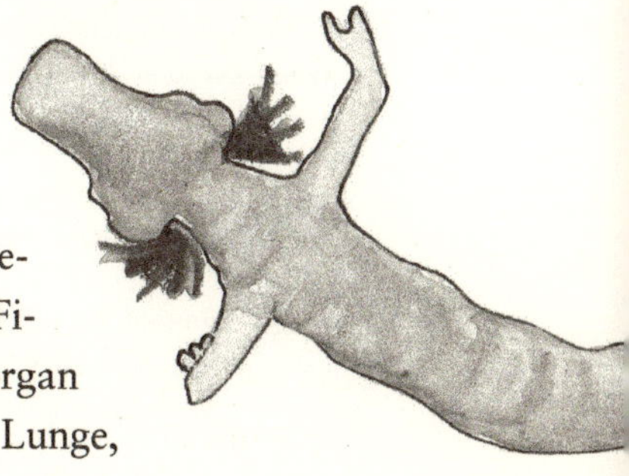

Fast alle Lurche durchlaufen einen Prozess der Metamorphose, bei dem sie sich von einer im Wasser lebenden Larve mit Kiemen, Flossen und dem (auch bei Fischen vorhandenen) Seitenlinienorgan zu einem erwachsenen Tier mit Lunge, ohne Flossen, dafür mit Augenlidern, kräftigen Beinen und einer dicken, für das Leben außerhalb des Wassers geeigneten Haut entwickeln. Der Übergang zum Erwachsenenstadium führt außerdem, mehr oder weniger schnell, zur Geschlechtsreife und somit zur Fortpflanzungsfähigkeit.

Der Grottenolm hat seine Entwicklung derart verlangsamt, dass er die Fähigkeit verloren hat, die Metamorphose zu vollziehen: Er bleibt sein gesamtes Leben lang im Juvenilstadium und somit im Wasser. Lediglich sein Fortpflanzungsapparat entwickelt sich normal, allerdings, wenn man so will, im Körper eines Kindes. Neotenie (so der Fachbegriff für das Fortbestehen kindlicher Eigenschaften bis ins fortpflanzungsfähige Alter*) ist kein außergewöhnliches Phänomen im Tierreich. Wir Menschen liefern ein großartiges Beispiel für Neotenie: Vor allem die Weib-

* Die hier beschriebene Neotenie ist ein bestimmter Aspekt eines allgemeineren Phänomens, der sogenannten *Pädomorphose*, also der Fortpflanzungsfähigkeit von Individuen mit jugendlichem Äußeren. Die Pädomorphose umfasst sowohl die Neotenie als auch das entgegengesetzte Phänomen, die *Progenese*, bei der es zu einem frühzeitigen Heranreifen der Geschlechtsdrüsen (Gonaden) in einem noch im Juvenilstadium befindlichen Organismus kommt. So sind beispielsweise die Grottenolme neotenisch, da sie, trotz ihres jugendlichen Aussehens, im Vergleich zu nicht-neotenischen Salamandern relativ spät geschlechtsreif werden. Einige Würmer sind dagegen bereits im Larvenstadium (als Zerkarien) zur Eiablage befähigt. In diesem Fall spricht man von *Progenese*. Im Zweifelsfall ist es jedoch sicherer, die allgemeine Bezeichnung *Pädogenese* zu verwenden. Laut einer Theorie sind wir Wirbeltiere nichts weiter als pädogenetische Manteltiere, denn die Larven von Manteltieren haben eine Chorda dorsalis, die erwachsenen Manteltiere, die obendrein sessil leben, dagegen nicht. Eines Tages seien die Manteltierlarven in der Lage gewesen, schwimmende Junge mit Schwänzen zu zeugen, und hätten auf diese Weise das sessile Stadium umgangen. Wenn das stimmen würde, hätten wir es bei den Grottenolmen mit Pädogenese zum Quadrat zu tun.

chen dieser Spezies behalten diverse kindliche Merkmale bei, wie etwa die helle Stimme, die kleine Nase und die spärliche Behaarung. Einige Hunde und Hauskatzen – wie der Chihuahua oder die Perserkatze – sind eben deshalb so gezüchtet worden, weil sie die kindlichen Merkmale aufweisen, die wir so mögen, etwa den im Verhältnis zum Körper extrem großen Kopf, die riesigen Augen, die kleinen weichen Ohren. Im Grunde sind es kleine neotenische Wölfe und Katzen.

Weltweit gibt es sieben Arten aus der Familie der Olme (Proteidae). Sechs davon leben in den Vereinigten Staaten, und nur einer, unser Grottenolm *(Proteus anguinus)* ist in Europa beheimatet. Alle sieben sind neotenische Salamander, aber nur der Grottenolm lebt in Höhlen. Der gemeinsame Vorfahre war ein Salamander von normalem Aussehen, der die übliche Metamorphose zum Erwachsenenstadium durchlief und im Mesozoikum, zu Zeiten der Dinosaurier, lebte. Damals war das Festland der Nordhalbkugel noch zum Superkontinent Laurasien verbunden, so dass sich dieser »Prototyp« frei verbreiten konnte.

Dass der Grottenolm in Höhlen lebt, hat nichts mit seiner Neotenie zu tun. Vor nicht allzu langer Zeit ist eine

Unterart, *Proteus anguinus parkeji*, entdeckt worden, die viele Ähnlichkeiten mit dem Höhlen bewohnenden Grottenolm aufweist. Allerdings ist dieses Tier weder blind, noch hat es blasse Haut, sondern es ist vielmehr dunkel pigmentiert, hat gut ausgebildete Augen, lebt außerhalb von Höhlen, ist gedrungener, hat einen großen Kopf, einen längeren Leib und kürzere Beine. Genanalysen zeigen, dass die beiden Olme zwar verwandt sind, aber seit dem oberen Miozän, also seit etwa 5 bis 10 Millionen Jahren, getrennte Abstammungslinien bilden. Allerdings vermutet man, dass der Rückzug in Höhlen und entsprechende Adaptationen des hellen Grottenolms nicht länger als 10 000 Jahre zurückliegen. Um das zeitliche Geflecht zu entwirren, sind genauere Analysen erforderlich. Da sie in hydrographisch getrennten Gewässern leben, weiß man nicht, ob die in Höhlen und die im Freien lebenden Grottenolme gemeinsam zeugungsfähig sind, deshalb gelten sie vorläufig als zwei Unterarten ein und derselben Art.

Übrigens sind Grottenolme eigentlich gar nicht vollständig weiß, sondern haben eine leicht rosa Tönung. Das liegt an dem Pigment Riboflavin, das sie aussehen lässt wie Engländer im Winter. Sind sie dem Sonnenlicht ausgesetzt, verfügen sie jedoch über Melanosomen, die Melanin synthetisieren können. Sie werden also braun wie wir. Diesem Merkmal verdanken sie den in Slowenien verwendeten Namen »Menschenfisch«. Der Grottenolm hat offenbar einige Sehprobleme. In der ewigen Dunkelheit einer Höhle, oder besser gesagt eines endlosen Labyrinths aus Höhlen und Gängen, nutzen ihm Augen nichts. Zwar beginnt die Entwicklung der Augen beim Embryo zunächst ganz normal, verlangsamt sich während des Larvendaseins jedoch, und die Degeneration wird rasch sichtbar: Die Augen bilden sich zurück und verschwinden in den ersten vier Monaten des Larvenstadiums unter der Kopfhaut. Die zurückgebildeten Strukturen bewahren jedoch noch einige Sehpigmente und eine gewisse Funktion, die sich aber auf die Unterscheidung von Hell und Dunkel beschränkt. Mehr bedarf es allerdings auch nicht, wenn man, mangels Sonnencreme mit Lichtschutzfaktor 50, direktes Sonnenlicht meiden und ohnehin lieber im Dunkeln leben möchte.

Die degenerierten Augen werden in ihrer Funktion durch die Zirbeldrüse unterstützt. Diese Drüse befindet sich oberhalb des Gehirns. Bei einigen Lurchen und Reptilien ist sie unmittelbar lichtempfindlich und bildet, da sie Sehpigmente enthält, ein regelrechtes »drittes Auge«. Sie produziert auch Hormone zur Regulierung des Biorhythmus, zur Pigmentierung der Haut, zur Metamorphose und zur Entwicklung der Geschlechtsdrüsen (Gonaden). Beim Grottenolm ist die Zirbeldrüse ziemlich klein, aber sie enthält das auf Rotlicht reagierende Pigment. Die Netzhaut der dunklen, nicht in Höhlen lebenden Variante des Grottenolms enthält Stäbchen und zwei Arten von Zäpfchen, eine für Rot und eine für Blau und Ultraviolett. Dasselbe gilt für die Netzhaut der Embryonen ihrer in den Höhlen lebenden Verwandten. Verschiedene Grottenolm-Populationen weisen eine unterschiedlich starke Degeneration der Augen auf, da sie sich in Abgeschiedenheit und ohne genetischen Austausch entwickelt haben. Jede Population hat also ihren eigenen Umgang mit dem Verlust des Augenlichts gefunden.

Um sich orientieren zu können, musste der Grottenolm somit alternative Sinnesorgane entwickeln. Entsprechende Experimente würden belegen, dass der Grottenolm in der Lage ist, die Magnetfelder der Erde wahrzunehmen. Untersuchungen mit dem Elektronenmikroskop belegen außerdem das Vorhandensein von Sinnesorganen, die den von einigen Fischen bekannten Lorentinischen Ampullen vergleichbar sind und die Wahrnehmung elektrischer Felder von Beutetieren ermöglichen. Darüber hinaus kann der Grottenolm, unterstützt durch das sogenannte Seitenlinienorgan, Geräusche im Wasser hören, verfügt außerdem über einen sehr feinen Geruchssinn und hat nicht nur auf der Zunge (für die Nahrung), sondern auch auf den gefiederten Kiemen Geschmackspapillen, mit denen er chemische Veränderungen im Wasser spüren kann.

Während es bei einigen neotenischen Salamandern zur spontanen Metamorphose kommt und andere, wie der Axolotl, diese nach der Gabe des Hormons Thyroxin vollziehen, lässt sich der Grottenolm durch nichts zu diesem Schritt bewegen. Ihm fehlen nicht nur die Drüsen zur Herstellung des die Metamorphose auslösenden Thyroxins, sondern auch die Zellrezeptoren für dieses Hormon, sodass in puncto Metamorphose bei diesem Tier nichts zu machen ist. Abgesehen davon wäre eine Metamorphose in Höhlen, die mindestens zwei Mal im Jahr vollkommen überflutet werden, evolutionärer Selbstmord, denn ohne die gefiederten Kiemen, die dem

Tier sein drachenartiges Aussehen verleihen, könnte es im Wasser nicht atmen.

All diese extremen Spezialisierungen dienen offenbar dem Überleben in einer Umgebung, in der es kaum Nahrung gibt und in der ewige Dunkelheit und Kälte (5° bis 10° C) herrschen. Der Grottenolm frisst Insektenlarven, Krebse und Weichtiere. Laborexperimente haben jedoch ergeben, dass er zehn Jahre lang ohne Nahrung auskommen kann und dabei keine Anzeichen von Stress zeigt. Das verdankt er einem unglaublich geringen Grundumsatz, der es ihm erlaubt, in Zeiten von Nahrungs- und Sauerstoffmangel zu überleben: Der Grottenolm ist der Energiesparer unter den Wirbeltieren, er »schaltet das Licht aus« oder verfällt besser gesagt in einen Zustand der Trägheit, wenn er nichts Besseres zu tun hat.

Der reduzierte Stoffwechsel begünstigt im Übrigen ein langes Leben, das 70 bis 100 Jahre dauern kann. Dafür sind allerdings nur wenige aktiv zur Fortpflanzung bereite Männchen unterwegs… vermutlich zum Leidwesen der Weibchen. Die Geschlechtsreife wird mit dem Überschreiten einer Körperlänge von 20 cm erreicht. Bei Männchen ist das etwa mit 11 Jahren, bei Weibchen mit 15 bis 17 Jahren der Fall. Ein Grottenolm kann bis zu 40 cm lang werden. Nicht schlecht für ein Tier mit einem derart reduzierten Stoffwechsel, das in Höhlen lebt, in denen ein geradezu katastrophaler Nahrungsmangel herrscht. Die Fortpflanzung erfolgt mittels Korrespondenz, wie das bei vielen Schwanzlurchen und bei manchen Second-Life-Spielern der Fall ist. Das Männchen vermeidet einen Kampf mit anderen Männchen, da es nicht über die entsprechenden

Energien verfügt, und beschränkt sich auf sichtbare Manifestationen. Es wird röter, wenn es verliebt ist, und sieht aus wie ein Engländer nach einem Wochenende in Spanien. Es umwirbt das Weibchen mit einem Hochzeitstanz und legt am Ende eine Spermatophore, also einen Spermien enthaltenden Beutel, ab. Wenn das Weibchen über die Spermatophore hinweg streift und diese aufnimmt, treten die Spermien in die Kloake ein, und es kommt zur Befruchtung. Über einen Zeitraum von dreißig Jahren legen die Weibchen etwa alle sechs Jahre rund hundert Eier unter Felsen und in Spalten ab. Die Larven ernähren sich in den ersten drei Monaten ausschließlich von ihrem Dottersack. Es ist die letzte sichere Mahlzeit ihres Lebens.

AUSSERIRDISCHE TEDDYS: DIE BÄRTIERCHEN

Tardigrada

Stellen Sie sich Geschöpfe vor, die Kälte fast bis zum absoluten Nullpunkt und Hitze bis 150 °C aushalten. Stellen Sie sich weiter vor, dass es diesen Tieren nicht einmal etwas ausmacht, in Alkohol gekocht zu werden, dass sie unempfindlich gegen viele giftige chemische Substanzen, gegen Sauerstoffmangel und extrem hohe Salzkonzentrationen sind. Setzen wir noch eins drauf und behaupten, sie würden sogar dem Vakuum und einem sechsmal stärkeren Druck als an der tiefsten Stelle der Meere standhalten. Behaupten wir noch dazu absurderweise, dass man sie einer Röntgenstrahlung aussetzen könnte, die mehr als tausendfach stärker ist als die Strahlung, die einen Menschen töten würde, also mindestens 570 000 Röntgen (während ein Mensch bereits bei 500 Röntgen stirbt). Genügt Ihnen das nicht? Nehmen wir außerdem an, dass diese Tiere nicht etwa grauenhafte Monster sind, sondern vielmehr niedliche Geschöpfe, die aussehen wie Teddybären und einem Kinderbuch entsprungen sein könnten.

Wäre ich Science-Fiction-Autorin, würden Sie erwidern, dass es solche Geschöpfe nicht geben kann. Wäre ich Science-Fiction-Autorin, würde ich mir trotz allem ausmalen, dass diese Supergeschöpfe sich frei im Raum bewegen und von Planet zu Planet gelangen könnten, um das Leben dorthin zu bringen. Schließlich bringen sie ja die Voraussetzung mit, sowohl das Vakuum als auch den absoluten Nullpunkt zu überdauern. Wäre ich eine Science-Ficiton-Autorin, würde mich niemand ernst nehmen. Aber ich schreibe lediglich Bücher über Zoologie, und das Problem ist, dass diese Tiere, die in einem Science-Fiction-Roman als absurd abgetan würden, tatsächlich existieren. Sie nennen sich Bärtierchen, und sie ähneln praktisch keinem anderen Lebewesen auf dieser Erde. Um sie zu klassifizieren, hat man daher einen eigenen Stamm für sie eingeführt: die *Tardigrada*.

Woher stammen die Bärtierchen? Es gibt eine alte, aber wenig ausgereifte Theorie, die sich *Panspermie* nennt. Laut dieser Theorie hat das Leben auf der Erde nicht von selbst begonnen, sondern ist durch einen Meteoriten hierhergelangt. So faszinierend dieser Gedanke auch sein mag, und sosehr sich die Bärtierchen auch bemühen, uns das glauben zu machen, gibt es doch keine Beweise oder untermauernde Belege für diese Hypothese. Wir müssen also auf den Boden der Tatsachen zurückkehren und versuchen, das Rätsel mit den uns zur Verfügung stehenden Möglichkeiten zu lösen.

Die ältesten uns bekannten fossilen Bärtierchen stammen aus der Kreide. Diese drei in Bernstein eingeschlossenen Exemplare sind 90 Millionen Jahre alt. Da auch Paläontologen sich gern mal einen Spaß erlauben, haben sie eine dieser drei Bärtierchen-Arten *Beorn leggi** genannt. Alle drei

* Beorn ist der Bären-Mensch aus J. R. R. Tolkins Roman *Der kleine Hobbit*.

sind den heute lebenden Bärtierchen anatomisch sehr ähnlich. Aus der Zeit davor gibt es praktisch nichts. Das liegt nicht etwa daran, dass die Bärtierchen in der Kreidezeit auf einem Meteoriten eingeflogen kamen – wenn es einen solchen Meteoriten gab, kam er später und hat nicht etwa neues Leben gebracht, sondern im Gegenteil vorhandenes vernichtet. Vielmehr liegt es daran, dass Bärtierchen winzig klein sind. Ihre Größe variiert zwischen 0,1 mm und – für die Grizzlys unter ihnen, die zur Gattung der Macrobiotus gehören – bis zu 1,5 mm. Sie leben im Wasser oder in feuchten Wäldern und sind relativ weich. Es ist daher nicht gerade wahrscheinlich, dass sie versteinern, und noch unwahrscheinlicher, eine entsprechende Versteinerung zu finden. Die Bärtierchen haben sich in den letzten 60 Millionen Jahren mit Sicherheit kaum oder gar nicht verändert, und die Fossilien verraten uns nichts über ihre Evolution. Dennoch gibt es in den dünnen Tonschichten des Burgess-Schiefers, die aus dem Kambrium stammen und 500 Millionen Jahre alt sind, interessante Fossilien. Damals gab es

nur Meerestiere, und sie waren ganz andersartig als die heutigen Lebewesen. Bei manchen Versteinerungen lässt sich jedoch deutlich erkennen, dass es sich um Vorfahren von heute noch lebenden Organismen handelt: So gilt beispielsweise *Pikaia gracilens* als ein möglicher Vorfahre von uns Wirbeltieren. Andere Tiere, wie *Marrella* oder *Nectocaris,* haben seltsame und fragwürdige Formen. Es ist durchaus denkbar, dass sie ausgestorben sind, ohne direkte Nachkommen hinterlassen zu haben. Eines dieser Fossilien aus dem Burgess-Schiefer, *Aysheaia,* ist mit Sicherheit ein Vorfahre eines weiteren bemerkenswerten Stammes: der Stummelfüßer. Aufgrund verschiedener anatomischer Ähnlichkeiten könnte man denken, es handle sich dabei um einen Verwandten unserer Bärtierchen. Molekularanalysen haben diesbezüglich für Klarheit gesorgt (man will sich ja schließlich keinen Bären aufbinden lassen) und die Bärtierchen als Schwestertaxon der Stummelfüßer sowie der Gliederfüßer, also jenes großen Stammes, bestimmt, zu dem die Insekten, Krebse und Tausendfüßer zählen. Es sind somit keine außerirdischen Geschöpfe, aber sicher sehr alte Tiere, deren Ursprünge bis in das Präkambrium vor mehr als einer halben Milliarde Jahre zurückreichen, in eine Zeit, als die Unterschiede zwischen Gliederfüßern, Trilobiten, Stummelfüßern und den Vorfahren der Bärtierchen noch nicht klar definiert waren. Lassen wir also die Science-Fiction-Hypothese endgültig fallen und schauen wir einmal genauer, was die Bärtierchen so treiben und was die zugegebenermaßen nicht allzu subtilen Anspielungen auf Bären damit zu tun haben.

Bärtierchen sind in mehr oder weniger allen denkbaren

Lebensräumen beheimatet, von Polen bis zum Äquator, vom Himalaya bis in die Tiefen der Ozeane. Sie brauchen lediglich ein wenig Wasser, egal ob Süß- oder Salzwasser. Die auf dem Land lebenden Formen bevorzugen feuchtes Ambiente wie Moos, Flechten, Laubböden oder überschwemmte Felder, die im Meer lebenden Tiere mögen dagegen sandiges Wattsediment, passen sich aber praktisch allem an. In diesem Zusammenhang gibt es eine tragischkomische Geschichte. Bis vor einiger Zeit existierten drei Klassen von Bärtierchen: die Eutardigrada, die Heterotardigrada und die Mesotardigrada. Während die ersten beiden durch mindestens 800 bekannte und möglicherweise Tausende unbekannter Arten vertreten sind, hatten die armen Mesotardigrada nur eine einzige Art, *Thermozodium esakii,* zu verzeichnen. Diese lebte zumindest bis 1937 in einer warmen Karstquelle in Japan, in der Nähe von Nagasaki. Ein Erdbeben brachte den Tümpel zum Verschwinden und mit ihm eine ganze Klasse von Bärtierchen, die möglicherweise bereits seit mehreren hundert Millionen Jahren dort gelebt hatten. Offenbar halten die Bärtierchen zwar vielen Naturkräften, einschließlich Strahlung, stand, aber sie sind nicht unsterblich. So gibt es heute nur noch zwei Klassen dieser Tiere.

Die Körper der Bärtierchen sind zylindrisch, gedrungen und etwas mollig, mit acht fleischigen Beinchen ohne Gelenke, auf jeder Seite vier. Am Ende jedes Beinchens sitzen vier bis acht wie bei Katzen einziehbare Krallen oder aber Haftscheiben. Die Beinchen der im Meer lebenden Bärtierchen sind teleskopartig ausfahrbar. Der kleine Kopf hat keinen Hals und sitzt direkt am Körper. Er ist mit zwei primitiven Augen und einem Mund mit zwei spitzen Stiletten versehen. Die Tiere laufen auf drollige, an Bären erinnernde Art, was ihnen im Englischen den Namen *Water bears* (Wasserbären) eingebracht hat. Außerdem sind sie niedlich wie die Teddybären (weshalb es auch in anderen Sprachen zu zahlreichen Anspielungen auf Bärchen kommt). Der wissenschaftliche Name, *Tardigrada,* stammt von Lazzaro Spallanzani und bedeutet so viel wie »der langsam Schreitende«. Beim Laufen bewegt das Tier die ersten drei Beinpaare zum Vorwärtskommen, während das letzte Beinpaar als Rückwärtsgang und Handbremse dient, da die Klauen bzw. Haftscheiben genau entgegengesetzt zu den anderen Beinchen ausgerichtet sind. Die Beinchen strecken sich dank des hydrostatischen Drucks der in der Leibeshöhle vorhandenen Flüssigkeit. Aber über die Beschaffenheit dieser Leibeshöhle, die für die Klassifikation eine große Rolle spielt, herrscht wenig Klarheit. Das lässt die Bärtierchen geheimnisvoll erscheinen.

Sie sind von einem wasserdurchlässigen Exoskelett, der Cuticula, umgeben, die den Gasaustausch ermöglicht und,

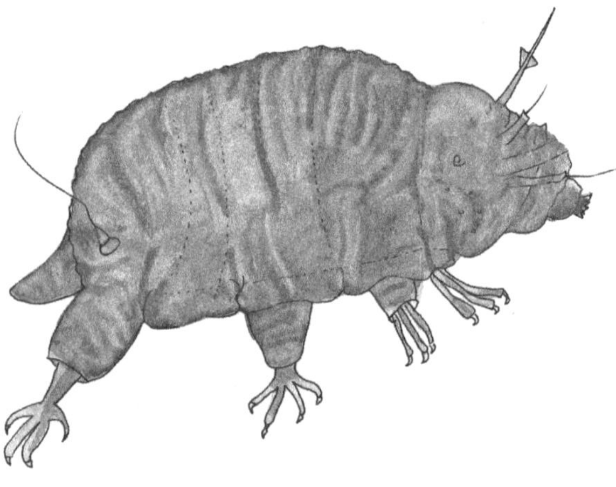

angesichts der geringen Größe der Tiere, einen Atmungsapparat sowie ein Kreislaufsystem überflüssig macht. Da die Cuticula zwar dünn, aber eher starr ist, wird sie während der Verpuppung, wie bei den Gliederfüßern, ständig erneuert. Bisweilen ist sie schuppenartig verdickt, so dass das Bärtierchen eher an ein kleines Gürteltier als an einen Bären erinnert. Die Cuticula kann auch mit Stacheln oder kleinen Buckeln versehen sein. Der größte Teil der Gewebe und Organe hat, wie bei den Fadenwürmern, eine genetisch festgelegte, für alle Individuen gleiche Anzahl von Zellen. Dieses Merkmal fand ich schon immer etwas beunruhigend*. Der Verdauungsapparat ist ziemlich komplex: Zwei Mundstilette durchbohren die (je nach Art tierische oder pflanzliche) Nahrung, und ein dreilappiger muskulärer Schlund (Pharynx) saugt die Flüssigkeit aus. Von dort gelangt die Nahrung in einen vollständigen Verdauungstrakt, der das gesamte Tier durchläuft. Auch das Gehirn ist dreilappig. Viele Bärtierchen sind getrenntgeschlechtlich, aber es gibt auch hermaphrodite oder durch Parthenogenese sich fortpflanzende Arten. Bei den auf dem Festland lebenden Arten kommt es zu interner Befruchtung, wobei die Eier in der Regel während des Paarungsaktes der beiden Geschlechter befruchtet werden. Bei den im Meer beheimateten Arten erfolgt die Befruchtung dagegen auf ganz besondere Weise: Das Weibchen häutet sich und lässt dabei ein paar Eier im alten Exoskelett zurück. Das Männchen

* Hätten auch wir Menschen eine feststehende Anzahl von Zellen, würden wir zwar keine Tumore mehr bekommen, aber wir wären auch alle mehr oder weniger gleich groß, und es gäbe viel weniger Unterschiede im Aussehen, vielleicht sogar im Verhalten.

befruchtet daraufhin das Exoskelett, indem es ein paar Spermien hineinspritzt. Es muss ein bisschen so sein wie Sex mit der Gummipuppe, aber die Tiere geben sich damit zufrieden. Die auf diese Weise befruchteten Eier sind durch die alte Hülle (Exuvie) geschützt und verteilen sich nicht im Wasser. Nach ein paar Wochen schlüpfen winzige Bärchen. Da die Anzahl der Zellen festgelegt und unveränderlich ist, verändert sich beim Wachstum lediglich die Größe der einzelnen Zellen, nicht jedoch deren Zahl.

Bärtierchen sind in der Lage, so extremen Bedingungen standzuhalten, weil sie sich in einen Zustand der Leblosigkeit, die sogenannte Kryptobiose, versetzen können, während derer der Stoffwechsel nahezu vollständig zum Erliegen kommt. Um in diesen Zustand zu gelangen, bedarf es einer Vorbereitungsphase, bei der 99 % des Wassers eliminiert und im Organismus Trehalose (ein Zucker) sowie Glycerin angereichert werden, um die Bildung von Eiskristallen zu vermeiden. Bärtierchen im Zustand der Kryptobiose werden (in Anspielung auf die Form) auch »Tönnchen« genannt und können, soweit man weiß, ein ganzes Jahrhundert überdauern. Gemessen an ihrer Größe sind Bärtierchen regelrechte Methusalems: Die auf dem Festland lebenden Arten erreichen im Schnitt eine Lebensdauer von zehn Jahren. Das Geheimnis ihrer Langlebigkeit liegt in einem Wechsel aus aktiven Perioden und Zeiten der Kryptobiose. Die in den Meeren beheimateten Bärtierchen können nicht austrocknen und in Krytobiose verfallen. Sie sind praktisch dauernd aktiv und leben 3 bis 30 Monate, was für ein Tierchen von einem halben Millimeter Länge schon recht ordentlich ist. Wie sich der Mechanismus der

Kryptobiose entwickelt hat – der übrigens eine hervorragende Präadaptation für Reisen durch den Weltraum darstellt –, ist nicht geklärt. Aber um neue Hypothesen über außerirdische Verschwörungen abzuwenden, sei angemerkt, dass auch die Schlauchwürmer (Aschelminthes) zur Kryptobiose befähigt sind, wenn auch in nicht ganz so perfekter Form wie die Bärtierchen. Der Grund, weshalb Bärtierchen in Kryptobiose verfallen, liegt jedenfalls auf der Hand: Auf diese Weise sind sie in allen Situationen, in denen Wasser- oder Sauerstoffmangel herrscht, bei extremen Temperaturschwankungen oder bei erhöhten Salzkonzentrationen geschützt. Die Kryptobiose hilft auch bei der Verbreitung der Art, denn die Tönnchen lassen sich vom Wind leicht davontragen.

Es dauert jedoch einige Zeit, um in Kryptobiose zu fallen. Währenddessen sind die Bärtierchen verletzlich, wenn sich etwa derart drastische Dinge wie das oben erwähnte Erdbeben ereignen, obendrein reagieren sie empfindlich auf Ultraviolettstrahlung. Dennoch hat man einige von ihnen in der oberen Erdatmosphäre treibend gefunden, während sie sich vielleicht auf der Suche nach anderen Formen des Lebens und der Zivilisation befanden und zu Orten aufgebrochen waren, an denen kein Bärtierchen je zuvor gewesen ist.

GLATT WIE DIE SCHLEIMAALE

Myxine glutinosa

Schleimaale zeichnen sich seit undenkbaren Zeiten durch eine derartige Vielzahl besonderer Adaptationen aus, dass ihnen ein Ehrenplatz in diesem Kapitel gebührt. Ich kann mich jedoch daran erinnern, während meiner Vorbereitungen auf das Universitätsexamen in allgemeiner Zoologie Bücher konsultiert zu haben, in denen im Zusammenhang mit Schleimaalen Sätze wie die folgenden zu lesen waren:

Die Klasse der Cyclostomata umfasst insgesamt rund fünfzig Arten, zu denen die im Meer oder Süßwasser lebenden Neunaugen (Ordnung der Petromyzontiformes) sowie die nur im Meer oder Salzwasser beheimateten Schleimaale und Bdellostama (Ordnung der Myxiniformes) zählen. Die Cyclostomata gehören zusammen mit den ausgestorbenen Ostracodermata zur Überklasse der Agnatha, die alle primitiven kieferlosen Wasserwirbeltiere umfasst.*

* Diese Passage ist – nicht etwa zufällig – dem Online-Skript einer Zoologie-Vorlesung an einer italienischen Universität entnommen.

Dem wurde kaum etwas hinzugefügt, außer bestenfalls ein paar Details zur Anatomie oder Phylogenese. Schleimaale sind offenbar nicht interessant genug, um mehr als nur beiläufig erwähnt zu werden. Schade, dass diese Tiere sogar unter Zoologen so wenig Beachtung finden. In meinen Augen vereinen sie derart viele Absonderlichkeiten, dass man ganze Abhandlungen über sie schreiben könnte. Die rund 60 existierenden Arten von Schleimaalen (Myxinoidea) sind in oft seltsamer und nicht immer schmeichelhafter Weise als »Wirbelwürmer«, »Meeresmaden«, »Vorfahren der Fische« oder »lebende Fossilien« bezeichnet worden. Linné, der den im Atlantik lebenden Schleimaal untersuchte und ihn *Myxine glutinosa* nannte, klassifizierte dieses Tier in der zehnten Ausgabe seines *Systema Naturae* (1758) aufgrund des Aussehens als Wurm. Er erkannte also nicht die Verwandtschaft zu den Wirbeltieren.

Ökologisch gesehen haben die Schleimaale dieselbe Nische besetzt wie die Larven der Fleischfliege, also die Maden, auf dem Festland. Sie fressen innerhalb kürzester Zeit tote oder verendende Tiere und halten auf diese Weise ihre Umgebung rein und in olfaktorisch akzeptablem Zustand. Sie sind eklig, aber nützlich. Sie dringen durch die Kiemen der Fische ein, und sobald diese aufhören, sich zu bewegen, bahnen sie sich ihren Weg ins Innere, um zunächst die Leber aufzufressen und von dort aus fortzufahren, bis nur noch eine leere Hülle übrig

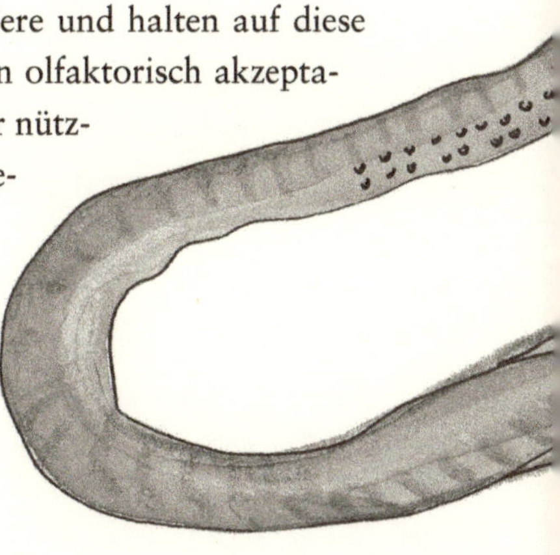

bleibt. Zu ihrer Nahrung gehören auch Wirbellose und Meeressäuger. In einem toten Wal können sich Dutzende dieser Tiere befinden. Atlantikfischer wissen, dass man bisweilen einen vollkommen ausgehöhlten Köderfisch mit einem Schleimaal im Inneren hinaufziehen kann. Schleimaale leben meist am Meeresboden, in Tiefen, die je nach Art variieren. Da sie in Gefangenschaft nicht lange überleben, ist es nicht einfach, ihr Verhalten zu erforschen.

Phylogenetisch ist ihre Stellung ein wenig kompliziert und ihr Verwandtschaftsgrad zu den übrigen Kieferlosen (Neunaugen) noch nicht eindeutig bestimmt. Die DNA-Analysen helfen nicht weiter, denn verschiedene Autoren scheinen sich gegenseitig zu widersprechen. Manche vertreten die Auffassung, dass alle Kieferlosen miteinander verwandt seien (Neunaugen und Schleimaale somit zusammen eine von den übrigen Wirbeltieren unterschiedene Gruppe bilden würden). Andere glauben, die Schleimaale hätten sich als erste von der Entwicklungslinie abgespalten, die zu den modernen Fischen geführt hat. Somit wären sie also nur ein Nebenzweig der Wirbel-

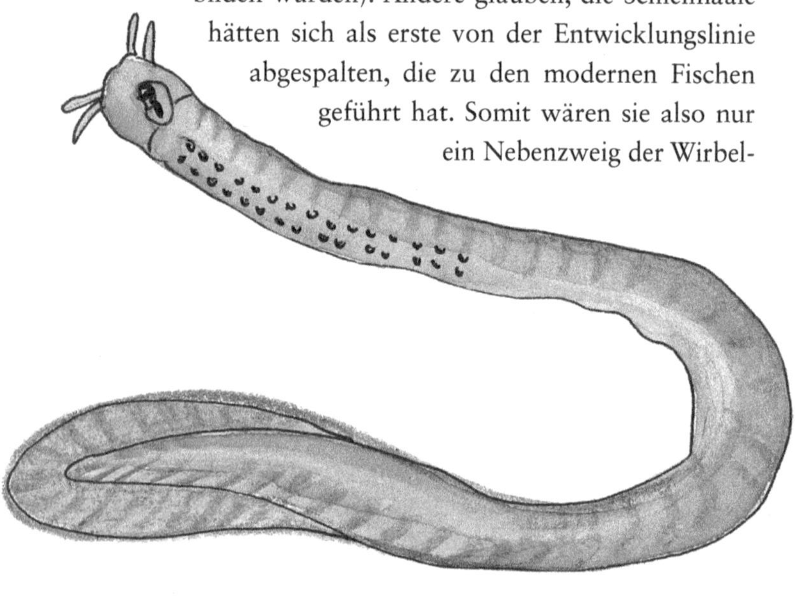

tiere, mit denen sie einen gemeinsamen Vorfahren hätten. Wir Landwirbeltiere haben sicherlich einen gemeinsamen Vorfahren mit den Knochenfischen, und diese haben wiederum einen gemeinsamen Vorfahren mit den Neunaugen. Unklar bleibt, ob sich unser kieferloser Vorfahre vor oder nach dem Vorfahren des Schleimaals abgespalten hat, ob also Schleimaale unsere Großcousins oder sehr viel entferntere Verwandte sind. Die Frage mag müßig erscheinen, aber das täuscht, denn die Rekonstruktion der Entwicklung des Lebens auf der Erde und des Zeitpunktes, an dem sich verschiedene Gruppen von Tieren abgespalten haben, ist eine der großen Fragen, auf die Biologen seit jeher Antworten suchen.

Nebenbei bemerkt ist es vollkommen inkorrekt zu sagen, Schleimaale seien die »am wenigsten entwickelten Wirbeltiere«, wie es in einer damals von mir besuchten Vorlesung hieß. Die Tatsache, dass sie sich unabhängig von den übrigen Wirbeltieren entwickelt haben, bedeutet nicht, dass ihre Evolution im Karbon stehen geblieben ist: Sie haben es eben deshalb bis in unsere Zeit geschafft, weil es ihnen gelungen ist, sich anzupassen, der natürlichen Selektion zu trotzen und sich weiterzuentwickeln.

Zoologisch vereinen die Schleimaale eine Reihe von Absonderlichkeiten, die sie zu einem Auftritt in einer von P. T. Barnums Zirkus-Shows befähigen würden. So fragt man sich zum Beispiel, wie sie fressen, wo sie doch keinen sich auf und ab bewegenden Kiefer haben. Aus der Nähe betrachtet wirkt ihr Maul wie eine Mischung aus einem Alien und einem Wurm des Wüstenplaneten *Dune*. Die (zahlreichen) Zähne bewegen sich horizontal. Die Bewegung wird durch die Zunge gesteuert, die ihrerseits, wie eine Raspel, mit Zähnen versehen ist und einen Pumpmechanismus in Gang setzt, um die zerkleinerte Nahrung aufzusaugen. Auch am Gaumen sitzt ein Zahn. Gruselig.

Der Geruchssinn, der zur Auffindung der Nahrung dient, ist stark ausgeprägt. Doch sehr viel mehr gibt es nicht. Es fehlen sowohl der Gesichtssinn (die zurückgebildeten Augen sind von Haut überwachsen) als auch das Seitenlinienorgan sowie zwei von drei Bogengängen (die bei Fischen für das Gleichgewicht verantwortlich sind), außerdem das Kleinhirn*, eines der beiden Nasenlöcher, die paarigen Flossen**, der Magen, die Wirbel***, der Schädelkasten (das Gehirn wird nur durch eine Membran geschützt), der Sympathikus (also das sympathische Nervensystem), die Genitalwege und die Pigmentierung der Haut. Die Nierenkanälchen (Tubuli) sind rudimentär, die Beutelkiemen haben eine einzige einfache Öffnung (es fehlt das Operculum). Die Vorstellung, dass sie nur entfernte Verwandte sind, ist beruhigend. Von diesen nicht vorhandenen Merkmalen fehlen einige primär, das heißt, dass auch ein gemeinsamer Vorfahre sie nie besessen hat, wie etwa die Wirbel. Andere fehlen dagegen sekundär, sind also Anpassungen dieser Tiere an das Leben am Grunde von Gewässern. Was überflüssig war, etwa der Gesichtssinn, hat sich zurückgebildet.

* An dieser Stelle ist Zweifel legitim: Wie können sie ein Gleichgewichtsgefühl haben und oben und unten unterscheiden?

** Sie schwimmen mit einem Flossensaum, einer ungefiederten Hautfalte, die ventral um den Schwanz verläuft.

*** Es sind zwar Chordatiere, aber eigentlich keine Wirbeltiere, denn die knorpelige Rückensaite (Chorda dorsalis) besteht aus einem Stück und ist nicht in Wirbel gegliedert.

Die vorhandenen Organe sind dagegen ziemlich ausgefallen und weisen sowohl physiologisch als auch anatomisch große Unterschiede zu den übrigen Wirbeltieren auf. So hat beispielsweise die Leber eine gänzlich andere Drüsenstruktur als bei uns Wirbeltieren, und die riesige Gallenblase enthält Alkohol (Myxinol Disulphat) statt Gallensäure.

Das Blut enthält keine Antikörperchen. Um sich gegen Erreger zu schützen, müssen Schleimaale auf Komplemente, also auf eine Gruppe von Proteinen, zurückgreifen, die für uns lediglich eine Hilfsfunktion erfüllen. Hämoglobin und Gewebe sind aufgrund von Sauerstoffmangel verändert. Wie wir bereits im Zusammenhang mit den Vampirtintenfischen gesehen haben, sind die tiefen Regionen der Meere ziemlich sauerstoffarm. Dem Nervensystem fehlt es darüber hinaus vollständig an Myelin.

Dafür haben die Schleimaale etwas anderes, nämlich kurze, als Sinnesorgane dienende Tentakeln, die ihnen zur Orientierung und Nahrungsfindung dienen (insgesamt sechs, zwei am Maul und vier rings um das einzige Nasenloch), und außerdem Schleim: Die schleimige Substanz wird von an den Seiten angeordneten Hautdrüsen (Schleimzellen) abgesondert. In Verbindung mit Wasser bekommt sie eine gallertartige Konsistenz, die das Tier zum einen vor Feinden schützt und es ihm zum anderen erlaubt, ohne Reibungswiderstand in tote Fische einzudringen. Außerdem hält der Schleim andere Tiere davon ab, den vom Schleimaal ausgewählten Fisch zu fressen. Es ist etwa so, als würde man aufs Essen spucken, um es für andere ungenießbar zu machen. Fühlt sich ein Schleimaal der

Art *Myxine glutinosa* bedroht, kann er in einer einzigen Nacht einen ganzen Eimer mit Schleim füllen.

Die Fortpflanzung (getrenntgeschlechtlich) bleibt ein Geheimnis. Die Hoden des Männchens sind verhältnismäßig klein und enthalten kaum Spermien. Bei vielen Arten, unter anderem bei *M. glutinosa*, gibt es viel mehr Weibchen als Männchen. Man nimmt an, dass die Befruchtung intern erfolgt, aber es gibt keine Spur eines Penis. Solange es also nicht gelingt, die Tiere bei der Paarung zu beobachten, bleibt das Ganze mysteriös, oder es stellt sich gar heraus, dass sich die Weibchen selbst befruchten (Parthenogenese). Immerhin wissen wir, dass nach der wie auch immer erfolgenden Befruchtung rund dreißig sehr große Eier (2,5 mm) mit fester Schale abgelegt und am Boden verankert werden. Aus den Eiern schlüpfen vermutlich Miniaturkopien der erwachsenen Tiere, denn Larvenstadien wie bei den Neunaugen sind nie beobachtet worden. Viel mehr ist diesbezüglich nicht bekannt. In den letzten dreihundert Jahren hat man nur sehr wenige Embryonen zu Gesicht bekommen und untersucht.

Gastronomisch betrachtet sind Schleimaale, trotz ihrer Ähnlichkeit zu den blassen und bärtigen Aalen, von eher gummiartiger Konsistenz. Außerdem riechen sie nach Tran. Sie werden nur im Fernen Osten verzehrt (aber da isst man ja auch Sushi). Es folgen ein paar kulinarische Hinweise zu den Schleimaalen:*

* Sie wurden mir freundlicherweise von Dr. Bernardo Marchetti zur Verfügung gestellt (der sie aus dem Japanischen übersetzt hat).

Besonders beliebt sind Schleimaale in der Gegend der koreanischen Grafschaft Gijang im Einzugsgebiet von Busan, der größten Hafenstadt Südkoreas. Ursprünglich wurde der Schleimaal wegen seines Äußeren bei Hof gemieden, wo man Wakame-Algen, Sardellen und dem Degenfisch den Vorzug gab. Beim Volk galt der Schleimaal dagegen als unverzichtbar: Es hieß, ein gegrillter Schleimaal genüge, um zu vergessen, was Hunger sei.

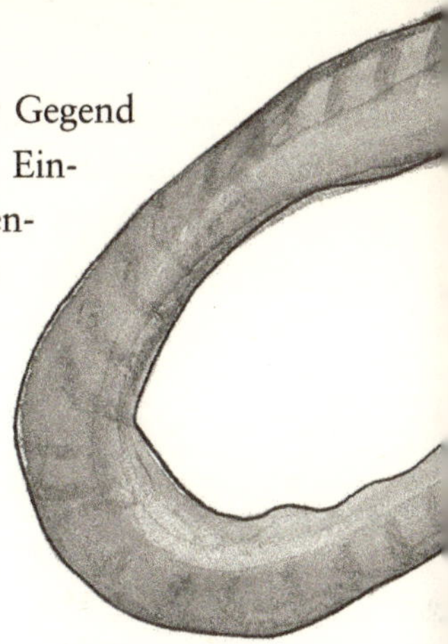

Auf dem Jagalchi-Markt in Busan ist ein ganzer Gang allein dem Verkauf von Schleimaalen vorbehalten. Seit den 1960er Jahren ist es in Mode gekommen, sie als Snack zu alkoholischen Getränken zu reichen. Es ist daher nicht verwunderlich, dass viele Menschen sie in den dortigen Bars konsumieren. Dennoch findet der Fisch in der Hauptstadt Seoul weder bei der einfachen Bevölkerung noch in den reicheren Schichten sonderliche Beachtung.

Es gibt verschiedenste Arten der Zubereitung: Meist wird er entweder auf Spreu oder Kiefernnadeln gegrillt, in der Pfanne gebraten oder in der Glut gebacken. Der auf Spreu gegrillte Schleimaal von Gijang ist besonders wohlschmeckend. Er wird auf die trockene brennende Spreu gelegt und geröstet. Auf den ersten Blick wirkt er wie verkohlt, aber wenn man die Haut entfernt, kommt überraschenderweise ein weißer, zarter und trockener Körper zum Vorschein. Mit ein wenig Salz und Sesamöl lässt sich der Geschmack noch verbessern: eine Delikatesse, auf die Liebhaber nicht verzichten mögen.

Japaner sind dagegen wenig vertraut mit dem Schleimaal. Im Japanischen wird er Mekuraunagi (blinder Aal) genannt. Manche werden durch den leicht modrigen Geruch abgeschreckt, aber wer ihn probiert, ist von dem köstlichen Geschmack überrascht.

HIHI

Notiomystis cincta

Der Hihi *(Notiomystis cincta)* ist ein ausschließlich in Neuseeland beheimateter Sperlingsvogel. Er ist recht hübsch und bunt, aber für einen nicht auf Vögel spezialisierten zufälligen Beobachter eher unauffällig. Dennoch zeichnen diesen Vogel einige Merkmale aus, die ihn weltweit einzigartig erscheinen lassen, auch wenn er weder spricht wie der Tui, noch so ein Pechvogel ist wie der Kiwi noch wie der ebenfalls in jenem entfernten Land lebende Kakapo durch Douglas Adams bekannt geworden ist.

Vorweg sei bemerkt, dass der Hihi nahezu ausgestorben ist. Es gibt nur noch rund 2000 Exemplare, die sich auf drei kleine Inseln vor der Küste Neuseelands und zwei Reservate der Nordinsel verteilen. Die Art überlebt vor allem dank eines intensiven Vermehrungs-, Wiedereinführungs- und Verbreitungsprogramms, das bereits seit hundert Jahren existiert. Die letzte Population von Hihis hatte auf einer kleinen, vor der Nordinsel gelegenen Insel namens Little Barried Island überlebt. Alle anderen Hihis waren den durch europäische Siedler eingeführten, bekannten Räubern (Ratten, Katzen, Hunden, Mauswieseln usw.) zum Opfer gefallen. Da sich die Hihis ohne feindliche Säugetiere entwickelt hatten, waren sie vollkommen unfähig, ihre Nester zu verteidigen.

Hihis leben im Allgemeinen als Paare. Männchen und Weibchen bauen sich ihr Nest in einer Baumhöhle, und beide Tiere kümmern sich um die Jungen. Interessanterweise stammen 35 % der Jungen nicht von dem männlichen Partner, sondern wurden von einem Nachbarn gezeugt: vom Milchmann, dem Klempner oder irgendeinem männlichen Wesen aus dem Viertel also, egal ob Single oder selbst in Partnerschaft lebend. Dieses Merkmal teilen die Hihis mit anderen uns bekannten Vögeln wie den Meisen.

Wenn Sie nun glauben, das Hihi-Weibchen sei ein wenig nymphoman veranlagt, irren Sie sich gewaltig. Von sich aus wäre die Ärmste tugendhaft und treu, aber sobald sie das Gebiet ihres Partners verlässt und in das eines anderen Männchens eindringt, wird sie überfallen, zu Boden geworfen, auf den Rücken gedreht und vergewaltigt. Ja, Sie haben ganz richtig gelesen, *auf den Rücken gedreht*. Der Hihi ist der einzige Vogel weltweit, der in der Lage ist, sich wie wir Menschen vis à vis zu paaren. Mit dem offiziellen Partner erfolgt die Begattung übrigens wie in der restlichen Vogelwelt. Sie hockt unten, er springt auf sie, und sie vögeln Rücken an Bauch. Da das Hihi-Weibchen tugendhaft ist, kreischt es während der ungebetenen Begattungsversuche und schlägt mit den Flügeln. (Ohne die Sache vermenschlichen zu wollen, hat sie das in ihren Augen geeignete Männchen bereits ausgewählt und mag sich nicht auf einen anderen Partner einlassen, der möglicherweise weniger gute Gene an die Nachkommen weitergibt.) Für das

Männchen ist es bequemer, das Weibchen rücklings auf der Erde festzuhalten, da es so nicht davonfliegen kann. Die Männchen sind übrigens viel größer und stärker als die Weibchen, und so ist es ihnen ein Leichtes, mit ihrer zufälligen Liebschaft Kamasutra zu spielen.

Was treibt das Hihi-Männchen, während seine Partnerin vergewaltigt wird? Statt für die nächsten Generationen Blutrache zu schwören, ist er in der Regel damit beschäftigt, sich nach einem zufällig vorbeikommenden Weibchen umzusehen, das er seinerseits vergewaltigen kann. In einer Enzyklopädie müsste man unter dem Stichwort *Schänder* das Foto eines männlichen Hihis zeigen.

Unter dem Gesichtspunkt der Evolution ist dieses System aber durchaus funktionstüchtig, da es zu einer größeren genetischen Vielfalt der Nachkommen des Paares führt. In gewisser Weise nutzt es also auch dem Weibchen, da seine Jungen auf diese Weise bessere Karten beim Kampf ums Überleben haben. Das erklärt auch, warum die Weibchen im Lauf der Evolution nie eine Pfefferspray-Drüse entwickelt haben, mit der sie sich gegen den Vergewaltiger wehren könnten, und stattdessen lieber leiden.

Die Männchen haben ihrerseits eine Reihe von Mechanismen entwickelt, um sich die Vaterschaft möglichst vieler Nachkommen zu sichern. Vor allem haben sie im Verhältnis zur Körpergröße riesige (innere) Hoden, um die Wettbewerbsfähigkeit der Spermien zu erhöhen und im Kampf um die Geschwindigkeit bei der Begattung, den sich der offizielle Partner und der zufällige Liebhaber liefern, mehr »Läufer« ins Rennen schicken zu können. Außerdem haben sie einen außergewöhnlich funktionellen Penis entwickelt. Sperlingsvögel beschränken sich normalerweise auf den »Kloakenkuss«, das heißt, sie bringen ihre beiden Kloaken in die zur Übertragung der Spermien geeignete Position (die Kloake ist bei Vögeln die einzige Öffnung, in die sowohl der Ausscheidungs- als auch der Fortpflanzungsapparat münden). Bei manchen Vögeln, wie den Enten, besteht der Penis aus einem Rohr, das sich aus dem oberen Ende der Kloake gebildet hat, von ihr umschlossen und während der Begattung ausgestülpt wird. Beim Hihi (und in weniger ausgeprägter Form auch bei anderen Sperlingsvögeln) schwillt der Teil der Kloake, in den die Hodenkanälchen münden (Kloakenwulst), nicht zuletzt wegen der großen Anhäufung »gebrauchsfertiger« Spermien während der Paarungszeit enorm an und verändert seine Ausrichtung. Normalerweise zeigt die Kloake in Richtung Schwanz, um den Ausstoß der Exkremente zu erleichtern. In der Paarungszeit ist sie dagegen, genauso wie ein erigierter Penis, fast lotrecht zum Leib ausgerichtet, wodurch vor allem die erzwungene Begattung vereinfacht wird. Auch beim Weibchen schwillt die Kloake an, verändert aber nicht ihre Ausrichtung. Der Hihi ist der einzige Sperlingsvogel, bei dem es zu einer funktionalen Erektion kommt.

Ein weiterer interessanter Punkt ist, dass der Hihi praktisch keine direkten Verwandten hat. Sein wissenschaftlicher Name *Notiomystis* bedeutet »Geheimnis des Südens«, ein Zeichen dafür, dass dieser Vogel bereits seit langem Fragen aufwirft. Bei seiner Entdeckung wurde er der Familie der Meliphagidae oder »Honigfresser« zugeordnet. Diese Familie ist nicht nur in Neuseeland beheimatet. Auch in anderen Teilen Ozeaniens, darunter Australien, finden sich Vertreter.

Dass es sich beim Hihi um einen ganz einzigartigen Vogel handelt, wurde, wie das oft der Fall ist, rein zufällig entdeckt. Die amerikanische Doktorandin Amy Driskell erstellte 2001 für ihre Doktorarbeit einen phylogenetischen Baum der Honigfresser und ließ sich zu diesem Zweck unter anderem DNA-Proben des Hihis aus Neuseeland schicken. Sie stellte jedoch fest, dass die DNA der Hihis absolut nicht jener der anderen Familienmitglieder entsprach. So musste deren gesamte taxonomische Stellung neu untersucht werden. Heute wird der Hihi als alleiniges Mitglied einer eigenen Familie, der Notiomystidae, klassifiziert. Die einzigen, wenn auch entfernten Verwandten sind ebenfalls in Neuseeland beheimatete Sperlingsvögel der Familie der Callaeidae, die nur noch zwei Arten umfasst (die dritte ist ausgestorben), nämlich die Lappenkrähen (Kokako) und die Sattelvögel (Tieke). Man weiß nicht, aus welchem Zweig der Sperlingsvögel sich diese beiden Familien entwickelt haben, als vor 80 Millionen Jahren Neuseeland von Gondwana getrennt wurde. Auch wer die nächsten Verwandten außerhalb von Neuseeland sind, ist nicht bekannt: Sie gehören jedenfalls weder zu den Corvoidea noch zu den Passerida. Dennoch ähneln die Hihis aufgrund evolutionärer Konvergenz sehr stark den Honigfressern, und zwar sowohl bezüglich der Schnabelform als auch des allgemeinen Körperbaus und der Ernährungsgewohnheiten.

Apropos Ernährungsgewohnheiten: Die Maori jagten Hihis für das Maori-Äquivalent der in Norditalien so beliebten gegrillten Singvögel mit Polenta (»Polenta e osei«). Trotz ihrer geringen Größe wurden sie im Ofen gebacken und verzehrt. Walter Buller (1888) schreibt, dass der Hihi zu seiner Zeit auf der Nordinsel bereits sehr selten war (während ihm über das Vorkommen auf der Südinsel nichts bekannt war). Topine de Mamaku, ein Stammeshäuptling aus Wanganui, hatte ihm jedoch erzählt, dass man in seiner Jugend einen Mantel für den damaligen Häuptling mit den gelben Federn des Hihis geschmückt habe. Da die Maori-Mäntel vollständig mit Federn bedeckt waren, Hihis etwa die Größe von Spatzen haben, ihr Gefieder lediglich an den Flügeln gelb gefärbt ist und die Federn darüber hinaus sehr klein sind, benötigte man folglich Hunderte von Hihis zur Fertigung des Mantels. Zum Glück für die Hihis galten die Kiwi-Mäntel als kostbarer (weshalb die Armen praktisch ausgestorben sind). Doch besagter Mantel war immerhin derart bemerkenswert, dass der Häuptling ihn mit dem Namen *kahu-hihi* auszeichnete. Hihi bedeutet übrigens in einer der maorischen Sprachen so viel wie »Sonnenlicht«.

DIE GIFTMISCHER

Von allen Angriffs- und Verteidigungswaffen, die Tiere im Lauf der Evolution entwickelt haben, ist Gift zweifellos die heimtückischste. Allerdings muss man für begriffliche Klarheit zu sorgen: Was heißt überhaupt giftig? Das ist keine einfache Frage, und unter Wissenschaftlern wird darüber viel gestritten. So injiziert beispielsweise der Gemeine Vampir, wenn er zubeißt, einen wirksamen Gerinnungshemmer. Hat dieser Gerinnungshemmer als Gift zu gelten? Der Sunda-Plumplori *(Nycticebus coucang)* produziert durch eine Drüse in seiner Armbeuge eine Substanz, die er aufleckt und die im Speichel bleibt. Ein Biss dieses Tieres löst allergische Reaktionen, im Extremfall sogar einen anaphylaktischen Schock aus. Ist ein Allergen also ein Gift? In den Zahnkanälen des Komodowarans befinden sich pathogene Bakterien, und ein von diesen Tieren gebissenes Opfer stirbt innerhalb weniger Tage an Sepsis. Sind Bakterien gleichermaßen als Gift zu betrachten? Darüber lässt sich streiten. Ich werde mich in diesem Kontext an die klassische Definition von Gift halten: Es lässt sich als eine Substanz beschreiben, die eine Beute, einen feindlichen Räuber oder Parasiten zu lähmen, zu unterwerfen oder zu hemmen vermag, indem ein oder mehrere Moleküle eine Wirkung auf die Physiologie des Opfers ausüben.

Es ist (entwicklungsgeschichtlich gesprochen) nicht so einfach, morgens aufzustehen und zu beschließen, giftig zu werden, denn zur Herstellung von Gift bedarf es geeigneter Stoffwechselwege, und außerdem muss das auserkorene Opfer auf diese bestimmte Substanz empfindlich reagieren. Es gibt daher nicht viele Tiere, die in der Lage sind, selbst Gift zu erzeugen. Wenn es der Fall ist, handelt es sich meistens um eine hochkomplizierte Mischung verschiedener chemischer Substanzen, die im Lauf der Evolution durch Hinzufügen immer neuer Zutaten entstanden ist. Nicht selten kommt es vor, dass das Opfer eine Resistenz gegen die Wirkung des Giftes entwickelt. Deshalb sind ständige »Verbesserungen« der chemischen Formel notwendig. Fachleute bezeichnen diesen permanenten evolutionären Wettlauf zwischen Beute und Räuber als »Wettlauf der Roten Königin«. Besagte Königin stammt aus Lewis Carrolls *Alice hinter dem Spiegel*. Im zweiten Kapitel des Romans rennt Alice gemeinsam mit der Roten Schachkönigin, schaut sich um und bemerkt ein merkwürdiges Phänomen:

Das Seltsamste daran war, dass die Bäume und die anderen Dinge um sie herum sich überhaupt nicht von der Stelle rührten; so schnell sie auch liefen, sie schienen niemals an irgendetwas vorbeizukommen. »Kommt denn alles mit uns mit?«, dachte die arme verwirrte Alice. Und die Königin schien ihre Gedanken zu erraten, denn sie schrie: »Schneller! Versuche, nicht zu sprechen!«

»Nanu, ich glaube gar, dass wir die ganze Zeit unter diesem Baum geblieben sind. Alles ist ja so, wie es war!«

»Natürlich«, sagte die Königin. »Was hast du denn gedacht?«

»Na, in unserem Land«, sagte Alice, noch ein bisschen außer Atem, »kommt man im Allgemeinen irgendwo anders hin – wenn man lange Zeit sehr schnell rennt, so wie wir es gemacht haben.«

»Ein langsames Land!« sagte die Königin. »Nun, hier muss man nämlich so schnell rennen, wie man kann, um auf der Stelle zu bleiben. Wenn man irgendwo anders hin will, muss man mindestens doppelt so schnell rennen!«

Was Alice nicht weiß, ist, dass man, evolutionär gesprochen, auch in unserem Land rennt, um stets auf derselben Stelle zu bleiben. Es ist ein permanentes Wechselspiel von Adaptationen und Gegenadaptationen, ein Spiel zwischen Räuber und Beute, Parasit und Wirt, und der zu gewinnende Preis ist das Überleben.

Angesichts des großen Aufwandes für die Herstellung und Aufbewahrung von Gift ist die Eigenproduktion wenig sinnvoll. Einige glückliche Tiere gewinnen den Wettlauf der Roten Königin, indem sie gegen das von anderen Tieren oder Pflanzen produzierte Gift immun werden. Durch den Verzehr derselben werden sie selbst giftig und beginnen einen neuen Wettlauf der Roten Königin mit den nicht gegen das Gift immunen Räubern.

Allerdings ist Gift nicht immer eine erfolgreiche Strategie. Meist erfolgt die Wirkung relativ langsam, der metabolische Preis ist dagegen hoch. Schnellere Tiere wie die Säugetiere greifen daher lieber auf andere Tricks wie rasche Flucht oder spitze Krallen zurück. Aber das lässt die giftigen Tiere natürlich kein bisschen weniger furchterregend erscheinen.

DER PITOHUI: DIE GESCHICHTE DER ENTDECKUNG DES ERSTEN GIFTVOGELS

Pitohui dichrous

Die Geschichte von Jack Dumbacher und seiner unglaublichen Entdeckung ist es wert, erzählt zu werden.

Im Jahr 1989 war Dumbacher, der kurz zuvor sein Examen an der Universität von Chicago abgelegt hatte, mit einer Studie über den Lebensraum eines bestimmten Paradiesvogels *(Paradisaea raggiana)* beschäftigt und hielt sich, dank eines Stipendiums der *National Geographic*, im Varirata National Park von Papua-Neuguinea auf. Für seine Untersuchungen musste er besagten Vogel fangen und hatte daher Netze im Wald aufgespannt. In diesen Netzen verfingen sich natürlich auch andere Vögel, die Jack immer gleich freiließ.

Eines Tages befreite er mal wieder einen Zweifarben-Pitohui *(Pitohui dichrous)*, einen entfernt mit den Rabenvögeln (Corvidae) verwandten Sperlingsvogel (Passeriformes). Dieser in der Gegend weitverbreitete Pitohui hat ein farbiges Gefieder und kein besonders sympathisches Verhalten: Vertreter seiner Art hacken wie verrückt mit ihren Schnäbeln und krallen sich fest, wenn man sie befreit. Außerdem stinken sie so sehr, dass ihr Geruch noch tagelang an den Händen haftet. Nicht von ungefähr nennen die Einheimischen ihn »Abfallvogel«. Der an jenem Tag gefangene Pitohui war ausgesprochen unkooperativ und zerkratzte Jack eine Hand. Aber Jack war derart von seinen Netzen in Anspruch genommen, dass er keine Zeit hatte, sich zu verarzten. Unvorsichtigerweise führte er die Wunde zum Mund, denn er hatte, wie Rambo sagen würde, »keine Zeit zum Bluten«. Nebenbei bemerkt ist das eine ziemlich gängige Praxis, auf die auch ich schon zurückgegriffen habe, während ich mit dem Zählen kleiner, Zähne zeigender Tiere beschäftigt war: Die Unversehrtheit eines gefangenen Tieres hat Vorrang vor ein paar Kratzern.

Kurz darauf verspürte Jack eine merkwürdige Taubheit an Lippen und Zunge, die ziemlich lange anhielt. Die Ursache war ihm zunächst nicht bewusst, schließlich gibt es eine Menge giftiger Pflanzen im Urwald. Nach einigen Gesprächen mit Leuten vor Ort wurde ihm jedoch klar, dass ein merkwürdiger Zusammenhang zwischen dem Taubheitsgefühl und dem Kontakt mit dem Pitohui bestand.

Als er im Jahr darauf nach Neuguinea zurückkehrte, beschloss er, der Sache auf den Grund zu gehen und die gefangenen Pitohuis zu untersuchen. Er tastete mit der Zunge die Federn ab, um herauszufinden, ob das taube Gefühl mit dem Gefieder des Tieres zusammenhing. Die Einheimischen hatten ihm erzählt, das Fleisch des Abfallvogels schmecke bitter. Wer davon esse, verspüre leichte Übelkeit, und auf jeden Fall müsse man Federn und Haut vor dem Verzehr entfernen. (Um etwas derart Stinkendes zu essen, muss man übrigens schon ziemlich ausgehungert sein!)

Nun, es gab tatsächlich einen direkten Zusammenhang zwischen dem Gefieder des Vogels und Jacks Taubheitsgefühl, und es war ziemlich unvorsichtig von ihm, das Gift an sich selbst zu testen. Die Entdeckung, dass die Federn des Pitohui einen Giftstoff enthalten, machte dieses Tier zum ersten uns bekannten Giftvogel weltweit und brachte Jack eine Veröffentlichung in der *Science* ein. Interessanterweise waren diese Vögel in westlichen Wissenschaftskreisen seit über einem Jahrhundert bekannt. In Papua-Neuguinea sind sie weitverbreitet, man hat sie gesammelt, untersucht und an Museen in der ganzen Welt geschickt, aber niemand ist jemals auf die Idee gekommen, dass ein Vogel giftig sein könnte, und niemand hat je die Einheimischen dazu befragt: So etwas nennt man wissenschaftliche Voreingenommenheit.

Die merkwürdige Geschichte geht jedoch noch weiter.

Zurück daheim, beschloss Jack herauszufinden, um welches Gift es sich handelt. Das ist selbst für ein bestens ausgestattetes Labor keine leichte Aufgabe. Der Zufall kam ihm zu Hilfe, und er wurde von John Daly, einem Forscher der nationalen Gesundheitsbehörde, unterstützt, der sich lange mit dem Giftstoff einiger Baumsteigerfrösche wie *Phyllobates terribilis* beschäftigt hatte. Das Gift dieser Frösche fand bei den Chóco-Indianern Kolumbiens zum Präparieren von Pfeilspitzen Verwendung. Glücklicherweise erbot sich Daly, die Analyse durchzuführen. Probeweise entzog er den Federn das Gift und injizierte es einer Maus: Wenige Minuten später war das Tier tot. Daraufhin untersuchte er das Pitohui-Gift, wobei er es mit dem Gift der Frösche verglich und … Welche Überraschung! Es handelte sich tatsächlich um Batrachotoxin (genauer gesagt um Homobatrachotoxin, HomoBTX), also um exakt dieselbe tödliche Substanz wie die der Frösche. Bereits eine geringe Menge davon reicht aus, um einen Menschen umzubringen. Zum Glück für Jack, der so eifrig an dem Pitohui geleckt hatte, ist das Gift bei den Vögeln stark verdünnt.

Jack kehrte daraufhin nach Papua-Neuguinea zurück und fand heraus, dass es mindestens drei weitere Arten giftiger Pitohui gibt: den Einfarben-Pitohui *(P. ferrugineus)*, den Mohren-Pitohui *(P. nigrescens)* und den Ocker-Pitohui *(P. kirhocephalus)*. Möglicherweise sind es noch mehr, denn die Taxonomie dieser Vögel wird gerade überarbeitet, und vielleicht wird man noch den Fleckenbrust-Pitohui (*P. incertus)* und den Schopf-Pitohui *(P. cristatus)* hinzufügen müssen. Von all diesen Arten ist der Zweifarben-Pitohui *(P. dichrous)* sicherlich der giftigste.

Doch damit nicht genug: In Neuguinea stieß Jack auf die »ornitho-anthropologische« Abhandlung *Birds of my Kalam Country* von Ralph Bulmer und Ian Saem Majnep. Die beiden Anthropologen schreiben über das Volk der Kalam und deren überlieferte Kenntnisse der heimischen Vögel. So erfuhr Jack, dass die *wobob,* also die Pitohui, nicht die einzigen Giftvögel Neuguineas sind. Nun ist zwar jemand, der den lieben langen Tag nichts weiter tut, als Betelpfeffer zu kauen, nicht unbedingt die glaubwürdigste Quelle, doch diese Leute sind mit der Pflanzen- und Tierwelt ihrer Gegend so eng vertraut, dass jeder Zoologe oder Botaniker vor Neid nur erblassen kann. So fasste Jack den Entschluss, es zu wagen, und begab sich in das Kaironk-Tal, eine abgelegene Region der Provinz Mandang, wo Saem Majnep und das Volk der Kalam noch immer leben. Den Anweisungen der Kalam folgend, stieg Jack auf die nebligen Berge, die das Tal begrenzen, um eine weitere hochinteressante Entdeckung zu machen: die Existenz eines ebenfalls giftigen, nicht mit den Pitohui verwandten Vogels, des Blaukappen-Ifritas *(Ifrita kowaldi)*. Auch in diesem Fall handelt es sich um das von den südamerikanischen Fröschen bekannte Gift Batrachotoxin. Der vor Ort gängige Name für den Ifrita lautet *slek-yakt*, was so viel wie »bitterer Vogel« bedeutet. Die Kalam sind der Meinung, dass eine einzige Kostprobe der Federn dem Menschen zum Verhängnis werden kann.

Was verbindet Frösche, Pitohui und Ifrita? Wie kommt es, dass das Gift immer dasselbe ist? Abgesehen von ein paar Schlangen und Salamandern, einer Eidechse, einer Handvoll Säugetiere und einigen Fischen sind kaum Wirbeltiere bekannt, die selbstständig Gift erzeugen. Darüber

hinaus schwankt die Giftigkeit der Pitohui und der Ifrita je nach Ort zwischen kaum spürbar und tödlich. Im Varirata National Park musste Jack niesen, und ihm tränten die Augen, sobald er einen Pitohui in der Hand hielt, weiter nördlich waren die Vögel dagegen kein bisschen giftig. So gelangte man zu der Annahme, das Batrachotoxin stamme von bestimmten Käfern aus der Familie der Wollhaarkäfer (Melyridae) und der Gattung *Choresine*, die einen wichtigen Bestandteil der Nahrung sowohl der südamerikanischen Frösche als auch der guineischen Vögel darstellen. Die Verbreitung des Käfers an zwei so weit voneinander entfernten Orten lässt sich durch den auf Gondwana zurückgehenden Ursprung der Familie erklären. Man vermutet jedoch, dass auch der Käfer das Gift nicht selbst produziert, sondern durch eine Pflanze aufnimmt, von der er sich ernährt. Eine Art Gift-Staffellauf, bei dem jeder versucht, sich eines Giftes zu bemächtigen, um sich vor Feinden zu schützen, und jedes Mal auf einen Feind stößt, der nicht nur resistent gegen das Gift wird, sondern es seinerseits zur Verteidigung verwendet.

Batrachotoxin ist ein Steroid-Alkaloid*, das sich an Muskel- und Nervenzellen bindet. Um den Nervenimpuls zu übertragen, sind diese Zellen mit speziellen Öffnungen, den sogenannten *Natriumkanälen,* ausgestattet. Sie gewährleisten die Leitung von Ionen, wenn der Muskel oder Nerv eine Bewegung vollziehen muss. Das Batrachotoxin setzt sich an die-

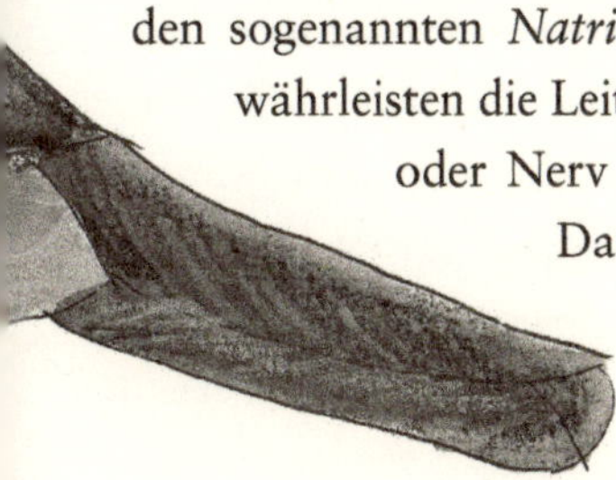

* Viele Gifte, so auch Nikotin und Koffein, sind Alkaloide.

sen Natriumkanälen fest und verschließt sie ein für alle Mal, wodurch die Elektronenimpulse unterbrochen werden. Das Ergebnis ist der nahezu unmittelbare Tod durch Herzstillstand oder Atemlähmung. Natriumkanäle haben fast alle mit einem Nervensystem ausgestatteten Lebewesen, und sie sind bei fast allen Tieren gleich. Es bleibt daher die Frage, wie Vögel, Frösche und Käfer die Aufnahme des Giftes überleben können. Die Verwendung desselben ist allerdings bei Fröschen und Vögeln sehr unterschiedlich: Die Frösche der Gattung *Phyllobates,* die äußerst giftig und bunt (meist gelb, blau oder rot) sind, sammeln das Gift und speichern es in speziellen Drüsen auf dem Rücken. Werden sie von einem Feind bedroht, sondern die Drüsen praktisch reines BTX ab, was tödliche Folgen hat. Die neuguineischen Vögel nehmen das Gift auf und lagern es in Haut und Federn ab. Die giftige Substanz ist also auch in den »Hautschuppen« vorhanden, die sie natürlicherweise verlieren. Da es sich um einen laufenden Prozess handelt, ist die Konzentration des auf diese Weise abgesonderten BTX geringer als bei den Fröschen. Eine besonders hohe Konzentration liegt in den Zellen der Brust und des Bauchbereiches vor. Dadurch werden auch die Nester ziemlich giftig.

Über den Gebrauch, den die Vögel von dem Gift machen, ist viel diskutiert worden. Der Zweifarben-Pitohui, der erste entdeckte Giftvogel, ist schwarz und orange, weist also eine von Biologen als Aposematismus bezeichnete Warnfärbung auf. Sie ist für all jene Arten typisch, die ihre Feinde vor dem sicheren Tod durch Angriff warnen wollen, wie etwa die Harlekin-Korallenotter, der Monarchenfalter oder auch der Marienkäfer. Ist das Gift nicht tödlich, lernen die Feinde rasch, das Farbsignal zu erkennen und sich fernzuhalten. Die anderen, weniger giftigen Pitohui sind auch weniger bunt. Der Ifrita weist dagegen aus demselben Grund am Kopf eine auffällige Blaufärbung auf.

Laut Jack, den wir mittlerweile Dr. Dumbacher nennen müssten und der auf diesem Gebiet eine weltweit anerkannte Autorität ist, dient das Gift den Vögeln vor allem zur Abwehr von Parasiten wie der Federlaus. In einem Wald, in dem es von Parasiten nur so wimmelt, erscheint das ziemlich sinnvoll. Und nicht nur das: Wenn die Pitohui-Mama sich zum Brüten auf die Eier hockt, fallen durch Abschuppung der Haut die giftigen Schuppen auf Eier und Küken. Falls sich in der Nacht, während die Eltern auf der Jagd sind, eine Schlange dem Nest nähert, wird eine Berührung mit der Zunge bei der Schlange dieselbe Wirkung auslösen wie bei Jack, nämlich ein Kribbeln und ein taubes Gefühl, als habe man in einen Peperoncino gebissen (auch der für die Schärfe der Paprika verantwortliche Inhaltsstoff Capsaicin ist ein Alkaloid). Das genügt, um das Reptil am Fressen der Brut zu hindern. Das Fernhalten von Parasiten ist allerdings die vorrangige Funktion.

Andere Forscher führen ins Feld, dass die Vögel dank ihrer Verträglichkeit von BTX auf Nahrungsquellen zurückgreifen können, auf die es niemand sonst abgesehen hat, und dass alles andere nur ein Nebeneffekt sei. Sicherlich spielen die Pitohui in Papua-Neuguinea eine sehr wichtige Rolle für die Dynamik der Verhaltensweisen der verschiedenen Tiere: Schwärme von mehr oder weniger giftigen

Pitohui vermischen sich zum Beispiel mit anderen Vögeln, etwa Paradiesvögeln, und sorgen so für Verwirrung unter den Feinden.

Obwohl Neuguinea ein fantastisches, unerforschtes und unbekanntes Gebiet umfasst, kann es doch nicht unbedingt als Rekordhalter in puncto Giftvögel gelten: Hier leben lediglich die einzigen der Wissenschaft bekannten Arten. Die Geschichte von Jack Dumbacher lehrt uns, dass wir viele Dinge über die Biologie der Tiere für selbstverständlich erachten und oft eng mit ihnen zusammenleben, ohne ihre Natur zu verstehen. Es könnte durchaus noch weitere Rabenvögel geben, die auf Gift zurückgreifen. Möglicherweise sind auch die Wachtel *(Coturnix coturnix)*, die Sporngans *(Plectropterus gambensis)* und die Oliventaube *(Columba arquatrix)* aufgrund der von ihnen gefressenen Insekten giftig. Die Bronzeflügeltaube *(Phaps sp.)* nimmt tödliches Fluoracetat aus einer Pflanze auf. Der Eissturmvogel sondert toxische Magenöle ab, wenn er sich bedroht fühlt. Der amerikanische Naturmaler Audubon gab seinem Hund einen heute ausgestorbenen, vermutlich giftigen Sittich zu fressen, und man nimmt an, dass auch einige Eisvogel-Arten giftig sind.

Es ist also nicht das allseits bekannte Schlangengift, das wir fürchten müssen, sondern vielmehr das unbekannte Gift der Tauben.

GIFTIGE SÄUGETIERE

Gibt es giftige Säugetiere? Die Antwort lautet ja, aber man weiß sehr wenig über sie. Versuchen wir einmal zusammenzufassen, was bekannt ist.

Vorweg sei auf einen Unterschied verwiesen: Leider wird im Deutschen wie auch in anderen Sprachen alles Toxische als »giftig« bezeichnet. Nicht so im Englischen, wo man eine recht nützliche Unterscheidung trifft: *poisonous* sind Tiere, die bei Verzehr giftig sind, wie der Kugelfisch oder der Pitohui; *venomous* sind Tiere, die beißen und dabei ein Gift injizieren. Worüber wir nun sprechen wollen, sind Säugetiere, die im Sinne von *venomous* giftig sind, also Gift spritzen können.

Unter den Säugetieren gibt es lediglich zwei Taxa, die zur eigenständigen Produktion von Gift fähig sind. Zum einen sind das die Schnabeltiere, deren Männchen an den Hinterbeinen mit einem Sporn versehen sind. Dieser ist mit einer Drüse verbunden, die ein chemisch hochkomplexes (und schmerzhaftes) Gift erzeugt. Es kann ein Tier mittlerer Größe, etwa einen Hund, töten, nicht aber einen Menschen.

Die zweite Gruppe von Säugetieren, die unter anderem einige giftige Arten umfasst, ist die der sogenannten Eulipotyphla – ein kompliziertes Wort, das einfach nur Insektenfresser bezeichnet. Die Ordnung der Insektenfresser war eine Art Sammelbecken, in das man alles packte, was sich nicht klassifizieren ließ wie etwa Spitzhörnchen (Tupaia) oder Rüsselhündchen. Das führte zu einiger Verwirrung. Heute werden Spitzmäuse, Maulwürfe, Igel, Rattenigel und Schlitzrüssler, da sie von einem gemeinsamen Vorfahren abstammen und sich (auch) von Insekten ernähren, als Eulipotyphla bezeichnet.

Nicht alle diese Tiere sind giftig, und einige sind es vermutlich, ohne dass wir es bisher gemerkt haben. Aber gehen wir der Reihe nach vor.

Unter den Spitzmäusen gibt es drei als giftig bekannte Arten. Die giftigste ist die amerikanische Kurzschwanzspitzmaus *Blarina brevicauda,* gefolgt von der europäischen Wasserspitzmaus, *Neomys fodiens,* und der in Mittel- und Südeuropa beheimateten Sumpfspitzmaus, *Neomys anomalus*. Die beiden letzteren sind unter anderem in Italien weit verbreitet.

Um in der Reihenfolge der Giftigkeit zu bleiben, sei als nächstes der Dominikanische Schlitzrüssler *(Solenodon paradoxus)* genannt. Ob sein Verwandter, der Kubanische Schlitzrüssler *(Atopogale cubana)* ebenfalls giftig ist, weiß man nicht so genau. All diese Arten haben große, Gift erzeugende Unterkiefer-Speicheldrüsen. Der zweite untere Schneidezahn des Schlitzrüsslers ist gefurcht. Diese Furche mündet am unteren Ende des Zahns in den Kanal der Giftdrüse. Im Unterschied zu den Vipern, bei denen das Gift in den Ohrspeicheldrüsen produziert und durch die Furchen der beiden Eckzähne des Oberkiefers geleitet wird, erfolgt die Giftproduktion bei den Säugetieren im Unterkiefer. Ob das dritte, also das Unterzungenspeicheldrüsenpaar daran beteiligt ist, weiß man nicht genau.

Hinzu kommen merkwürdige Sonderfälle: Igel schützen sich durch ihre Stacheln, aber offenbar genügt ihnen das nicht. Sie nutzen das Gift der von ihnen gefressenen Kröten (Bufotoxin), vermischen es mit dem eigenen Speichel und lecken sich damit sorgfältig die Stacheln. So vergiften sie die Stachelspitzen, ähnlich wie die Amazonas-Indianer, die ihre Pfeilspitzen in dem aus Fröschen gewonnenen Gift tränken: ein zusätzliches Mittel zur Abwehr von Feinden. Igel müssen entweder ziemlich paranoid oder ziemlich wohlschmeckend sein.

Die giftigste Spitzmaus, *Blarina brevicauda,* lähmt Schnecken mit ihrem Gift und hält sie bis zu vierzehn Tage in ihrer unterirdischen Höhle. Ein lebendiges, aber gelähmtes Tier kann nicht fliehen und jederzeit gefressen werden. Als hätte man stets einen frischen Braten im Kühlschrank, der nicht verderben kann. Bedenkt man, dass Spitzmäuse, um nicht Hungers zu sterben, tagtäglich eine Nahrungsmenge aufnehmen müssen, die ihrem eigenen Körpergewicht entspricht (beim Menschen wären das im Schnitt 70 kg Nahrung pro Tag), scheint die Bevorratung eine gute evolutionäre Strategie zu sein. Auch Maulwürfe bevorraten sich mit Regenwürmern, die, nachdem sie gebissen wurden, reglos in der Höhle verharren. Allerdings hat man bisher noch keine Toxine im Speichel der Maulwürfe nachgewiesen, was damit zusammenhängt, dass sich die Tiere in Gefangenschaft anders verhalten als in der Natur. Mit Sicherheit sind jedoch die Unterkieferspeicheldrüsen der Maulwürfe groß und gekörnt.

Gift zu produzieren geht auf Kosten des Stoffwechsels. Diese Kosten sind insbesondere bei Tieren mit extrem hohem Stoffwechsel, wie den Spitzmäusen, entsprechend hoch. Wie handhaben es eigentlich Wasserspitzmäuse mit dem Gift? Semantisch gesehen, war es korrekt, die Ordnung der Insektenfresser nicht, wie früher, Insectivora zu nennen, sondern ihr den unverfänglichen Namen Eulipotyphla zu geben, denn die Nahrung der zu den »Insektenfressern« zählenden Spitzmäuse besteht in Wahrheit nur zu einem bestimmten Prozentsatz aus Insekten. Die Kurzschwanzspitzmaus *(Blarina brevicauda)* jagt mit ihrem wirksamen Gift auch Mäuse und Wühlmäuse, während die beiden Arten von Wasserspitzmäusen *(Neomys)* Frösche und Fische erbeuten und ihre Opfer dabei durch einen Biss in den Nacken töten, wie die Katzen. Ohne das dicht neben dem Gehirn des Opfers eingespritzte Gift wäre es ihnen wohl kaum möglich, Tiere dieser Größe zu erlegen. Der Appetit der Eulipotyphla ist übrigens nahezu grenzenlos. Eine einzige Wasserspitzmaus ist dabei beobachtet worden, wie sie einen Buchfinken und sieben halbe Frösche verzehrt hat. Ein in Gefangenschaft lebender Maulwurf (der zwischen 36 und 130 g wiegen kann) hat innerhalb von drei Tagen drei bis vier Dutzend Regenwürmer, einen großen Frosch, ein Stück Rindfleisch, anderthalb Truthahn-Küken und zwei Schnecken verzehrt: Man fühlt sich an die Raupe Nimmersatt erinnert.

Um welche Art von Substanzen handelt es sich bei diesen Toxinen? Im Speichel der Kurzschwanzspitzmaus *(Blarina brevicauda)* hat man zwei verschiedene Stoffe ausfindig gemacht: Soricidin, das eine lähmende Wirkung hat, und das blutdrucksenkende *Blarina-Toxin* (BLTX). Beide Substanzen werden auf ihre medizinische Anwendbarkeit hin untersucht: Aus Soricidin lassen sich möglicherweise Pharmaka gegen Kopfschmerzen, myofasziale Schmerzen, neuromuskuläre Erkrankungen und Falten gewinnen (letztere werden bisher mit dem weitaus gefährlicheren Botulinumtoxin behandelt). Aus BLTX könnte man Medikamente gegen Bluthochdruck entwickeln oder gegen das Raynaud-Syndrom, eine Krankheit, bei der der Blutkreislauf an den Extremitäten behindert wird. Über das Gift der Wasserspitzmäuse und Schlitzrüssler liegen keine Untersuchungen vor. Ich vermute allerdings, dass sich das Gift der Wasserspitzmäuse nicht allzu sehr von dem der Kurzschwanzspitzmäuse unterscheidet. Der Schlitzrüssler könnte jedoch noch für Überraschungen sorgen.

Wie stark die Wirkung des jeweiligen Giftes ist, hängt von der Bissstelle, der Art und Größe des Opfers sowie vom Stoffwechsel-Status des Gift spritzenden Tieres ab. Die Giftempfindlichkeit nimmt in der Reihenfolge Wühlmäuse, Kaninchen, Mäuse, Katzen, Menschen ab. Leider gibt es keine Untersuchungen zu den typischen Beutetieren, zu denen unter anderem nordamerikanische Mäuse, Frösche, Bodennister, Fische, Regenwürmer und Schnecken gehören. Die Symptome nach einem Biss beim Menschen sind eher schwach und beschränken sich auf ein Brennen rings um die Bissstelle, eine etwa einstündige Schwellung und einen wenige Tage anhaltenden Schmerz. Für den höchst unwahrscheinlichen Fall, dass Sie von einer Wasserspitzmaus gebissen werden sollten, denken Sie daran, dass Säugetier-Gifte kaum auf Wärme reagieren, sich aber durch eine alkalische Umgebung denaturieren lassen. Sie sollten also Ammoniak auflegen (aber keinen Urin, denn der ist sauer). Was andere Versuchstiere wie Mäuse, Wühlmäuse, Katzen und Kaninchen betrifft, so genügt eine intravenöse Injektion, um dauerhafte Depressionen, Atembeschwerden, Herzrhythmusstörungen, Lähmungen, Krämpfe und sogar den Tod hervorzurufen (je nach Höhe der Dosierung: Die mittlere letale Dosis – LD50 – des Gifts der Kurzschwanzspitzmaus *Blarina* liegt für Meerschweinchen bei 22 mg pro Kilogramm Körpergewicht, mit einer Wirkungszeit von 20 Minuten).

Das Interessanteste an der ganzen Geschichte kommt jetzt: Es gibt keine Untersuchungen jüngeren Datums über giftige Säugetiere. Die Wissenschaft scheint die von Säugern erzeugten Gifte links liegen gelassen zu haben, um sich ausschließlich den wesentlich leichter erhältlichen Schlangengiften zu widmen. In den 1940er und 1950er Jahren gab es einige interessante diesbezügliche Pionierarbeiten, die in den 1960er Jahren für kurze Zeit wieder aufgegriffen wurden und dann in Vergessenheit gerieten. Bei meiner Suche nach entsprechenden Publikationen ist mir beispielsweise aufgefallen, dass das Standardwerk zur italienischen Tierwelt *Fauna d'Italia* (2008) bei seiner Beschreibung der beiden vorkommenden Spitzmausarten deren Giftigkeit mit keinem Wort erwähnt.

In den letzten zehn Jahren scheint das Interesse allmählich wiederzuerwachen. Zumindest hat man sich mit der Struktur der Zähne potentiell giftiger Säugetiere und mit der Giftigkeit ausgestorbener Säugetiere beschäftigt. Doch aus toxikologischer Sicht ist, abgesehen von der chemischen Isolation der Gifte der Kurzschwanzspitzmaus und des Schnabeltiers, nicht viel geschehen. Weshalb interessiert sich die Wissenschaft nicht für die Toxizität der Eulipotyphla? Vermutlich weil diese Arten in freier Wildbahn extrem scheu und in Gefangenschaft sehr schwer zu halten (und zu beobachten) sind. Zudem sind sie sehr klein, und eine Drüse aus einem winzigen, auf einer Hand Platz findenden Tierchen zu entfernen, wäre eine ziemliche Fummelei. Der Schlitzrüssler, der immerhin die Größe eines Zwergkaninchens erreicht, ist dagegen äußerst selten und steht unter erhöhtem Schutz. Man kann ihn daher nicht einfach töten, um seine Drüsen zu entfernen. In den 1950er Jahren nahmen es die Wissenschaftler nicht so genau bei der Beschaffung ihres Untersuchungsmaterials, doch heute wären solche Methoden nicht mehr denkbar. Außerdem lassen sich die gewitzten Spitzmäuse das Gift nicht so einfach entnehmen wie die wesentlich dümmeren Schlangen. Es ist sicher kein Zufall, dass sich das englische Wort *shrewed,* dt.: »listig, durchtrieben«, von *shrew,* »Spitzmaus«, herleitet.

Wo wir schon dabei sind, möchte ich noch ein paar Anmerkungen zur Rolle der Spitzmäuse im Volksbrauchtum loswerden. Im Gegensatz zur modernen Wissenschaft schenkte die bäuerliche Landbevölkerung den Spitzmäusen und ihrem Giftpotential nämlich durchaus einige Aufmerksamkeit. Bezeichnend ist auch der lateinische Name *Sorex araneus,* wörtlich: »spinnenartige Spitzmaus«, für die kleine schwarze und ebenso wie Spinnen giftige Waldspitzmaus.

Der als Sprachlehrer am Hof von Elisabeth I. tätige John

Florio, der als möglicherweise identisch mit Shakespeare gilt (und entsprechend wenig Ahnung von Tieren hatte), beschrieb die Spitzmäuse 1598 in seinem Buch *A Worlde of Words* auf folgende Weise:

A kinde of mouse, deadlie to other beasts if he bite them, and laming any bodie if he but touch them, and of which that curse came, I beshrew thee.*

Einige Jahre später, 1607, setzte Hochwürden Topsell in seinem Werk *The History of Foure-Footed Beasts* [»Geschichte der vierbeinigen Tiere«] noch eins drauf:

It is a ravening beast, feynging it selfe to be gentle and tame, but being touched it biteth deepe, and poisoneth deadly. It beareth a cruell minde, desiring to hurt any thing, neither is there any creature that it loveth, or it loveth him, because it is feared by all.**

* »Eine Art Maus, die andere Tiere durch Beißen tötet und jeden Körper durch bloße Berührung entkräftet, woher die Verwünschung ›Ich verspitzmause dich‹ rührt« (zitiert und aus dem Englischen übersetzt nach Dufton, 1992). Das hier von mir geprägte Wort »verspitzmausen« nimmt mir natürlich jegliche Hoffnung, jemals Aufnahme in irgendeiner konservativen Sprachgesellschaft zu finden, aber es schien mir treffender als »verfluchen«, da sonst jegliche Anspielung auf die Spitzmaus fehlen würde.

** »Es ist ein wildes Tier, das sich freundlich und zahm gibt, aber fest zubeißt, wenn man es berührt, und tödlich giftig ist. Es ist von grausamem Gemüt und trachtet allein danach, Schlechtes zu tun, es gibt kein Geschöpf, das es liebt oder von dem es geliebt wird, denn alle fürchten es« (zitiert und aus dem Englischen übersetzt nach Dufton, 1992).

Dafür, dass wir es hier mit einem winzigen Geschöpf von kaum 20 g zu tun haben, scheint mir das Ganze gelinde gesagt etwas übertrieben. In England waren Spitzmäuse gefürchteter als Vipern, und die bloße Berührung galt als Zeichen drohenden Unheils. Hochwürden Topsell selbst erläutert jedoch weiterhin, wie sich aus der Asche einer toten, auf der Straße gefundenen Spitzmaus, vermengt mit Gänsefett, eine Salbe gegen Schwellungen und Entzündungen anfertigen lasse und aus dem Schwanz der Spitzmaus ein Mittel gegen Hundebisse: ein Meisterstück der Zauberkunst, vorgeführt von einem Kleriker.

Um von dem furchtbaren Biss der Spitzmaus zu genesen, musste man allerdings auf weitaus kompliziertere Mittel zurückgreifen: Zunächst wurde mit einem Handbohrer ein Loch in eine Esche gebohrt und darin eine Spitzmaus eingeschlossen, wobei bestimmte magische Formeln gesprochen werden mussten. Durch dieses Vorgehen verwandelte sich der Baum in eine *shrew-ash*, eine Spitzmaus-Esche, und eine Rute von diesem Baum vermochte durch bloße Berührung den Biss einer Spitzmaus zu heilen. Der Zauber wurde vor allem beim Vieh angewandt. Die englischen Bauern des 17. Jahrhunderts hatten große Angst, dass ihre Kühe und Pferde von diesem Tier gebissen werden könnten. Die geschilderten Symptome bei einen Biss ähneln in eindrucksvoller Weise den Reaktionen von Mäusen auf einen Biss der Kurzschwanzspitzmaus: Schwierigkeiten, sich auf den vier Beinen zu halten, Lähmungserscheinungen und bisweilen gar Todesfolge. Das damalige England war eindeutig sumpfiger als heute, und das Vieh stand oft mit den Füßen im Wasser: ein ideales Umfeld für Wasserspitzmäuse. Mark J. Dufton geht sogar davon aus, dass es eine Art gab, die der Kurzschwanzspitzmaus *(Blarina)* ähnlicher war als die uns bekannten Wasserspitzmäuse *(Neomys),* und dass sie dem Vieh durch ihren Biss gefährlich werden konnte. Sie sei durch die Urbarmachung des Landes und veränderte Agrartechniken ausgestorben, so seine Hypothese. Ich hege daran jedoch meine Zweifel, da es keinerlei Belege gibt: Schließlich ist hier von Humes Insel und nicht etwa von den Osterinseln die Rede.

Wenn Sie noch nicht genug Angst vor dem schrecklichen Biss der Spitzmaus haben, empfehle ich Ihnen den spektakulären Streifen *The Killer Shrews* aus den 1950er Jahren, in dem ein paar mehr schlecht als recht verkleidete und entfernt an Spitzmäuse erinnernde Collies eine Gruppe von Wissenschaftlern angreifen, die wegen eines Sturms auf einer Insel festsitzen: die gerechte Strafe dafür, dass sie die auf der Insel beheimateten Spitzmäuse einige hundertmal vergrößert haben.

DER BEMERKENSWERTE SCHLITZRÜSSLER

Solenodon paradoxus und *Atopogale cubana*

Die beiden heute existierenden Arten von Schlitzrüsslern sind mit keinem lebenden Tier direkt verwandt. Will man jedoch unbedingt irgendwelche Cousins für sie finden, so sind unsere Spitzmäuse vermutlich die nächsten Anverwandten und die Schlitzrüssler gewissermaßen eine große Version derselben (der Dominikanische Schlitzrüssler entspricht etwa der Größe einer kräftigen Ratte oder eines kleinen Kaninchens und kann knapp über ein Kilo schwer werden, während der Kubanische Schlitzrüssler mit bis zu 800 g Körpergewicht ein wenig kleiner ist).

Vor rund 76 Millionen Jahren lebten die Vorfahren des Schlitzrüsslers friedlich in Nordamerika, das im Zuge des Auseinanderbrechens von Pangaea kurz zuvor von Südamerika getrennt worden war. Durch Vulkanaktivitäten bildeten sich Inseln, die während ihrer tektonischen Verschiebung von West nach Ost ein paar glückliche Vorfahren der Schlitzrüssler (möglicherweise Insektenfresser der Gattung *Apternotus)* mit an Bord genommen hatten. Die Inseln fassten schließlich in der Karibik Fuß und wurden zu Hispaniola beziehungsweise Kuba. Die beiden Arten spalteten sich vor 25 Millionen Jahren voneinander ab, also zu jener Zeit, als die beiden größten Antilleninseln sich vom Festland abtrennten. Diese Trennung hat bei beiden Schlitzrüssler-Arten zu besonderen Formen der Anpassung geführt.

Die Schlitzrüssler hatten nicht nur das Glück, eine Reise ins Tropenparadies zu gewinnen, sondern auch an einem Ort zu landen, wo sie am Ende der Nahrungskette standen und in Abwesenheit natürlicher Feinde besondere Merkmale entwickelten. Ihre auf dem Festland verbliebenen Verwandten starben dagegen aus, als Nord- und Südamerika sich zusammenschlossen.

Der Kopf dieser Tiere ist unverhältnismäßig groß, mit einer langen Schnauze und kurzen Schnurrhaaren. Hier beginnt nun die erste Besonderheit: Die Nase des Dominikanischen Schlitzrüsslers *(Solenodon paradoxus)* ist im Inneren mit einem langen, knorpeligen Knochen versehen, der mittels eines Kugelgelenks in der Art des Oberschenkelknochens mit dem Schädel verbunden ist. Das erlaubt eine vollständige Drehung der Nase. Elefanten sind im Vergleich dazu die reinsten Dilettanten. Der Kubanische Schlitzrüssler *(Atopogale cubana)* hat zwar ebenfalls eine lange, bewegliche Nase, aber kein Kugelgelenk. Die unglaublich drehbare Nase dient dem Dominikanischen Schlitzrüssler vermutlich als Sonde auf der Suche nach Weichtieren im Laubboden des Unterholzes oder in Felsspalten. Die Augen sind klein, was darauf hindeutet, dass der Gesichtssinn nicht sonderlich ausgeprägt ist. Tast-, Geruchs- und Gehörsinn funktionieren dagegen bestens, trotz des kleinen Gehirns. Der lange, unbehaarte Schwanz dient dem Gleichgewicht. Dennoch ist der Gang des Tieres seltsam langsam und schwankend. Mittels Drüsen am Anus und in den Achselhöhlen hinterlässt es einen penetranten Ziegengeruch, der dieses ohnehin ziemlich hässliche Geschöpf noch weniger anziehend wirken lässt. Der Dominikanische Schlitzrüssler hat borstiges schütteres Fell von rötlich brauner Färbung. Das Fell des Kubanischen Schlitzrüsslers ist dagegen weich, lang und dunkel bis schwarz, mit einer weißen Mähne am Hals und einem weißen Gesicht. Doch auch er ist ziemlich hässlich.

Beide Schlitzrüssler-Arten haben ein seltenes, wenn auch, wie wir gesehen haben, für Säugetiere nicht einzigartiges Merkmal: Sie sind giftig. Ihre Zähne sind so ähnlich geformt wie bei den Vipern, mit einem Kanal, durch den sie Gift spritzen können. So bedeutet *Solenodon* denn tatsächlich »gefurchter Zahn«. Man weiß nicht genau, ob die beiden Arten gleich giftig sind, vermutlich ist der Kubanische Schlitzrüssler weniger giftig. Sobald das Tier zubeißt, injiziert es seinem Opfer das Gift, das von entsprechend modifizierten Speicheldrüsen produziert wird.

Was die Lebensgewohnheiten betrifft, so sind beide Arten hauptsächlich nachtaktiv und leben in kleinen familiären Gruppen zusammen. Tagsüber halten sich diese Gruppen, bestehend aus einem Paar und den jeweils letzten Nachkommen, zusammengedrängt in selbst gegrabenen Stollen oder in Fels- und Baumspalten auf. Ihre Nester sind mit Stroh und Blättern gepolstert, um sie gemütlicher zu gestalten. Werden sie angegriffen oder fühlen sich von Artgenossen oder fremden Arten bedroht, ergreifen die Schlitzrüssler mit ihrem charakteristisch langsamen und wiegenden Gang die Flucht, doch wenn sie in die Ecke getrieben werden, setzen sie sich heftig zur Wehr. Bei Angst geben sie eigenartige Geräusche von sich; in der Regel sind sie zur Bildung verschiedener Laute fähig. Ebenso wie die Fledermäuse verfügen sie über einen rudimentären Mechanismus zur Echoortung. Sie stoßen Klickgeräusche von hoher Frequenz aus (wobei es sich allerdings nicht um Ultraschall handelt). Anhand des zurückkehrenden Echos können sie sich in der Dunkelheit orientieren und ihre Beute aufspüren. Sie haben eine Menge (genauer gesagt 40) scharfe Zähne, die obendrein giftig sind. Der Biss eines Schlitzrüsslers kann ziemlich schmerzhaft sein. Einem Hund mittlerer Größe wird er möglicherweise gar zum Verhängnis, einem Menschen jedoch in der Regel nicht. Außerdem sind diese Tiere langsam und einfältig, wenn man ihnen mit Vorsicht begegnet, sind sie daher absolut ungefährlich. Da sie jedoch für Heimtiere, insbesondere für Hunde, eine Gefahr darstellen, sind sie bei der einheimischen Bevölkerung nicht sonderlich beliebt und werden oft getötet. Das trägt zur Dezimierung der Art bei. Wozu die Schlitzrüssler Gift brauchen, ist angesichts der Tatsache, dass sie sich in einer Umgebung mit nur wenigen natürlichen Feinden entwickelt haben, eine ungeklärte Frage. Nachdem viele in der Karibik endemische Arten ausgestorben sind, hat der Dominikanische Schlitzrüssler nur noch drei Feinde: die Schleiereule *(Tyto alba)*, die Styxeule *(Asio stygius)* und die Schlankboa *(Epicrates striatus)*. Er ernährt sich hauptsächlich von Gliederfüßern wie Tausendfüßlern, Laufkäfern, Grillen, Heuschrecken, Schaben, Pillendrehern, aber auch von Regenwürmern, Schnecken und gelegentlich von Fröschen und Eidechsen. Manchmal frisst er auch verendete Tiere. Nichts, was es der Mühe wert wäre, vergiftet zu werden, aber die Möglichkeit dazu ist bei der Jagd sicherlich hilfreich. Wozu genau das Gift der Schlitzrüssler dient, bleibt also offen. Manche vermuten, es diene zum Erlegen größerer Vögel (meist Hühner), andere glauben, es käme bei innerartlichem Wettstreit zum Einsatz (der Schlitzrüssler ist, ebenso wenig wie die drei giftigen Arten von Spitzmäusen, nicht immun gegen sein eigenes Gift), wieder andere sehen darin ein rudimentäres Merkmal aus Zeiten, als der Dominikanische Schlitzrüssler auf Hispaniola noch Jagd auf größere Tiere machte. Mit dem Massenaussterben derselben im Zuge der Ankunft des Menschen sei es, so die These, auch zu einem Zusammenbruch der Schlitzrüssler-Population gekommen, und nur die weniger giftigen Vertreter, die auch zum Insektenfang in der Lage waren, hätten überlebt.

Ein weiteres seltsames Merkmal der beiden noch verbliebenen Schlitzrüssler-Arten ist die extrem nach hinten verlagerte Position der Zitzen. Statt wie normalerweise zwischen den Vorderbeinen befinden sie sich in der Leistengegend zwischen den Hinterbeinen. Das liegt daran, dass Schlitzrüssler die einzigen Tiere sind, die ihre Jungen an den Zitzen hängend ganze zwei Monate lang mit sich herumschleppen. Wenn sie größer sind, werden sie nicht länger herumgetragen, sondern laufen mit, bleiben aber dennoch fest an den Zitzen hängen. Das System nennt sich *teat transport* und dürfte nicht allzu bequem sein, ein Beutel wäre sicher wesentlich praktischer. Meistens kommen ein bis zwei Mal pro Jahr ein, höchstens zwei Junge zur Welt. Diese bleiben 10 bis 18 Monate beim Muttertier, eine ziemlich lange Zeit für solche Tiere. Geringe Fruchtbarkeit und niedrige Geburtenraten sind allerdings bei Arten mit wenigen natürlichen Feinden keine Seltenheit. Doch angesichts des kleinen Körpers der Schlitzrüssler ist es eine eher ungewöhnliche Überlebensstrategie, die zum Niedergang der beiden Arten beiträgt. Vermutlich hängt die geringe Fruchtbarkeit auch damit zusammen, dass Schlitzrüssler sehr langlebig sind. Ein Dominikanischer Schlitzrüssler hat es in Gefangenschaft auf elf Jahre gebracht, während alle Arten von Spitzmäusen in der Regel nicht mal ihren ersten Geburtstag erleben und die übrigen Insektenfresser, Pardon, Eulipotyphla, allesamt nicht älter als ein paar Jahre werden.

Beide Arten werden heute von der Naturschutzorganisation IUCN als gefährdet eingestuft. Nach 35 Millionen Jahren Urlaub auf einer Tropeninsel muss der Schlitzrüssler nun die Hotelrechnung zahlen: Die Europäer sind gekommen und haben Hunde, Katzen, Ratten und Mangusten, also all jene kleinen Räuber mitgebracht, die einem nicht an Wettkampf gewöhnten Tier, trotz ihrer geringen Größe, gefährlich werden können. Eine weitere Gefahr besteht im Verlust und der Zersplitterung des Lebensraums. Die Wälder sind nahezu vollkommen vernichtet, da sie den Zuckerrohrplantagen weichen mussten. Vielleicht schafft es wenigstens der Dominikanische Schlitzrüssler, in der Gegend um San Domingo zu überleben, denn dort sind einige Naturreservate geplant. Die auf Kuba beheimatete Art scheint dagegen zum Aussterben verdammt zu sein, weil die Regierung es versäumt, ein angemessenes Artenschutzprogramm auf die Beine zu stellen. Man schätzt, dass es nur noch sehr wenige Exemplare gibt, aber keiner kennt die genaue Zahl. Vor der Ankunft der Menschen auf den Antillen gab es dort zwei weitere Arten von Schlitzrüsslern: Der kleinste der vier, *Solenodon marcanoi,* der auf Hispaniola beheimatet war, hielt dem Druck der europäischen Kolonialherren nicht stand. Der einst auf Kuba lebende, größte von allen, *Solenodon arredondoi,* war geradezu ein Riese. Ihm wurden die durch präkolumbianische Siedler eingeführten Hunde zum Verhängnis, die Jagd auf ihn machten: Wir Europäer tragen also nur die halbe Schuld. Aber das erweckt diese Arten trotz allem nicht wieder zum Leben.

ALLE SPINNEN SIND GIFTIG, ABER MANCHE SIND GIFTIGER: DIE EINSIEDLERSPINNE

Loxosceles rufescens

Weltweit existieren rund 40000 bekannte Spinnenarten, von denen jedoch lediglich 200 eine Gefahr für den Menschen darstellen. Die gefährlichsten Arten gehören zu den Gattungen *Latrodectus* (Echte Witwen), *Steatoda* (Fettspinnen), *Loxosceles* (Einsiedlerspinnen), *Atrax* (Trichternetzspinnen), *Phoneutria* (Bananen- oder Wanderspinnen) und *Cheiracanthium* (Dornfingerspinnen).

In Italien denkt man bei Giftspinnen gleich an die Europäische Schwarze Witwe, *Latrodectus tredecimguttatus,* und an die Apulische Tarantel, *Lycosa tarentula* (die allerdings gar keine echte Tarantel ist). Der Apulischen Tarantel eilt ein schlechter Ruf voraus, dabei ist sie nicht sonderlich gefährlich: Ihr Biss löst etwa dieselben Symptome aus wie ein Wespenstich. Die Europäische Schwarze Witwe kann dagegen für kleine Kinder, alte oder kranke Menschen zum Verhängnis werden. In der Regel ist sie jedoch nicht in der Lage, einen gesunden Erwachsenen zu töten.

In Italien gibt es eine weitere, zwar nicht tödliche, so doch hinsichtlich der Folgen eines Bisses ziemlich gefähr-

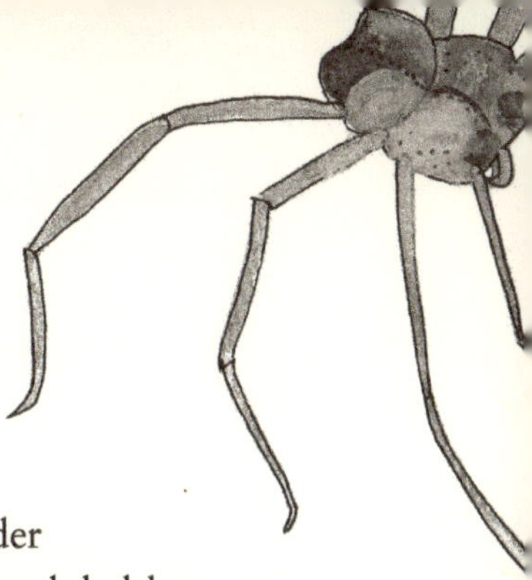

liche Spinne, die kaum einer kennt. Es ist die bisweilen auch als »Violinspinne« bezeichnete Einsiedlerspinne *Loxosceles rufescens.* Ihr Biss kann dramatische Folgen haben. In zwei Dritteln der Fälle treten zwar keine Symptome auf, aber bei entsprechender Disposition können bei dem Gebissenen lokal begrenzt oder am ganzen Körper Reaktionen auftreten: In beiden Fällen spricht man von Loxoscelismus. Schon die lokalen Reaktionen sind bisweilen sehr heftig, aber abgesehen von seltenen Fällen eines anaphylaktischen Schocks nicht lebensbedrohlich. Der Biss selbst ist nicht sonderlich schmerzhaft. Das Opfer bemerkt daher erst beim Auftreten der ersten Symptome, dass etwas nicht stimmt. Dadurch wird die Diagnose erschwert, denn erstens verstehen Ärzte in der Regel nicht viel von Spinnen, da sie nichts mit ihrem Fach zu tun haben, und zweitens gibt es andere Erkrankungen mit sehr ähnlicher Symptomatik. Ohne das Vorliegen der Spinne wird die richtige Diagnose (und eine entsprechende Therapie) daher schwierig.

Einige Minuten bis zu einige Stunden nach dem Biss bildet sich rings um die Bissstelle ein allmählich immer schmerzhafter werdendes Erythem. Es dehnt sich weiter aus und bereitet einige Tage lang furchtbare Schmerzen, wobei die gesamte Partie wegen des Ödems anschwillt. Nach einigen Tagen verschlimmert sich die mittlerweile blauviolett gefärbte Bissstelle, und das Gewebe ringsum stirbt ab. Das Spinnengift hat nämlich dermonekrotische Wirkung, das heißt, es zerstört unwiederbringlich die Zellen der betroffenen Stelle. So entsteht eine ziemlich tiefe, mehrere Zentimeter breite und sehr schmerzhafte Wunde. Ist es erst einmal so weit gekommen, kann nur noch die plastische Chirurgie helfen. Das nekrotische Gewebe muss entfernt und durch gesundes Gewebe einer anderen Körperpartie ersetzt werden. Eine Narbe bleibt jedoch in jedem Fall zurück. Passen Sie also auf, ob nicht eine Spinne in der Unterhose sitzt.

Bei systemischem Loxoscelismus können die Symptome noch heftiger sein und Übelkeit, Erbrechen, Schüttelfrost, Fieber, Muskelschmerzen, Ganzkörperhautausschlag, hämolytische Anämie, akutes Nierenversagen, ja sogar Koma und Tod mit sich bringen. Bei Kindern sind die Reaktionen, wegen der im Verhältnis zum Körpergewicht höheren Menge Gift, im Allgemeinen schlimmer – aber nie so schlimm wie bei Bissen der südamerikanischen Einsiedlerspinnen. Hier verlaufen deutlich mehr Fälle tödlich (am schlimmsten ist die in Chile beheimatete *L. laeta)*.

Obwohl Spinnen gut erforscht sind, weiß man nicht allzu viel über ihr Gift, zumal es sich meist um einen Cocktail aus verschiedenen Substanzen handelt. Spinnengifte lassen sich generell in zwei Gruppen unterteilen: die neurotoxischen und die nekrotischen Gifte, mit allen Zwischenvarianten und Abstufungen in der Wirkung. Neurotoxine sind fast immer Bestandteil des Giftes, denn sie dienen der Spinne dazu, ihr Opfer zu lähmen. Bei Säugetieren sind sie dagegen selten zu finden. Nekrotische Toxine wurden von Yigit und Mitarbeitern (2008) als Gifte definiert, die »im Gewebe der betroffenen Stellen zu Nekrose führen«. Das Gift der Einsiedlerspinnen *(Loxosceles)* besteht aus einem Gemisch verschiedener nekrotisch toxischer Enzyme. Dazu gehören Alkalische Phosphatasen, Hyaluronidasen (zur Zersetzung von Bindegewebe), Lipasen (zum Zersetzen von Fett) und Peptidasen (proteolytisch wirksames Loxolysin A, das vermehrte Blutungen verursacht, sowie Loxolysin B, das mit der eigentlichen, durch Zerstörung der extrazellulären Matrix erfolgenden Nekrose in Verbindung gebracht wird). Für die Schäden, die ein Biss der Einsiedlerspinne hervorrufen kann, wird jedoch vor allem die Wirkung des Enzyms Sphingomyelinase D verantwortlich gemacht, das unter anderem die Blutplättchen (Thrombozyten) angreift und zur Ausschüttung von Serotonin führt. Diesen Stoff hat man sowohl in den Giftdrüsen als auch in Gewebeproben des Unterleibs gefunden. Das legt, wie Young (2001) bemerkt, die Vermutung nahe, dass sowohl das Gift als auch die von der Spinne erzeugten Magensäfte, die zur »Verdauung« der Beute (sprich: Ihrer) dienen, ihren Anteil an der dermonekrotischen Wirkung haben. Das würde erklären, weshalb die Symptome so unterschiedlich ausfallen können: Es kommt nur dann zu einer Nekrose, wenn die Spinne sich beim Beißen dazu entschließt, Sie zu fressen, und ihnen nicht nur Gift, sondern auch Magensäfte injiziert. Zwar nützt einem dieses Wissen nicht viel, wenn man erst einmal gebissen wurde, aber vielleicht hilft es ja beim Auffinden eines Gegengiftes weiter. Man weiß nicht genau, ob die Weibchen von *L. rufescens* giftiger sind als die Männchen, wie das offenbar bei den in Nordamerika beheimateten *L. intermedia* der Fall ist. Im Zweifelsfall würde ich mich von beiden Geschlechtern fernhalten, auch wenn es mir nicht schwerfällt, sie auf Anhieb zu unterscheiden.

Die gute Nachricht ist, das es sich bei *L. rufescens* um eine ziemlich scheue Spinne handelt. Wenn sie sich bedroht fühlt, ergreift sie eher die Flucht, als dass sie selbst zum Angriff übergeht, und sie beißt sehr selten. Die schlechte Nachricht ist, dass sie sehr häufig vorkommt und oft unbemerkt in den Häusern lebt. Diese Spinne ist im gesamten Mittelmeerraum beheimatet: in Frankreich, Portugal, Spanien, Italien, Griechenland, auf Kreta, in der Türkei, in allen nordafrikanischen Ländern von Marokko bis Ägypten, in Israel, Palästina, Jordanien und im Libanon. Da es sich um eine xerophile, also Wärme und Trockenheit liebende Art handelt, erstreckt sich ihr Lebensraum über die gesamte Küstenregion des italienischen Stiefels, über Sizilien und Sardinien sowie viele der kleineren Inseln. Merkwürdigerweise gibt es keine Arbeiten jüngeren Datums zur Verbreitung dieser Spinnen auf der italienischen Halbinsel. Das ist bedauerlich, denn schließlich handelt es sich um eine gefährliche Art. Es sind übrigens auch Fälle von Loxoscelismus aus Sardinien und mindestens ein Fall aus den Abruzzen belegt. Diese Spezies ist letztlich also genauso giftig wie ihre amerikanischen Cousins.

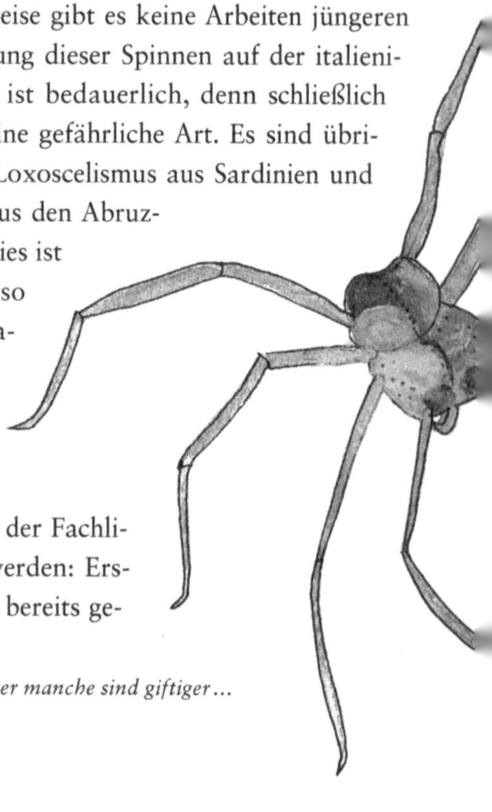

Es gibt zwei Gründe, weshalb so wenige Fälle von Loxoscelismus in der Fachliteratur beschrieben werden: Erstens wissen Ärzte wie bereits gesagt nichts über Spinnen. Das scheint sie nicht weiter zu stören, so zumindest meine Erfahrung, daher gelingt ihnen höchst selten eine verlässliche Diagnose. Zweitens sind diese Tiere, wie erwähnt, eher scheu und meiden die Menschen, auch wenn sie in unseren Häusern leben. Obendrein sind sie nachtaktiv, und entsprechend selten bekommt man sie zu Gesicht. Damit es zu einem Biss kommt, muss sich das Tier schon in den Kleidern, den Schuhen oder, noch schlimmer, zwischen die Laken oder unters Kissen verirrt haben. Ein nekrotischer Biss im Gesicht ist sicher eine schreckliche Erfahrung. Bei einem der drei von Farace und Mitarbeitern (2006) beschriebenen Fälle aus Sardinien war der Betroffene ein 75 Jahre alter Mann, der während der Nacht in der Partie zwischen Augen und Nase gebissen wurde. Tags darauf verspürte der Ärmste einen starken Juckreiz, und an besagter Stelle bildete sich eine blaue Beule. Als sich der Mann drei Wochen später an eine Erste-Hilfe-Station wandte, war die gesamte Haut der oberen Gesichtshälfte bereits von der Nekrose »zerfressen«. Man unterzog das Gesicht sofort einem plastisch-chirurgischen Eingriff, und nach fünf Wochen galt der Patient als geheilt. Doch oh je! Schon eine Woche später starb der Mann an Herzinfarkt. Ein Zufall? Wer weiß. Ganz bestimmt haben all die Widrigkeiten einem Menschen dieses Alters nicht gutgetan. Es wurde auch die Vermutung laut, dass ein Teil des Schadens

nicht direkt durch das Spinnengift, sondern durch symbiotische Bakterien wie *Clostridium perfringens* verursacht sein könnte. Diese wurden sowohl im Gift als auch an den »Klauen« eines nordamerikanischen Cousins unserer Einsiedlerspinne, bei *L. intermedia,* gefunden.

Wenn man das Bakterium auch bei *L. rufescens* nachweisen würde, wäre eine begleitende Antibiotika-Therapie zur Eindämmung der Gewebe-Nekrose erforderlich. Apropos Bakterien: Jüngste Studien der Molekularbiologie haben ergeben, dass das Gen für Sphingomyelinase D, das sich außer bei Einsiedlerspinnen und wenigen anderen Spinnenarten bei keinem anderen Tier findet, vermutlich durch horizontalen Gentransfer von einem Bakterium der (pathogenen) Gattung Corynebacterium auf die Spinne übertragen worden ist (oder umgekehrt). Wer weiß, weshalb die endlosen Wege der Evolution oft zu unserem Schaden verlaufen.

Derzeit gibt es keine spezielle Therapie gegen Loxoscelismus. Man hat viele Mittel ausprobiert, etwa Lidocain, Heparin, Steroide oder Dapson, aber am Ende hilft nur noch ein chirurgischer Eingriff, vor allem, um den wochenlang anhaltenden Schmerz in den Griff zu bekommen. Zu Gunsten der Ärzte sei jedenfalls angemerkt, dass es viele andere Ursachen für derart drastische Fälle von Nekrose gibt, so zum Beispiel durch Diabetes verursachte Geschwüre, Herpes, Lyme-Borreliose, Sporotrichose, das Steven-Johnson-Syndrom, Dekubitus-Geschwüre und vieles andere. Es ist daher recht hilfreich, sich den genauen Krankheitsverlauf schildern zu lassen.

»Unser Freund Spinne« (ich habe im Internet eine Seite

zu *L. rufescens* mit ebendiesem Titel gefunden) geht, wie viele andere Arten aus der Familie der Sicariidae, gern auf Reisen. Besser gesagt würde er eigentlich lieber in aller Ruhe unter einer Fußleiste oder einem Stein, hinter einem Stück Rinde oder in einer Spalte hocken, aber da er in Häusern lebt, gerät er bisweilen bei irgendjemandem ins Gepäck und bricht zu neuen Ufern auf. So kommt es, dass er nunmehr auch in den Vereinigten Staaten (einschließlich Hawaii) und in Mexiko beheimatet ist. Dort geht die überwiegende Zahl der Bisse von Einsiedlerspinnen nicht etwa auf die zahlreichen autochthonen Arten (wie *L. reclusa, L. seri, L. sonora, L. intermedia, L. gaucho)* zurück, sondern auf unsere vom Mittelmeer stammende Spinne. Nach Australien gelangte sie 1976, und auch in Asien ist sie mittlerweile verbreitet, so dass diese Art nunmehr als Kosmopolit gelten kann. Hin und wieder taucht sie auch in Großbritannien auf, vermutlich weil sie sich bei irgendjemandem im Gepäck verirrt hat, aber das kühle und feuchte Klima ist dem Überleben dieser Spezies, zur großen Freude aller arachnophobischen Briten, nicht gerade dienlich.

Woran erkennt man, ob die Spinne im Haus gefährlich ist? Habe ich es mit *L. rufescens* oder mit einem gänzlich harmlosen Tier zu tun? Einsiedlerspinnen sind eine relativ große Spinnenart: Die Weibchen werden einschließlich der Beine 2 bis 2,5 cm, der Körper 8 bis 11 mm lang; das Männchen ist kleiner mit verhältnismäßig längeren Beinen. Die Farbe des Vorderleibs variiert zwischen rötlich und braun, der Unterleib ist gelb bis orange. Auf dem Vorderleib ist ein dunkler Fleck erkennbar, der seiner Form nach mit sehr viel Fantasie an den Umriss einer Violine erinnert (daher auch der Name Violinspinne). All die genannten Merkmale sind jedoch keine eindeutigen Erkennungszeichen, schon gar nicht die Violine. Die enorm vergrößerten Pedipalpen des Männchens liefern einen deutlichen Hinweis, aber am erstaunlichsten an diesen Tieren ist ihre besondere und einzigartige Anordnung der Augen. Erstens sind es nur sechs und nicht acht, wie bei den meisten Spinnen, zweitens sind sie je paarweise zu einem Halbkreis angeordnet. Daran lassen sie sich relativ sicher erkennen. Mir ist schon klar, dass jemand, der Angst vor Spinnen hat und auf irgendein Ding mit zu vielen Beinen stößt, sich nicht gerade daranmachen wird, die Augen zu zählen, schon allein deshalb nicht, weil das Tier die Flucht ergreifen wird, ehe Sie dazukommen. Aber wenn Sie eine tote Spinne finden, könnte es ganz interessant sein zu wissen, was Sie da im Haus haben (zumal wenn Sie eine Katze besitzen, an deren Gesundheit Ihnen liegt). Wenn Sie von einer Spinne gebissen werden, sollten Sie sie unbedingt fangen und im höchst unwahrscheinlichen Fall, dass sich bei Ihnen Symptome von Loxoscelismus zeigen, das Tier mit zum Arzt nehmen, um ihm damit so lange auf die Nerven zu gehen, bis er es einem Fachmann zur Identifizierung vorlegt.

Das Spinnennetz ist nicht gleichmäßig gewebt, und die Spinnen wagen sich für die Jagd oft ziemlich weit weg, insbesondere die Männchen, die unaufhörlich auf der Suche nach zu befruchtenden Weibchen sind. Einsiedlerspinnen ernähren sich von verschiedenen anderen Gliederfüßern, etwa Silberfischen oder anderen Spinnenarten, sind also recht nützlich. Das Weibchen legt 20 bis 30 Eier in ein Nest von rund zwei Zentimetern Durchmesser. Die geschlüpften Spinnen gleichen den Eltern, sind aber noch nicht in der Lage, tödlich zu beißen. Bis zur Geschlechtsreife vergeht rund ein Jahr. Es ist daher durchaus nicht unwahrscheinlich, dass sich die Tiere derweil in irgendwelchen dunklen und wenig benutzten Abstellkammern verstecken.

DIE VIPERN ITALIENS

Dieses Kapitel ist den Millionen von Glatt- und Wassernattern gewidmet, die daran glauben mussten, weil man sie irrtümlich für Vipern hielt. Aber es ist auch all den Vipern gewidmet, die daran glauben mussten, weil man sie irrtümlich für … gefährliche Vipern hielt.

In Italien gibt es vier verschiedene Vipern-Arten mit jeweils unterschiedlicher Verbreitung: die Europäische Hornotter *(Vipera ammodytes)*, die Kreuzotter *(Vipera berus)*, die Aspisviper *(Vipera aspis)* und die Wiesenotter *(Vipera ursinii)*. Im Folgenden sollen diese vier Arten ein wenig näher betrachtet und einige ihrer Besonderheiten beschrieben werden.

Die Hornotter ist im Nordosten der italienischen Alpen beheimatet: in Friaul-Julisch-Venetien, im nördlichen Veneto sowie in Südtirol (wo eine seltene Unterart, *Vipera ammodytes ruffoi*, lebt). Im Trentino gilt sie als ausgestorben. Italien bildet den westlichsten Teil des Lebensraums dieser Viper. Ihr Hauptverbreitungsgebiet ist der Balkan (von Kroatien bis nach Griechenland im Süden und zum Kaukasus im Osten). Das besondere Erkennungsmerkmal der Hornotter ist, wie der Name schon sagt, das Horn auf der Schnauze. Dieses Merkmal teilt sie mit anderen kaukasischen Vipern wie der *Vipera pontica* und der *Vipera darveskii*.

Das Horn, ein schuppenbedeckter fleischiger Vorsprung, ist etwa 5 mm lang, weich und biegsam. Je nach Unterart zeigt es nach oben oder (wie bei den beiden italienischen Unterarten) schräg nach vorn. Die evolutionäre Bedeutung dieses Merkmals ist anscheinend nicht ganz geklärt. Es hat sich allerdings mit Sicherheit nicht durch sexuelle Selektion herausgebildet, denn beide Geschlechter weisen es gleichermaßen auf. Männchen und Weibchen unterscheiden sich lediglich in der Grundfärbung und Musterung (die bei den Weibchen zarter und abgestufter ausfällt) sowie in der Größe: Die Weibchen sind in der Regel größer als die Männchen. Die Durchschnittslänge beträgt 75 cm. Der Name *ammodytes* bedeutet »die sich im Sand versteckt«, was jedoch gar nicht stimmt. In Wahrheit lebt diese Schlange zwischen Felsen, in steinigen oder mit Gestrüpp bewachsenen Gebirgsregionen. Der Irrtum geht auf Linné zurück, der dafür bekannt war, sich nie von seinem Schreibtisch in Uppsala zu erheben und nur jene Tiere zu beschreiben, die andere ihm aus allen Teilen der Welt zuschickten. Bei der Hornotter, die man ihm sandte, handelte es sich um ein Jungtier, das ein ethologisch wenig bewanderter Gesandter zufällig auf einem Sandhaufen im Schloss Duino (in der heutigen Provinz Triest, damals Österreich-Ungarn) gefunden und getötet hatte. Es ist zwecklos, das Kleid dieser Viper in wenigen Sätzen beschreiben zu wollen, denn sie steht, was die Variabilität sowohl der Grundfärbung als auch der Zeichnung betrifft, von allen europäischen Schlangenarten gleich an zweiter Stelle. Wenn Sie erfahren möchten, welcher Art der erste Platz gebührt, lesen Sie einfach weiter.

Die größte farbliche Bandbreite unter den europäischen

Schlangen weist die Aspisviper *(V. aspis)* auf, deren Kleid mit allen Abstufungen und denkbaren Zeichnungen von strahlendweiß über gelb, rot und grau bis hin zu schwarz reichen kann. Der Grund für diese enorme Vielfalt ist rasch genannt: Von allen in Italien vorkommenden Vipern ist sie die anpassungsfähigste. Sie ist in den unterschiedlichsten Lebensräumen, im Gebirge ebenso wie in der Ebene, in Wäldern ebenso wie in Felsgelände, zu finden und (abgesehen von Sardinien und einigen Alpenregionen) in ganz Italien sowie Frankreich verbreitet. Um sie von anderen sympatrischen (also denselben Lebensraum teilenden) Arten zu unterscheiden, empfehle ich einen Blick auf das Profil der Schnauze. Ist es eine Art Stupsnase ohne Horn, handelt es sich höchstwahrscheinlich um eine Aspisviper. Sie erreicht eine Durchschnittslänge von 55 bis 70 cm.

Diese Viper ist berühmt, da sich Kleopatra angeblich mit ihrer Hilfe das Leben genommen hat. Wie auch immer Mankiewiczs Film von 1963 die Sache darstellt, kann die Königin doch unmöglich am Biss einer Aspisviper gestorben sein, weil diese Schlangenart in Ägypten nämlich gar nicht vorkommt. Wenn an der Geschichte mit dem Schlangenbiss überhaupt etwas dran ist, könnte Kleopatra für ihre Zwecke höchstens auf eine Brillenschlange *(Naja naja)* oder auf die in der Wüste beheimatete, hämotoxische Avicennaviper *(Cerastes vipera)* zurückgegriffen haben.

Die Taxonomie der verschiedenen Vipern-Unterarten ist ein Albtraum, und nicht einmal unter Folter würde man mich dazu bringen, darüber zu sprechen. Lediglich eine einzige Anekdote sei hier zum Besten gegeben. Auf der Insel

Montecristo lebt eine Unterart der Aspisviper, *V. a. montecristi,* die sich phänotypisch und mittels DNA-Analyse als absolut identisch mit der in Magna Graecia (Süditalien und Sizilien) beheimateten *V. a. hugyi* erwiesen hat. Wie ist diese Viper von Sizilien nach Montecristo gelangt? Offenbar handelt es sich hierbei um den ersten Fall biologischer Kriegsführung. Die Phönizier hatten die Angewohnheit, feindliche Schiffe mit Körben voller Vipern zu bewerfen, um die Gegner zu verwirren. Die Tiere wurden in Sizilien, wo die Phönizier ihren Stützpunkt hatten, gefangen und auf der als Versorgungsbasis dienenden Insel Montecristo gesammelt. Offenbar sind einige der Tiere dabei entkommen, und die Art konnte sich auf der Insel verbreiten.

Die Giftigkeit der Aspisvipern kann, je nach Alter, Größe, Herkunft und Gesundheitszustand des Tieres, stark variieren.

Die giftigste und in der nördlichen Paläarktis am weitesten verbreitete Viper ist jedoch die Kreuzotter, *V. berus* (deren Verbreitungsgebiet sich von Norwegen bis zum Balkan und von Großbritannien bis Kamtschatka erstreckt und somit das größte aller Schlangen ist). In Italien ist die Kreuzotter allerdings nur in den Zentral- und den Ostalpen sowie in Teilen der Poebene zu finden. Sie mag es lieber kühl als warm, was für ein Reptil recht ungewöhnlich ist. Angesichts ihres riesigen Verbreitungsgebietes ist die Kreuzotter extrem anpassungsfähig an alle Lebensräume, sei es Gebirge (man findet sie in den Alpen bis zu einer Höhe von 2800 Metern) oder Küstengebiet. Sie ist die einzige europäische Viper, die, wenn es sein muss, ohne große Anstrengung schwimmt (wie etwa in Schottland, wo sie sich in den eiskalten Lochs von einer kleinen Insel zur anderen bewegt).

Um sie von der Hornotter und der Aspisviper zu unterscheiden, hilft auch hier ein Blick auf die Schnauze, die bei der Kreuzotter flach und rund ist; außerdem wirkt ihr Kopf weniger dreieckig als bei den beiden anderen Arten. Das Kleid beschreiben zu wollen, hat auch hier wenig Sinn, da es sehr unterschiedlich ausfallen kann. Diese Viper ist besonders nachtaktiv. Wenn Sie bei Dämmerung oder in der Nacht in den Alpen unterwegs sind und einer Viper begegnen, können Sie sich den Blick auf die Schnauze sparen: Es handelt sich mit Sicherheit um eine Kreuzotter.

Viperngift ist eine Mischung aus mindestens einem Dutzend Enzymen von unterschiedlicher Wirkung (Phospholipasen, L-Aminosäureoxidasen, Phosphodiesterasen, Nukleotidasen, Phosphomonoesterasen, DNasen, RNasen, ATPasen, Hyaluronidasen, NAD-Nukleosidasen, Arylamidasen, Peptidasen, Arginin-Ester-Hydrolasen, Kininogenasen, Thrombin ähnliches Enzym, Faktor-x-Aktivator und Prothrombin-Aktivator). Gelegentlich kommen weitere hinzu. Zu Deutsch bedeutet das: Es kommt zu Gewebeschäden (deshalb ist ein Biss so schmerzhaft) und zu Blutungen, wobei die Blutgerinnung sowohl beschleunigt als auch verhindert werden kann (was nur bei der Aspisviper und der Kreuzotter der Fall ist). Das Gift der Horn- und der Kreuzotter enthält darüber hinaus auch Neurotoxine. Vergleicht man die unterschiedlichen Gifte, so ist das der Kreuzotter im Schnitt am wirksamsten (20 bis 25 mg genügen, um einen erwachsenen Menschen zu töten, während vom Gift der Aspisviper 30 bis 40 mg nötig sind).

Zum Glück produzieren diese Tiere maximal die Hälfte der Dosis. Schließlich brauchen sie nur Mäuse zu töten. Ein gesunder Erwachsener kann an einem Vipernbiss nicht sterben (für Alte, Kranke und Kinder könnte es jedoch gefährlich werden).

Das Gift der Kreuzotter ist derart interessant, dass es (ebenso wie das Fleisch des Tieres) seit der Antike zur Herstellung eines Universalheilmittels, des sogenannten Theriaks, benutzt wurde. (Der Name *theriaca* scheint auf Galen zurückzugehen, doch laut Überlieferung wurde das Mittel von Mithridates, dem König von Pontos, erfunden. Er hatte große Angst vor Gift, und in der Tat leitet sich der Begriff der *Mithridatisation,* also der Gewöhnung an Gift, von seinem Namen ab.) Falls sich jemand sein Theriak selbst herstellen möchte, gibt es Rezepte, die ohne die armen Tiere auskommen. Aber man sollte bedenken, dass gegen Schlangengift kein Theriak oder sonstiges Gegenmittel hilft. Am besten lässt man sich gar nicht erst beißen. Um einen Biss zu vermeiden, ist es ratsam, die Tiere nicht mit bloßen Händen festzuhalten, wenn man nicht weiß, wie das geht.

Der erste Gedanke, den wir mit Vipern verbinden, ist, dass sie giftig sind. Doch der Wiesenotter (*V. ursinii)* eilt ein unverdient schlechter Ruf voraus: Sie ist kaum giftig und ernährt sich von Heuschrecken. Tötet man also das arme Tier, »weil es eine Viper und deshalb gefährlich ist«, tut man ihm ganz und gar unrecht. In Italien ist diese sehr kleine (durchschnittlich 45 cm lange) Viper – gleichsam als postglaziales Überbleibsel – nur noch im Mittleren Apennin beheimatet (Monti Sibillini, Monti della Laga, Monti del Velino und della Meta, Monti del Gran Sasso, Magjella und Monti Marsicani). In früheren Zeiten (nach der Weichsel-Kaltzeit) erstreckte sich ihr Verbreitungsgebiet vermutlich über große Teile der italienischen Halbinsel. Auch heute noch ist ihr Lebensraum insgesamt recht ausgedehnt und umfasst die gesamte südliche Paläarktis, vom Kaukasus bis China, mit Teilgebieten in Westeuropa. In der borealen Zone Asiens ist die Kreuzotter beheimatet, in der südlichen Steppe die Wiesenotter, und in der Steppe Zentralasiens leben beide Arten gemeinsam.

Im Unterschied zu den anderen Vipern hat die Wiesenotter eine stumpfe, oben abgeflachte Schnauze sowie einen kleinen Kopf und Körper. Sie ist vor allem morgens aktiv. Auch sie kann bei Bedarf recht gut schwimmen. Im Gegensatz zu der eher einzelgängerischen Kreuzotter (die allerdings gern in Gesellschaft von Fröschen, Nattern, Kröten und Eidechsen überwintert und so beim Erwachen aus dem Winterschlaf gleich im Bett frühstücken kann) leben Wiesenottern ziemlich dicht beieinander (in den feuchten Steppen können bis zu 60 Exemplare pro Hektar existieren). Wie bereits erwähnt, ernähren sie sich zu 95 % von Heuschrecken. Solange diese klein sind, werden sie lebendig verschluckt. Sind sie größer, werden sie vergiftet und laufen gelassen, um anschließend verzehrt zu werden. Eine einzige Schlange kann bis zu hundert Heuschrecken am Tag verdrücken. So gesehen ist die Wiesenotter ein recht wirksames biologisches Mittel gegen Heuschreckenplagen.

Der lateinische Name *ursinii* lässt an *ursus* (dt. Bär) denken, aber mit Bären hat der Name nichts zu tun. Er leitet sich vielmehr von dem aus Ascoli Piceno stammenden

Naturforscher Antonio Orsini ab, der ein Exemplar dieser (damals zwar bekannten, aber noch nicht klassifizierten) Art fand und sie 1835 der »offiziell« für die Klassifikation zuständigen Autorität übergab. Zuständig war in diesem Fall nicht, wie gewohnt, Carl Linné, sondern Charles Lucien Bonaparte, ein Neffe des Kaisers der Franzosen sowie großer Naturforscher (der sich nach der Restauration des Prinzentitels rühmte). Mit seinem Onkel hatte er offenbar die Scharfsichtigkeit und Beobachtungsgabe gemeinsam.

Nun, da wir mit den italienischen Vipern vertraut sind und sie voneinander unterscheiden können, bleibt das Problem, wie sie sich von den übrigen Schlangen unterscheiden. Wenn wir sie in Ruhe und aus der Nähe beobachten können, hilft uns die Pupille zuverlässig weiter (bei den Vipern ist sie ein vertikaler Schlitz, bei den Nattern ist sie rund). Das Problem ist jedoch, dass man sich ihnen im Zweifelsfall lieber nicht allzu sehr nähern sollte. Die Körperform ist da schon ein verlässlicheres Merkmal: Wenn Sie eine kriechende Wurst sehen, haben Sie es vermutlich mit einer Viper zu tun. Die übrigen Schlangen sind meist schlanker und behänder. Die dreieckige Kopfform hilft dagegen nicht viel weiter, da auch andere harmlose Schlangen wie die Vipernnatter *(Natrix maura)* sie aufweisen, die Kreuzotter dagegen gar nicht. Dafür lassen sich anhand des Schwanzes Männchen und Weibchen unterscheiden: Bei weiblichen Vipern ist er kurz, bei männlichen lang. Während der Paarung wickeln ihn die Männchen um die Partnerin. Für die weniger Bewanderten könnte auch ein Blick auf die Kopfschuppen eine gute Methode sein:

Die Aspisviper ist an Kopf und Körper mit kleinen Schuppen bedeckt, bei der Kreuzotter sind einige Schuppen größer, die meisten entsprechen jedoch denen der Aspisviper, während der Kopf der Wiesen- und Glattnattern mit großen symmetrischen wie bei Smaragdeidechsen oder anderen Eidechsen schön gezeichneten Schuppen bedeckt ist. Lassen sich die Tiere derart aus der Nähe betrachten, dass man die Details am Kopf unterscheiden kann, handelt es sich allerdings ohnehin praktisch mit Sicherheit um Vipern.

Ergänzend sollte man daher das Verhalten der Schlange beobachten: Vipern vertrauen auf ihr Gift und sind entsprechend wenig aktiv. Solange sie sich gut versteckt glauben, bewegen sie sich kaum. Fühlen sie sich bedroht, ergreifen sie die Flucht wie alle Schlangen. Sie greifen nur an, wenn ihnen keine andere Wahl bleibt. Der Einsatz von Gift geht auf Kosten des Stoffwechsels und dient eigentlich nur der Nahrungsbeschaffung. Die Tiere haben daher keine Lust, es an Ihnen zu verschwenden, und häufig kommt es zu sogenannten »Trockenbissen«, bei denen kein Gift injiziert wird. Andere Schlangen flüchten dagegen viel schneller. Die Langsamkeit der Vipern ist ein Unterscheidungsmerkmal, das mit der Lebensweise dieser Tiere verknüpft ist: Sie jagen aus dem Hinterhalt und einer festen Stellung heraus (wenn Sie in diesem Sommer an einer bestimmten Stelle eine Viper beobachten, ist sie mit ziemlich hoher Wahrscheinlichkeit auch im nächsten Sommer noch dort). Um sich vor Feinden zu schützen, vertrauen sie auf Bewegungslosigkeit und Tarnung.

Da diese Reptilien so langsam und umgänglich sind, ist die Wahrscheinlichkeit, von ihnen gebissen zu werden, deutlich geringer als die, nach einem Ausflug aufs Land einen Unfall zu haben. Um zufällig gebissen zu werden, darf die Viper die Schwingungen Ihrer sich nähernden Schritte nicht wahrnehmen, und Sie müssen ihr auf den Kopf treten. Bedenkt man, dass in Italien die Zahl der Vipern durch Pestizide oder sinnloses Töten beständig abnimmt, ist es recht unwahrscheinlich, dass dieser Fall eintritt. Sollte es dennoch dazu kommen, gilt es, Ruhe zu bewahren und sich ins Gedächtnis zu rufen, dass Viperngift für den Menschen nicht tödlich ist. Auf keinen Fall sollte man ein Gegengift verabreichen, da das einen anaphylaktischen Schock auslösen und den Betroffenen viel eher das Leben kosten kann als das Gift selbst. Bringen Sie das Opfer ins Krankenhaus, um für Hilfe zu sorgen. Vor allem aber gehen Sie den Vipern aus dem Weg, falls Ihnen welche begegnen. Auf diese Weise vermeiden Sie unangenehme Zwischenfälle. Vipern zu töten, weil sie beißen könnten, ist nicht nur unsinnig, sondern auch dumm, da sie ein wichtiges Glied in der Nahrungskette darstellen. Wenn Sie einen Garten haben und sich vor Schlangen fürchten, schaffen Sie sich am besten einen Igel an. Die sind immun gegen Viperngift und fressen die Jungtiere mit dem größten Vergnügen.

Eine weitere bemerkenswerte Besonderheit weisen alle Vipern gleichermaßen auf: Gemeinsam mit den Schlingnattern *(Coronella austriaca)* und den Sandboas sind sie die einzigen viviparen Schlangen Europas. Sie legen also keine Eier, sondern gebären ihre Jungen, nachdem diese durch eine Art Plazenta ernährt wurden. Die Bezeichnung *vivipar* leitet sich vermutlich aus einer Zusammenziehung der lateinischen Wortgruppe *vivi pera* (von dem

Verb parere, dt.: »erscheinen, sich zeigen«) ab. Damit verwandt ist lat.: *puerpera* in der Bedeutung »Wöchnerin«. Diese Form der evolutionären Anpassung ist sicherlich von Vorteil (wir Menschen kennen uns schließlich damit aus), doch bezüglich des Stoffwechsels hat sie ihren Preis. Bedenkt man, dass dieser Preis für aktive und gleichwarme Lebewesen wie uns schon hoch ist, so gilt das umso mehr für Schlangen, die kaum öfter als einmal pro Woche Nahrung aufnehmen. Selbst Vögel haben es nicht geschafft, diesen Mechanismus herauszubilden. Die entscheidende Voraussetzung für Viviparie scheint das entsprechende Gewicht des Weibchens zu sein. So liegt der Fruchtbarkeitszyklus von Vipern im Schnitt bei drei Jahren. Je nach Umgebung und Art kann er jedoch zwischen zwei und vier Jahren schwanken. Es braucht Zeit, um die für das Austragen und Gebären der kleinen Vipern verbrauchten Reserven wieder nachzubilden. Die niedrige Fruchtbarkeitsrate trägt zum Aussterben dieser Arten bei, die leider auch durch die gegen sie gerichtete Jagd und den Verlust des Lebensraums gefährdet sind.

DER BAMBI-EFFEKT UND DER KATZENKADAVER-EFFEKT

Bei allen im Buch vorgestellten Arten bin ich nicht nur auf die jeweiligen biologischen Besonderheiten eingegangen, sondern habe auch unsere Haltung diesen Tieren gegenüber beschrieben. Unsere Betrachtungsweise anderer Arten erscheint mir recht aufschlussreich für ein Verständnis der komplexen verhaltensbiologischen Theorien, die uns aus irgendeinem Grund anderen Tieren gegenüber »überlegen« fühlen lassen. Ich werde dieses Buch daher mit einigen allgemeinen Überlegungen zu unserer Wahrnehmung der Umwelt abschließen und zwei Phänomene beschreiben, die auf den ersten Blick gegensätzlich erscheinen, in Wahrheit aber nur zwei Seiten einer Medaille sind.

Seit vielen Jahren beobachte ich etwas, das ich im Folgenden den *Bambi-Effekt* nennen möchte. Ich habe keine Ahnung, ob dieses Phänomen Gegenstand der Psychologie ist und ob irgendjemand eine andere Bezeichnung dafür hat. Mir scheint der Name jedenfalls passend. Um zu erklären, was ich mit Bambi-Effekt meine, werde ich einige Beispiele anführen.

BEISPIEL 1:

A: Im Geschäft XYZ verkaufen sie Felino-Salami*.

B: O Gott. Wird die aus Katzenfleisch gemacht? Was sagt denn der Tierschutz dazu?

A: Aber nein, sie ist aus Schweinefleisch.

B: Ach so, na dann werde ich sie auch probieren.

BEISPIEL 2:

A *(am Telefon)*: Ach, wie schön, in meinen Garten hat sich gerade ein Rehkitz verirrt.

B *(am anderen Ende der Leitung)*: Oh, hast du ein Glück! Stell dir vor, ich habe heute in meinem Garten einen anderthalb Zentimeter langen Fadenwurm gefunden.

A *(am Telefon)*: Wie eklig!

BEISPIEL 3:

Wenn ich schreibe, dass man Katzen auf den Inseln ausrotten (fangen und töten) sollte, um die endemischen Arten zu schützen, ernte ich (sowohl in der Öffentlichkeit als auch privat) oftmals empörte Reaktionen.

Wenn ich schreibe, dass man die Ratten auf den Inseln ausrotten (fangen und töten) sollte, um die endemischen Arten zu schützen, ernte ich keine Reaktionen oder sogar Zustimmung.

BEISPIEL 4:

Ich kenne viele Leute, denen das Konzept des Zoos nicht

* Salami aus dem italienischen Ort Felino, wobei *felino* im Ital. »Katze« bzw. »katzenartig« bedeutet und *salame felino* entsprechend als »Katzensalami« verstanden werden könnte. (A.d.Ü.)

gefällt, weil es die Tiere ihrer Freiheit beraubt. Ich kenne jedoch niemanden, der sich für das Wohl lebend gefangener und gehaltener Insekten einsetzt. Ebenso wenig nimmt irgendjemand Anstoß an den Insekten-Kollektionen der Museen – als würden sie durch Aufspießen nicht ihrer Freiheit beraubt.

Sie werden vermutlich bereits begriffen haben, worauf ich hinauswill. Aufgrund unserer abendländischen Prägung nehmen wir laufend unbewusst Bezug auf eine *Scala Naturae*, die uns manche Tiere sympathischer, liebenswerter oder bewunderungswürdiger erscheinen lässt als andere. Die Kriterien sind dabei eher irrational. Da wir Säugetieren oft den Vorzug geben, habe ich überlegt, ob wir vielleicht diejenigen Arten besonders mögen, die uns phylogenetisch am nächsten stehen. Doch dann habe ich diese These verworfen: Schweine und Mäuse stehen uns mit Sicherheit näher als Raubtiere, dennoch nehmen Katzen und Hunde den obersten Platz auf unserer Rangliste ein. Unter den Säugetieren besteht in der Tat eine ziemlich merkwürdige Hierarchie: Die meisten Nager (all die verschiedenen Arten von Ratten und Mäusen) sind uns nicht geheuer, und wir würden diese Tiere gern vernichten (vielleicht weil sie Nahrungskonkurrenten sind). Raubtiere erscheinen uns dagegen bewunderungswürdig, selbst wenn sie uns gefährlich werden können, wie zum Beispiel Tiger und Wölfe. Sie werden verehrt und geschützt. Das System versagt, wenn wir einen Tiger beobachten, während er ein Bambi-Kitz reißt. Wir wissen nicht, zu wem wir halten sollen, aber letztendlich ist niemand perfekt. Bei den Huftieren sind die in freier Wildbahn lebenden Arten beliebter als die Haustiere (Kühe gelten als dumm, Hirsche dagegen als edel).

Diese letzte Überlegung zu den Huftieren hat mich die Vorstellung, wir würden uns Haustieren näherfühlen als Wildtieren, verwerfen lassen. In der Regel tut es uns eher um die vom Jäger erlegte Blässgans leid als um die im Supermarkt erstandene Weihnachtsgans, wir haben mehr Mitleid mit dem Mufflon als mit dem Hausschaf.

Die Wirbellosen stehen am Ende der Liste. Eine Ausnahme bilden Schnecken, Marienkäfer und Schmetterlinge (allerdings nur, wenn sie erwachsen sind). Ganz unten kommen die wirbellosen Parasiten (zwischen Bambi und einem Fadenwurm besteht keinerlei Konkurrenz).

Meine These ist, dass wir es hier mit einer Art kultureller Neotenie zu tun haben: Instinktiv oder kulturell bedingt gefallen uns, auch wenn wir bereits erwachsen sind, dieselben Tiere wie den Kindern. Wir bevorzugen vor allem die bunten Arten (Chamäleons sind sympathisch, Geckos dagegen eher »beängstigend«) trotz der Warnfärbung, mit der sie ihre Giftigkeit anzeigen. Wir mögen gern Tiere mit großen Augen, so zum Beispiel manche Koboldmakis (nachtaktive Halbaffen), denn große Augen sind für uns Menschen ein eindeutig kindliches Merkmal. Außerdem mögen wir die Tiere, die man uns als Kinder nahegebracht hat. Die Raupe Nimmersatt ist uns allemal sympathischer als eine Florfliegenlarve, obwohl Raupen Nahrungskonkurrenten, Florfliegenlarven dagegen sehr nützlich sind, da sie bestimmte, für die Landwirtschaft schädliche Insekten vertilgen.

Grauhörnchen dürfen nicht ausgerottet werden: Wer hat als Kind nicht die Comics von Ahörnchen und Behörnchen gelesen, die Donald Duck auf die Nerven gehen? (Wobei es sich bei den beiden in Wahrheit um Streifenhörnchen handelt.)

Nach meiner Vorstellung ist unsere *Scala Naturae* daher ein Vermächtnis aus der Kindheit. Grundlage bilden die Tiere, mit denen man uns als Kinder vertraut macht. Das Auswahlkriterium ist dabei rein ästhetisch, den bunteren oder »kindlicheren« Geschöpfen (mit großen Augen und kleinem Gesicht) wird der Vorzug gegeben. Eine gewisse Rolle spielen dabei natürlich auch bestimmte Moden. Viele Kinder mögen beispielsweise Stachelschweine, da diese Tiere in Kinderbüchern oft mit betont kindlichen Merkmalen dargestellt werden. Die blau und gelb gefärbten Meisen in unseren Gärten sind uns in der Regel weitaus sympathischer als Krähen, und die meisten Menschen mögen diese dunklen, nicht gerade kindlich wirkenden Vögel ebenso wenig wie Ratten. Natürlich ist das Ganze nur eine vorläufige Hypothese, die weiter ausgearbeitet werden müsste.

Wer sich um den Arterhalt kümmert, kann ökologische Eingriffe nicht von der Größe der Augen abhängig machen, aber nicht selten müssen sich entsprechende Fachleute der öffentlichen Meinung beugen und somit dem Bambi-Effekt stattgeben. Tierliebhabern ist oft der Gedanke unerträglich, dass Rehe, wenn sie zu zahlreich sind, gezielt getötet werden, da sie alles fressen, was sie finden, und somit die Zusammensetzung der Flora (und folglich der Fauna) beeinflussen. Ebenso inakzeptabel erscheint ihnen die Ausrottung der Grauhörnchen*, denn sie sind niedlich, pelzig und haben große Knopfaugen. Im Gegensatz dazu protestiert kaum jemand gegen die Dezimierung von Wildschweinen, gegen die Ausrottung des Amerikanischen Sumpfkrebses oder die Rattenbekämpfung in Mailand. Aus diesem Grund müssen auch Forschungs- und Umweltsanierungsprojekte den Reaktionen der Öffentlichkeit Rechnung tragen, denn der Bambi-Effekt ist sehr viel tiefer in unserem Unterbewusstsein verankert als irgendwelche logischen Erwägungen.

So weit die eine Seite. Nehmen wir auf der anderen Seite an, ich sei unentschlossen, ob ich einen Artikel über den Sackkrebs *(Sacculina carcini)* – jenen Parasiten, der die mentale Kontrolle über seinen Wirt übernimmt – oder über die evolutionäre Notwendigkeit des gefleckten Fells beim Jungtier des Weißwedelhirsches *(Odocoileus virginianus)* schreiben soll. Die Erfahrung lässt keinen Zweifel: Wenn ich Interesse und Neugierde wecken möchte, muss ich über den Sackkrebs schreiben, denn Bambi interessiert eigentlich niemanden ernsthaft. Natürlich schmilzt allen das Herz beim Anblick eines Rehkitz-Fotos, aber ein entsprechender Text würde die meisten eher langweilen. Ein Text über den Sackkrebs bliebe dagegen lange im Gedächtnis, er würde vielleicht in verschiedenen Internetforen wiedergegeben (wie das auch mit meinem Blog geschehen ist) und könnte sich zum Gegenstand von Diskussionen und Gesprächen entwickeln.

* Die ursprünglich in Nordamerika beheimateten Grauhörnchen wurden durch den Menschen u.a. nach Italien eingeführt, wo sie erheblichen Schaden anrichten (A.d.Ü).

Das ist ein Fakt, den ich oft selbst erlebt habe, aber er steht in seltsamem Gegensatz zum Bambi-Effekt, also zu jenem Phänomen, das so manchen Menschen zwar beim Lammbraten, nicht jedoch bei der Rattenbekämpfung zum Tierschützer werden lässt.

Zweifellos würde sich jeder, der vor der Entscheidung stünde, entweder das Leben von Bambi oder das eines Sackkrebses zu retten, wegen ebenjenes Effektes für Bambi entscheiden. Geht es jedoch um das Lesen entsprechender Artikel, würden wir alle gern erfahren, wie es der Sackkrebs schafft, seinen Wirt von innen heraus zu vernichten. Bambi bliebe dagegen links liegen.

Wenn wir die Wahl hätten, entweder Blutegel (von denen es verschiedene Arten gibt) oder Bambi beobachten zu können, würden sich viele von uns weder für das eine noch für das andere entscheiden und lieber zu Hause bleiben. Würden wir aber zufälligerweise gleichzeitig auf Blutegel und Bambi stoßen, habe ich keinerlei Zweifel, wo es zum Menschenauflauf käme: Bambi würde dumm dastehen, und das peruanische Mädchen mit dem Blutegel in der Nase wäre auf den Titelseiten sämtlicher Lokalzeitungen zu sehen.

Eben das nenne ich den *Katzenkadaver-Effekt*. Er ist der Gegenpart zum Bambi-Effekt, ein (in meinen Augen) geheimnisvoller, unergründlicher Impuls, die überfahrene Katze am Straßenrand zu betrachten. Im Vorbeifahren haben wir sie aus dem Augenwinkel gesehen, wir wissen, dass uns der Anblick schlecht bekommt und wir mit einem mulmigen Gefühl im Bauch nach Hause kommen werden. Unsere Augen, die bis vor einer Sekunde auf die Straße vor uns geheftet waren, werden magisch von diesem zermatschten Etwas angezogen, ohne dass wir uns dagegen wehren können: Wir müssen einfach hinschauen, wir müssen einfach SEHEN und ERKENNEN, wie sich die Eingeweide auf dem Asphalt verteilen. Dieser merkwürdige psychologische Mechanismus ist im Grunde derselbe, der einige Leser dazu angetrieben hat, dieses Buch, in dem zugegebenermaßen teils recht »haarsträubende« Tiere beschrieben werden, bis zum Ende zu lesen. Und letztendlich ist es ebendieser Mechanismus, der mich bisweilen zum Schreiben treibt. Anders als man meinen könnte, zieht uns das Schreckliche eher an, als dass es uns abstößt.

Ich habe keine Ahnung von Psychologie und Anthropologie. Leider bin ich nur eine kleine Biologin und weiß nicht, ob die Kraft, die uns zwingt, die überfahrene Katze zu betrachten und uns für grässliche Tiere zu interessieren, obwohl wir die bunten Tiere mit den großen Augen eigentlich viel lieber mögen, ob ebendiese Kraft einen bestimmten Namen hat oder sogar wesentlicher Bestandteil einer psychologischen Theorie ist. Ich weiß nur, dass wir alle mit Vorliebe den Unfall auf der anderen Fahrbahn, die überfahrene Katze oder die x-fach vergrößerte Spinne in einer Sonderausstellung über räuberische Gliederfüßer anschauen. Meist neigen wir dazu, Kinder vor unseres Erachtens unangenehmen Eindrücken, etwa dem einer überfahrenen Katze, zu bewahren. Doch dann merken wir, dass der Anblick der Eingeweide die kleinen Ungeheuer nicht erschreckt, sondern vielmehr ihre Neugierde und Begeisterung weckt. Offensichtlich sind es kulturelle Einflüsse, die uns später dazu bringen, Abscheu zu empfinden.

Ebenso wie den Bambi-Effekt habe ich auch dieses Phänomen lange beobachtet, ohne zu einer angemessenen und endgültigen ethologischen Erklärung* zu gelangen. Immerhin ist es mir gelungen, einige Hypothesen zu formulieren. Fürs Erste möchte ich meine vielleicht etwas zu vereinfachende Interpretation des Katzenkadaver-Effekts wie folgt erläutern: Wenn wir uns in einem Wald befinden, wer hat dann die besseren Überlebenschancen – derjenige, der fasziniert die Taranteln beobachtet und zu begreifen versucht, wann und wie sie angreifen, oder derjenige, der von vornherein die Flucht ergreift? Wenn wir in besagtem Wald auf ein totes Tier stoßen, kann es recht nützlich sein zu wissen, wie es ums Leben gekommen ist, vor allem im Hinblick darauf, ob dieselbe Gefahr auch für uns besteht. Was ich damit sagen will, ist, dass sich der Katzenkadaver-Effekt aus einem Merkmal positiver Selektion heraus entwickelt haben könnte, denn Kenntnisse über die Gefahren der Umwelt sind für einen neugierigen, intelligenten und vor allem unbehaarten Affen ohne natürliche Verteidigungswaffen mit Sicherheit hilfreich. Bambi stellt keine Gefahr dar, der Monster-Blutegel *(Tyrannobdella rex)* dagegen vielleicht schon. Worauf sollten wir also unsere Aufmerksamkeit richten?

Gegen dieses Argument ließe sich einwenden, dass derjenige, der vor der Gefahr flieht, bessere Überlebenschancen hat als derjenige, der zurückbleibt, um alles zu beobachten. Das trifft aus mindestens zwei Gründen nicht

* Für eine psychologische Deutung des Phänomens fehlen mir die Mittel, deshalb beschränke ich mich hier auf die Frage nach einer verhaltensbiologischen Erklärung.

unbedingt zu. Erstens gibt es Gefahrensituationen, die wir nicht sofort erkennen, etwa eine große, im Gras lauernde Giftschlange, auf die wir aus Versehen treten. Zweitens können die Kenntnisse, die man beispielsweise durch Beobachtung der Symptome des besagten Schlangenbisses gewinnt, für die gesamte Gruppe von Nutzen sein. In diesem Fall würde es sich um das handeln, was Evolutionsforscher als *Verwandtenselektion* bezeichnen, ein Phänomen, bei dem der Reproduktionserfolg der Verwandten eines Organismus um den Preis der Reproduktion oder gar des Überlebens des Organismus selbst gesteigert wird.

Was auch immer die Erklärung sein mag: Der Bambi-Effekt und der Katzenkadaver-Effekt sind zwei wirkungsvolle Kräfte unseres Verhaltens. Während ersterer zur Zähmung vieler Tiere beigetragen haben könnte (Wolfsjunge lösen, trotz der Gefährlichkeit ihrer Eltern einen starken Bambi-Effekt bei uns aus), lieferte der zweite vermutlich den Schlüssel zur modernen Arzneimittelherstellung, angefangen bei Äskulaps Allheilmittel auf Grundlage eines… Schlangenkadavers.

Meine Hoffnung ist daher, dass diese Seiten ein paar gedankliche Anregungen geben, die über die rein deskriptive Zoologie hinausreichen und uns ein wenig stärker von Bambi und Katzenkadavern absehen lassen, wenn wir andere Tiere zu begreifen versuchen.

BIBLIOGRAFIE

DER KURZSICHTIGE UHRMACHER

R. Dawkins, *Der blinde Uhrmacher,* München 2008 (aus dem Engl. von K. de Sousa Ferreira; Originaltitel: *The Blind Watchmaker,* 1986).

W. Paley, *Natürliche Theologie,* Stuttgart/Tübingen 1837 (aus dem Engl. von H. Hauff; Originaltitel: *Natural Theology,* 1802).

S. Schmitz (Hrsg.), *Charles Darwin – ein Leben. Autobiographie, Briefe, Dokumente,* München 1982 (aus dem Engl. von R. Feurich, Originaltitel: *The Autobiography of Charles Darwin,* 1929).

DIE EVOLUTION IST KEIN FESTSCHMAUS: ANPASSUNG AN EXTREMBEDINGUNGEN

Vampire aus der Hölle *(Vampyroteuthis infernalis)*

B.H. Robison/ K.R. Reisenbichler/ J.C. Hunt/ S.H.D. Haddock, *Light Production by the Arm Tips of the Deep-Sea Cephalopod Vampyroteuthis infernalis,* in: »Biological Bulletin« 205/2 (2003); S. 102–109.

B.A. Seibel/ F. Chausson/ F.H. Lallier/ F. Zal/ J.J. Childress, *Vampire Blood: Respiratory Physiology of the Vampire Squid (Cephalopoda: Vampyromorpha) in Relation to the*

Oxygen Minimum Layer, in: »Experimental Biology Online« 4/1 (1999), S. 1–10.

Würstel mit Zähnen: die Nacktmulle *(Heterocephalus glaber)*

S.W.T. Batra, *Nests and Social Behavior of Halictine Bees of India (Hymenoptera: Halictidae),* in: »Indian Journal of Entomology« 28 (1966), S. 375–393.

F.M. Clarke/ C.G. Faulkes, *Dominance and Queen Succession in Captive Colonies of the Eusocial Naked Mole-Rat, Heterocephalus glaber,* in: »Proceedings of the Royal Society. Biological sciences« 264/1384 (1997), S. 993–1000.

T.J. Park/ Y. Lu/ R. Jüttner/ E.St.J. Smith/ J. Hu/ A. Brand/ C. Wetzel et al., *Selective Inflammatory Pain Insensitivity in the African Naked Mole-Rat (Heterocephalus Glaber),* in: A.I. Basbaum (Hrsg.), »PLOS Biology« 6/1, e13 (2008).

P.W. Sherman/ J.U.M. Jarvis, *Extraordinary Life Spans of Naked Mole-Rats (Heterocephalus glaber),* in: »Journal of Zoology« 258/3 (2002), S. 307–11.

Unbekannt wie die Schleichenlurche *(Gymnophiona)*

D.J. Gower/ J.B. Rasmussen/ S.P. Loader/ M. Wilkinson, *The Caecilian Amphibian Scolecomorphus kirkii Boulenger as Prey of the Burrowing Asp Atractaspis aterrima Guenther: Trophic Relationships of Fossorial Vertebrates,* in: »African Journal of Ecology« 42/2 (2004), S. 83–87.

A. Kupfer/ H. Müller/ M.M. Antoniazzi/ C. Jared/ H.Greven/ R.A. Nussbaum/ M. Wilkinson, *Parental Investment by Skin Feeding in a Caecilian Amphibian,* in: »Nature« 440 (2006), S. 926–29.

A.R. Milner, *Gymnophiona (Caecilians)*, in: *Encyclopedia of Life Sciences*, Chichester 2001.
A. de Saint Exupéry, *Der kleine Prinz*, Düsseldorf 68 2012 (aus dem Französischen von G. und J. Leitgeb; Originaltitel: *Le petit prince*, 1943).

Aus der Trias mit Schrecken *(Triops)*

B. Mantovani/ M. Cesari/ F. Scanabissi, *Molecular Taxonomy and Phylogeny of the »Living Fossil« Lineages Triops and Lepidurus (Branchiopoda: Notostraca)*, in: »Zoologica Scripta« 33/4 (2004), S. 367–74.
N. Suno-Uchi/ F. Sasaki/ S. Chiba/ M. Kawata, *Morphological Stasis and Phylogenetic Relationships in Tadpole Shrimps, Triops (Crustacea: Notostraca)*, in: »Biological Journal of the Linnean Society« 61/4 (1997), S. 439–57.
T. Zierold, *Morphological Variation and Genetic Diversity of Triops cancriformis (Crustacea: Notostraca) and Their Potential for Understanding the Influence of Postglacial Distribution and Habitat Fragmentation*, Doktorarbeit an der TU Bergakademie Freiberg, 2006.
T. Zierold/ B. Hanfling/ A. Gómez, *Recent Evolution of Alternative Reproductive Modes in the »Living Fossil« Triops cancriformis*, in: »BMC Evolutionary Biology« 7/161 (2007), S. 1–12.

Asselspinnen auf dem Laufsteg *(Pycnogonida)*

F. Arnaud/ R.N. Bamber, *The Biology of Pycnogonida*, in: *Advances in Marine Biology*, Bd. 24, London 1987, S. 1–96.
G. Lecointre/ H. Le Guyader, *The Tree of Life: A Phylogenetic Classification*, Cambridge-London 2006.
K. Miyazaki/ T. Makioka, *Structure of the Adult Female Repro-*

ductive System and Oogenetic Mode in the Sea Spider, Endeis nodosa (Pycnogonida; Endeidae), in: »Journal of Morphology« 209 (1991), S. 257–63.
E.E. Ruppert/ R.D. Barnes, *Invertebrate Zoology,* Fort Worth 1994.

Im Wunderland: Reise in die Welt der Hausstaubmilben

D. Crowther/ J. Horwood/ N. Baker/ D. Thomson/ S. Pretlove/ I. Ridley/ T. Oreszczyn, *House Dust Mites and the Built Environment: A Literature Review,* http://www.ucl.ac.uk/bartlett-housedustmites/Publications/Publications/review10Oct02.pdf (zuletzt besucht am 24.03.2012).
B.J. Hart/ L. Whitehead, *Ecology of House Dust Mites in Oxfordshire,* in: »Clinical and Experimental Allergy« 20/2 (1990), S. 203–09.
A.M. Hughes, *The Mites of Stored Food and Houses,* in: »Technical Bulletin« 9 (1976).

Fumarolen und Riesenwürmer, oder: die unglaubliche Welt von *Riftia pachyptila*

C.M. Cavanaugh/ S.L. Gardiner/ M.L. Jones/ H.W. Jannasch/ J.B. Waterbury, *Prokaryotic Cells in the Hydrothermal Vent Tube Worm Riftia pachyptila Jones: Possible Chemoautotrophic Symbionts,* in: »Science New Series« 213/4505 (1981), S. 340–42.
C. Lee Van Dover, *The Octopus's Garden: Hydrothermal Vents and other Mysteries of the Deep Sea,* New York 1996.
P. López-García/ F. Gaill/ D. Moreira, *Wide Bacterial Diversity Associated with Tubes of the Vent Worm Riftia pachyptila,* in: »Environmental Microbiology« 4/4 (2002), S.204–15, http://tinyurl.com/cyw8bga (zuletzt besucht am 24.03.2012)

T.F. McConachy/ R.D. Ballard/ M.J. Mottl/ R.P. von Herzen, *Geologic Form and Setting of a Hydrothermal Vent Field at lat 10°56'N, East Pacific Rise: A Detailed Study Using Angus and Alvin,* in: »Geology« 14 (1986), S. 295–98.

DAS MONSTER IN UNS:
EINIGE BEISPIELE FÜR PARASITISMUS

Die Wahrheit über Alien *(Sacculina carcini)*

J.T. Hoeg, *Male Cypris Metamorphosis and a New Male Larval Form, The Trichogon, in the Parasitic Barnacle Sacculina carcini (Crustacea: Cirripedia: Rhizocephala),* in: »Philosophical Transactions of the Royal Society of London. Series B, Biological Sciences« 317/1183 (1987), S. 47–63.

G. Walker, *The Cypris Larvae of Sacculina carcini Thompson (Crustacea: Cirripedia: Rhizocephala),* in: »Journal of Experimental Marine Biology and Ecology« 93/1–2 (1985), S.131–45.

G. Walker, *Introduction to the Rhizocephala (Crustacea: Cirripedia),* in: »Journal of Morphology« 249/1 (2001), S. 1–8.

Candiru: der Harnröhrenwels
zwischen Mythos und Realität *(Vandellia cirrhosa)*

S. Spotte, *Candiru: Life and Legend of the Bloodsucking Catfishes,* Berkeley (Kalif.) 2002.

S. Spotte/ P. Petry/ J.A.S. Zuanon, *Experiments on the Feeding Behaviour of the Hematophagous Candiru, Vandellia cf. Plazaii,* in: »Environmental Biology of Fishes« 60/4 (2001), S. 459–64.

Der beste Freund des Menschen: die Laus *(Pediculus humanus)*

D. Raoult/ O. Dutour/ L. Houhamdi/ R. Jankauskas/ P.E. Fournier/ Y. Ardagna/ M. Drancourt/ M. Signoli/ V.D. La/ Y. Macia/ G. Aboudharam, *Evidence for Louse-Transmitted Diseases in Soldiers of Napoleon's Grand Army in Vilnius,* in: »The Journal of Infectious Diseases« 193/1 (2006), S. 112–20.

R. Kittler/ M. Kayser/ M. Stoneking, *Molecular Evolution of Pediculus humanus and the Origin of Clothing,* in: »Current Biology« 13/16 (2003), S. 1414–17.

Z. Yong/ P.E. Fournier/ E. Rydkina/ D. Raoult, *La ségrégation géographique du pou humain a précédé celle de Pediculus humanus capitis et de Pediculus humanus humanus,* in: »Comptes Rendus Biologies« 326/6 (2003), S. 565–74.

Weder Menschen- noch Pferdehaar: der merkwürdige Fall der Saitenwürmer *(Nematomorpha)*

P.G. Moisan/ L.S. Mansfield/ A. J. Murphy/ A. Hale, *Incidental Subcutaneous Gordiid Parasitism in a Cat,* in: »Journal of Veterinary Diagnostic Investigation« 8 (1996), S. 270–72.

G.O. Poinar Jr., *Nematoda and Nematomorpha,* in: J.H. Thorp/ A.P. Covich (Hrsg.), *Ecology and Classification of North American Freshwater Invertebrates,* New York 1991, S. 249–84.

F. Thomas/ A. Schmidt-Rhaesa/ G. Martin/ C. Manu/ P. Durand/ F. Renaud, *Do Hairworms (Nematomorpha) Manipulate the Water Seeking Behaviour of Their Terrestrial Hosts?,* in: »Journal of Evolutionary Biology« 15 (2002), S. 356–61.

Der Schrecken des Frühlings *(Ixodes ricinus & Co)*

W.P. Gardiner/ G. Gettinby, *A Weather-Based Prediction Model for the Life-Cycle of the Sheep Tick, Ixodes ricinus L.*, in: »Veterinary Parasitology« 13/1 (1983), S. 77–84.

P. Parola/ D. Raoult, *Ticks and Tickborne Bacterial Diseases in Humans: An Emerging Infectious Threat*, in: »Clinical Infectious Diseases: An Official Publication of the Infectious Diseases Society of America« 32/6 (2001), S. 897–928.

Der Drache in uns *(Dracunculus medinensis)*

S.N. Okoye/ C.O.E. Onwuliri/ J.C. Anosike, *A Survey of Predilection Sites and Degree of Disability Associated with Guineaworm (Dracunculus medinensis)*, in: »International Journal for Parasitology« 25/9 (1995), S. 1127–29.

WHO, *Monthly Report of Dracunculiasis Cases January-June 2011*, in: »Weekly Epidemiological Record« 86 (2011), S. 353–64.

R.A. Wilcox/ E.M. Whitham, *The Symbol of Modern Medicine: Why One Snake Is More Than Two*, in: »Annals of Internal Medicine« 138/8 (2003), S. 673–77.

W. Zhu et al., *Dracunculus medinensis and Schistosoma mansoni Contain Opiate Alkaloids*, in: »Annals of Tropical Medicine and Parasitology« 96/3 (2002), S. 309–16.

Flohmarkt *(Ctenocephalides felis, Pulex irritans* & Co)

K.P. Baker/ S. Elharam, *The Biology of Ctenocephalides canis in Ireland*, in: »Veterinary Parasitology« 45/1–2 (1992), S. 141–46.

W. Bi-song/ Z. Fang-dong/ S. Qui-zhi/ L. Jing, *Mating Behaviour of the Cat Flea, Ctenocephalides felis Bouché (Siphonap-*

tera: Pulicidae) and Male Response to Female Extract on an Artificial Feeding System, in: »Insect Science« 9/2 (2002), S. 29–34.

P.C. Buckland/ J.P. Sadler, *A Biogeography of the Human Flea, Pulex irritans L. (Siphonaptera: Pulicidae),* in: »Journal of Biogeography« 16/2 (1989), S. 115–20.

M.C. Cadiergues/ C. Joubert/ M. Franc, *A Comparison of Jump Performances of the Dog Flea, Ctenocephalides canis (Curtis, 1826) and the Cat Flea, Ctenocephalides felis felis (Bouché, 1835),* in: »Veterinary Parasitology« 92/3 (2000), S. 239–41.

C.M. Elvin/ A.G. Carr/ M.G. Huson/ J.M. Maxwell/ R.D. Pearson/ T. Vuocolo/ N.E. Liyou/ D.C. Wong/ D.J. Merritt/ N.E. Dixon, *Synthesis and Properties of Crosslinked Recombinant Pro-Resilin,* in: »Nature« 13, 437/7061 (2005), S. 999–1002.

M.H. Hsu/ W.J. Wu, *Effects of Multiple Mating on Female Reproductive Output in the Cat Flea (Siphonaptera: Pulicidae),* in: »Journal of Medical Entomology« 37/6 (2000), S. 828–34.

G. Mullen/ L. Durden, *Medical and Veterinary Entomology,* New York 2002.

Die Fliege, die Ameisen enthauptet *(Pseudacteon spp.)*

L.W. Morrison/ C.G. Dall'Aglio-Holvorcem/ Gilbert, L.E., *Oviposition Behavior and Development of Pseudacteon Flies (Diptera: Phoridae), Parasitoids of Solenopsis Fire Ants (Hymenoptera: Formicidae),* in: »Environmental Entomology« 26/3 (1997), S. 716–724.

D.P. Sanford, *Biology and Behavior of Pseudacteon Decapitating Flies (Diptera: Phoridae) that Parasitize Solenopsis Fire Ants (Hymenoptera: Formicidae)*, in: »The Florida Entomologist« 81/3 (1998), S. 292–309.

Evolution der Vampire *(Buphagus spp.)*

B.L. Hart/ L.A. Hart/ M.S. Mooring, *Differential Foraging of Oxpeckers on Impala in Comparison with Sympatric Antelope Species,* in: »African Journal of Ecology« 28 (1990), S. 240–49.

J.L. Irby/ D.R. Rubenstein, *A Comprehensive Molecular Phylogeny of Starlings (Aves: Sturnidae) and Mockingbirds (Aves: Mimidae): Congruent mtDNA and Nuclear Trees for a Cosmopolitan Avian Radiation,* in: »Molecular Phylogenetics and Evolution« 44 (2007), S. 1031–56.

A.G. McElligott/ I. Maggini/ L. Hunziker/ B. König, *Interactions between Red-Billed Oxpeckers and Black Rhinos in Captivity,* in: »Zoo Biology« 23/4 (2004), S. 347–54.

P. Weeks, *Red-Billed Oxpeckers: Vampires or Tickbirds?*, in: »Behavioral Ecology« 11/2 (2000), S. 154–60.

DIE SCHÖNEN UND VERDAMMTEN: SÄUGETIERE AM RANDE DES AUSSTERBENS

Die Chiloé-Beutelratte sagt… »Nein!« (zum Aussterben) *(Dromiciops gliroides)*

G. Amico/ M.A. Aizen, *Mistletoe Seed Dispersal by a Marsupial,* in: »Nature« 408/6815 (2000), S. 929–30.

R.M.D. Beck/ H. Godthelp/ V. Weisbecker/ M. Archer/ S.J. Hand, *Australia's Oldest Marsupial Fossils and Their Biogeographical Implications,* in: »PLOS ONE« 3/3 (2008).

P. Hershkovitz, P., *Dromiciops gliroides Thomas, 1894, Last of the Microbiotheria (Marsupialia), with a Review of the Family Microbiotheriidae,* in: »Zoology« 93 (1996).

C. Smith-Ramírez, *The Chilean Coastal Range: A Vanishing Center of Biodiversity and Endemism in South American*

Temperate Rainforests, in: »Biodiversity and Conservation« 13/2 (2004), S. 373–93.

Der Preis der Freiheit: Drama in drei Akten
(Equus ferus przewalskii)

L. Boyd/ K.A. Houpt, *Przewalskii's Horse: The History and Biology of an Endangered Species,* New York 1994.
H. Heck, *The Breeding-Back of the Tarpan,* in: »Oryx« 1/7 (1952), S. 338–42.
J. Jordana/ P.M. Pares/ A. Sanchez, *Analysis of Genetic Relationships in Horse Breeds,* in: »Journal of Equine Veterinary Science« 15/7 (1995), S. 320–28.

Blau wie ein Kaninchennasenbeutler *(Macrotis lagotis)*

T. Friend/ K. Morris/ J. van Weenen, *Macrotis lagotis,* in: *IUCN Red List of Threatened Species,* Version 2011.2.
G. Humble, *The Secret Life of the Bilby,* http://www.abc.net.au/science/articles/2006/04/06/2042654.htm (zuletzt besucht am 24.3.2012).
K.E. Moseby/ E. O'Donnell, *Reintroduction of the Greater Bilby, Macrotis lagotis (Reid) (Marsupialia: Thylacomyidae), to Northern South Australia: Survival, Ecology and Notes on Reintroduction Protocols,* in: »Wildlife Research« 30/1 (2003), S. 15–27.

Vom Desman wird nichts weggeschmissen
(Galemys pyrenaicus und *Desmana moschata)*

N.M. Okulova/ A.S. Onufrenya/ M.V. Onufrenya, *Analysis of Monitoring Data on the Russian Desman (Desmana mo-*

schata) in the Oka State Biosphere Reserve in Relation to the Problem of Species' Population Decline, in: »Russian Journal of Ecology« 39/7 (2008), S. 510–15.

J.M. Palmeirim/ R.S. Hoffmann, *Galemys pyrenaicus,* in: »Mammalian Species« 207 (1983), S. 1–5.

K. Tsytsulina/ N. Formozov/ B. Sheftel/ I. Zagorodnyuk, *Desmana moschata,* in: *IUCN Red List of Threatened Species,* Version 2011.2 (2008).

B. Weinstein, *Galemys pyrenaicus,* Animal Diversity Web, http://animaldiversity.ummz.umich.edu/accounts/Galemys_pyrenaicus/ (zuletzt besucht am 24.03.2012).

Armer schwarzer Kater oder arme gescheckte Kaffeekatze? Der Fleckenmusang *(Paradoxurus hermaphroditus)*

M.F. Marcone, *Composition and Properties of Indonesian Palm Civet Coffee (Kopi Luwak) and Ethiopian Civet Coffee,* in: »Food Research International«, 37/9 (2004), S. 901–12.

Huai-Dong Song/ Chang-Chung Tu/ Guo-Wei Zhang/ Sheng-Yue Wang/ Kui Zheng/ Lian-Cheng Lei/ Qiu-Xia Chen et al., *Cross-Host Evolution of Severe Acute Respiratory Syndrome Coronavirus in Palm Civet and Human,* in: »Proceedings of the National Academy of Sciences of the United States of America« 102/7 (2005), S. 2430–35.

Hello Kitty ist nichts im Vergleich zur Riesenohr-Springmaus *(Euchoreutes naso)*

N. Batsaikhan/ D. Avirmed/ D. Tinnin/ A.T. Smith, *Euchoreutes naso,* in: *IUCN Red List of Threatened Species,* Version 2011.2 (2008).

G.I. Šenbrot, *Kladističeskij podchod k anali-su filogenetičeskich otnošenij tuškančikoobraznych (Rodentia, Dipodoidea)*, in: »Sbornik Tr. Zool. Muzeja, MGU« 29 (1992), S. 176–201.

V.E. Sokolov/ N. Chotolchu/ V. N. Orlov, *The First Recording of the Long Eared Jerboa (Euchoreutes naso Sclater, 1890) in the Govi Desert*, in: »Journal of Zoology« 57/ 4 (1978), S. 625–28.

A. Stubbe/ M. Stubbe/ N. Batsajchan/ R. Samjaa/ E. Driechciarz/ R. Driechciarz/ A. Schonert/ M. Winter, *Euchoreutes naso Sclater, 1890: ein Säugetier-Endemit Zentralasiens*, in: »Erforschung biologischer Ressourcen der Mongolei« 10 (2007), S. 471–86.

Ratte, Igel oder Ungeheuer? *(Echinosorex gymnura)*

P. Myers/ R. Espinosa/ C.S. Parr/ T. Jones/ G.S. Hammond/ T.A. Dewey, *The Animal Diversity Web* (2008), http://animaldiversity.org.

Entdeckt mich, bitte! Die Rotschopf-Baumratte *(Santamartamys rufodorsalis)*

L. Emmons, *A Revision of the Genera of Arboreal Echimyidae (Rodentia: Echimyidae, Echimyinae) with Descriptions of Two New Genera*, in: E.A. Lacey/ P. Myers (Hrsg.), *Mammalian Diversification: From Chromosomes to Phylogeography*, in: »University of California Publications in Zoology« 133 (2005), S. 247–309.

Do octopi dream of eight-legged sheep? *(Octopoda)*

BBC News vom 10. Januar 2008, *Mr Potato Head Makes Octopus Pal.*

J.G. Boal, *A Review of Simultaneous Visual Discrimination as a Method of Training Octopuses,* in: »Biological Reviews« 71 (1996), S. 157–90.

J.G. Boal/ A.W. Dunham/ K.T. Williams/ R.T. Hanlon, *Experimental Evidence for Spatial Learning in Octopuses (Octopus bimaculoides),* in: »Journal of Comparative Psychology« 114/3 (2000), S. 246–52.

T.H. Bullock, *Ongoing Compound Field Potentials from Octopus Brain are Labile and Vertebrate-Like,* in: »Electroencephalography and Clinical Neurophysiology« 57/5 (1984), S. 473–83.

G. Fiorito/ P. Scotto, *Observational Learning in Octopus vulgaris,* in: »Science« 256/5056 (1992), S. 545–47.

B. Hochner/ T. Shomrat/ G. Fiorito, *The Octopus: A Model for a Comparative Analysis of the Evolution of Learning and Memory Mechanisms,* in: »Biological Bulletin«, 210/3 (2006), S. 308–17.

J.A. Mather/ R.C. Anderson, *Personalities of Octopuses (Octopus rubescens),* in: »Journal of Comparative Psychology« 107/3 (1993), S. 336–40.

J.A. Mather/ R.C. Anderson, *Exploration, Play and Habituation in Octopuses (Octopus dofleini),* in: »Journal of Comparative Psychology« 113/3 (1999), S. 333–38.

E. Scigliano, *Through the Eye of an Octopus: An Exploration of the Brainpower of a Lowly Mollusk,* in: »Discover Magazine« 1. Oktober 2003.

N.S. Sutherland, *Visual Discrimination of Orientation and Shape by the Octopus,* in: »Nature« 179/4549 (1957), S. 11–13.

J.Z. Young, *Learning and Discrimination in the Octopus,* in: »Biological Reviews« 36 (1961), S. 32–95.

Die photosynthetische Schnecke *(Elysia spp.)*

N.E. Curtis/ S.K. Pierce/ S.E. Massey/ J.A. Schwartz/ T.K. Maugel, *Newly Metamorphosed Elysia clarki Juveniles Feed on and Sequester Chloroplasts from Algal Species Different from Those Utilized by Adult Slugs,* in: »Marine Biology« 150/5 (2007), S. 797–806.

A.S. Perrone, *Una nuova specie di Elysiidae, Elysia hetta nov. sp. dal litorale salentino (Mediterraneo, Golfo di Taranto) (Opisthobranchia: Sacoglossa),* in: »Atti della Società Italiana di Scienze Naturali e del Museo Civico di Storia Naturale di Milano« 130/18 (1990), S. 249–52.

M.E. Rumpho, *Solar-Powered Sea Slugs: Mollusc/ Algal Chloroplast Symbiosis,* in: »Plant Physiology« 123/1 (2000), S. 29–38.

T.E. Thompson/ A. Jaklin, *Eastern Mediterranean Opisthobranchia: Elysiidae (Sacoglossa = Ascoglossa),* in: »Journal of Molluscan Studies«, 54/1 (1988), S. 59–69.

Feinstes Vogel-Öl: der Fettschwalm *(Steatornis caripensis)*

G. Martin/ L. Rojas/ Y. Ramírez/ R. McNeil, *The Eyes of Oilbirds (Steatornis caripensis): Pushing at the Limits of Sensitivity,* in: »Naturwissenschaften«, 91/1 (2004), S. 26–29.

R.A. Suthers, D.H. Hector, *The Physiology of Vocalization by the Echolocating Oilbird, Steatornis caripensis,* in: »Journal of Comparative Physiology«, A 156/2 (1985), S. 243–66.

Verde que te quiero verde (*Prasinohaema virens*)

C. C. Austin/ S. L. Perkins, *Parasites in a Biodiversity Hotspot: A Survey of Hematozoa and a Molecular Phylogenetic Analysis of Plasmodium in New Guinea Skinks,* in: »Journal of Parasitology« 92/4 (2006), S. 770–77.

A. E. Greer, *On the Absence of Visceral Fat Bodies within a Major Lineage of Scincid Lizards,* in: »Journal of Herpetology«, 20/2 (1986), S. 267–69.

D. J. Irschick/ C. C. Austin/ K. Petren/ R. Fisher/ J. B. Losos/ O. Ellers, *A Comparative Analysis of Clinging Ability among Pad-Bearing Lizards,* in: »Biological Journal of the Linnean Society«, 59 (1996), S. 21–35.

S. L. Perkins/ C. C. Austin, *Four New Species of Plasmodium from New Guinea Lizards: Integrating Morphology and Molecules,* in: »Journal of Parasitology«, 95/2 (2009), S. 424–33.

Lurch à la Peter Pan (mit einem Einschlag von Gollum) Der Grottenolm *(Proteus anguinus)*

F. Hervant/ J. Mathieu/ J. P. Durand, *Behavioural, Physiological and Metabolic Responses to Long-Term Starvation and Refeeding in a Blind Cave-Dwelling Salamander (Proteus anguinus) and a Facultative Cave-Dwelling Newt (Euproctus asper),* in: »Journal of Experimental Biology« 204 (2001), S. 269–81.

M. Kos/ B. Bulog/ Á. Szél/ P. Röhlich, *Immunocytochemical Demonstration of Visual Pigments in the Degenerate Retinal and Pineal Photoreceptors of the Blind Cave Salamander (Proteus anguinus)*, in: »Cell and Tissue Research« 303/1 (2001), S. 15–25.

B. Sket/ J. W. Arntzen, *A Black, Non-Troglomorphic Amphibian from the Karst of Slovenia: Proteus anguinus parkelj n.*

ssp. (Urodela: Proteidae), in: »Contributions to Zoology« 64 (1994), S. 33–53.

Außerirdische Teddys: die Bärtierchen *(Tardigrada)*

D. R. Nelson, *Current Status of the Tardigrada: Evolution and Ecology*, in: »Integrative and Comparative Biology« 42/3 (2002), S. 652–59.

E. E. Ruppert/ R. S. Fox/ R. D. Barnes, *Invertebrate Zoology: A Functional Evolutionary Approach*, Stamford (Connecticut) ^{7}2004.

Glatt wie die Schleimaale *(Myxine glutinosa)*

J. M. Jørgensen/ J. P. Lomholt/ R. E. Weber/ H. Malte, *The Biology of Hagfishes*, London 1998.

A.-S. Rasmussen/ U. Arnason, *Phylogenetic Studies of Complete Mitochondrial DNA Molecules Place Cartilaginous Fishes within the Tree of Bony Fishes*, in: »Journal of Molecular Evolution« 48/1 (1999), S. 118–23.

N. Takezaki, *Molecular Phylogeny of Early Vertebrates: Monophyly of the Agnathans as Revealed by Sequences of 35 Genes*, in: »Molecular Biology and Evolution« 20/2 (2003), S. 287–92.

Hihi *(Notiomystis cincta)*

W. L. Buller, *Fam. Meliphagidœ – Pogonornis Cincta. – (Stitch-Bird.)*, in: Ders., *A History of the Birds of New Zealand*, London ^{2}1888.

A. C. Driskell/ L. Christidis, *Phylogeny and Evolution of the Australo-Papuan Honeyeaters (Passeriformes, Meliphagidae)*, in: »Molecular Phylogenetics and Evolution«, 31/3 (2004), S. 943–60.

J.G. Ewen/ I. Flux/ P.G.P. Ericson, *Systematic Affinities of Two Enigmatic New Zealand Passerines of High Conservation Priority, the Hihi or Stitchbird Notiomystis cincta and the Kokako Callaeas cinerea,* in: »Molecular Phylogenetics and Evolution« 40/1 (2006), S. 281–84.

M. Low/ I. Castro/ Å. Berggren, *Cloacal Erection Promotes Vent Apposition During Forced Copulation in the New Zealand Stitchbird (Hihi): Implications for Copulation Efficiency in Other Species,* in: »Behavioral Ecology and Sociobiology« 58/3 (2005), S. 247–55.

DIE GIFTMISCHER

Der Pitohui: Die Geschichte der Entdeckung des ersten Giftvogels *(Pitohui dichrous)*

R. Drisdelle, *Poisonous Birds Discovered in Papua New Guinea* (2007); http://tinyurl.com/cuv3ajh (zuletzt besucht am 24.03.2012).

J. Dumbacher/B. Beehler/T. Spande/H. Garaffo/J. Daly, *Homobatrachotoxin in the Genus Pitohui: Chemical Defense in Birds?*, in: »Science«, 258/5083 (1992), S. 799–801.

J. Dumbacher/ T.F. Spande/ J.W. Daly, *Batrachotoxin Alkaloids from Passerine Birds: A Second Toxic Bird Genus (Ifrita kowaldi) from New Guinea,* in: »Proceedings of the National Academy of Sciences of the United States of America« 97/24 (2000), S. 12970–75.

K.A. Jønsson/ R.C.K. Bowie/J.A. Norman/L. Christidis/ J. Fjeldså, *Polyphyletic Origin of Toxic Pitohui Birds Suggests Widespread Occurence of Toxicity in Corvoid Birds*, in: »Biology Letters« 4/1 (2008), S. 71–74.

J. Tidwell, *The Intoxicating Birds of New Guinea,* in: »Smithsonian Zoogoer«, März-April 2001.

Giftige Säugetiere

M.J. Dufton, *Venomous Mammals,* in: »Pharmacology and Therapeutics«, 53/2 (1992), S. 199–215.

K.E. Folinsbee/J. Müller/R.R. Reisz, *Canine Grooves: Morphology, Function, and Relevance to Venom,* in: »Journal of Vertebrate Paleontology« 27/2 (2007), S. 547–51.

C.M. Orr/L.K. Delezene/J.E. Scott/M.W. Tocheri/G.T. Schwartz, *The Comparative Method and the Inference of Venom-Delivery Systems in Fossil Mammals,* in: »Journal of Vertebrate Paleontology« 27/2 (2007), S. 541–46.

S.T. Turvey, *Evolution of Non-Homologous Venom-Delivery Systems in West Indian Insectivores?*, in: »Journal of Vertebrate Paleontology«, 30/4 (2010), S. 1294–99.

Der bemerkenswerte Schlitzrüssler
(Solenodon paradoxus und *Atopogale cubana)*

J.F. Eisenberg, *The Behavior of Solenodon paradoxus in Captivity with Comments on the Behavior of Other Insectivora,* in: »Zoologica« 51 (1966), S. 49–58.

B.J. McFadden, *Rafting Mammals or Drifting Islands?: Biogeography of the Greater Antillean Insectivores Nesophontes and Solenodon,* in: »Journal of Biogeography« 7/1 (1980), S.11–22.

Alle Spinnen sind giftig, aber manche sind giftiger: die Einsiedlerspinne
(Loxosceles rufescens)

M.H.J. Cordes/ G.J. Binford, *Lateral Gene Transfer of a Dermonecrotic Toxin between Spiders and Bacteria,* in: »Bioinformatics« 22/3 (2006), S. 264–68.

F. Farace/M. Lissia/A. Mele/D. Masia/C. Rubino, *Local Cutaneous Arachnidism: A Report of Three Cases and Their Management,* in: »Journal of Plastic, Reconstructive & Aesthetic Surgery« 59/2 (2006), S. 197–201.
C. Monteiro et al., *Isolation and Identification of Clostridium perfringens in the Venom and Fangs of Loxosceles intermedia (Brown Spider): Enhancement of the Dermonecrotic Lesion in Loxoscelism,* in: »Toxicon« 40/4 (2002), S. 409–18.
N. Yigit et al., *Loxosceles Spider Bite in Turkey (Loxosceles rufescens, sicariidae, araneae),* in: »Journal of Venomous Animals and Toxins Including Tropical Deseases« 14/1 (2008), S. 179.
A. Young, *Comparison of Enzymatic Activity from Three Species of Necrotising Arachnids in Australia: Loxosceles rufescens, Badumna insignis and Lampona cylindrata,* in: »Toxicon« 39/2–3 (2001), S. 391–400.

Die Vipern Italiens

B.J. Berger/ A.R. Bhatti, *Snake Venom Components and Their Cross-Reactivity: A Review,* in: »Biochemistry and Cell Biology«, 67/9 (1989), S. 597–601.
S. Bruno, *Le vipere d'Italia,* Bologna 1985.
S. Bruno/ S. Maugeri, *Serpenti d'Italia e d'Europa,* Mailand 1990.
R. Sindaco/ G. Doria/ E. Razzetti/ F. Bernini, *Atlas of Italian Amphibians and Reptiles* (engl./it.), Florenz 2006.

DANK

Dieses Buch wäre niemals veröffentlicht worden, wenn mich nicht so viele Leser meines Blogs *L'orologiaio miope – Der kurzsichtige Uhrmacher* immer wieder schriftlich dazu ermutigt hätten, den Schritt endlich zu wagen. Das hat mich sehr bestärkt, und ich bin ihnen dafür dankbar.

Mein Dank gilt auch Danilo Avi, der das Manuskript kritisch gelesen und an praktisch allen Punkten etwas auszusetzen hatte. Mit seinen stets klugen Einwänden hat er viel Stoff für Diskussionen und mediale Auseinandersetzungen geliefert.

Danke an Bernardo Marchetti für die Bereitstellung und Übersetzung der Schleimaal-Rezepte aus dem Japanischen. Auf diese Weise ist das Buch unverhofft um einen kulinarischen Aspekt bereichert worden.

Ganz besonders dankbar bin ich meinem Ehemann Eugenio sowie meiner Familie, die mich jahrelang in meiner Beschäftigung mit den absonderlichsten Tieren bestärkt haben, obschon sie meine Begeisterung für Lebensformen mit der »falschen« Anzahl von Beinen nie ganz nachvollziehen konnten.

Auch meinen Lehrern in Großbritannien – Chris Carbone, Peter Lurz, Dan Reuman und Jinliang Wang – verdanke ich unglaublich viel. Ohne sie wären zahlreiche wissenschaftliche Aspekte in diesem Buch nicht zur Sprache gekommen.

Schließlich danke ich Giorgio Gianotto und Enrico Casadei für ihre Unterstützung in technischer sowie menschlicher Hinsicht.

Carl Hoffman

Frauen und Kinder zuerst!

Die gefährlichsten Reisen der Welt

352 Seiten, btb Taschenbuch
ISBN 978-3-442-74215-8

Buchen Sie jetzt!

Das größte Abenteuer aller Zeiten
- einmal um die Welt in den gefährlichsten
Fortbewegungsmitteln dieser Erde.
Carl Hoffman schreibt über berührende Schicksale, amüsante Missverständnisse, außergewöhnliche Menschen und über die Großzügigkeit mittelloser Fremder. Ein aufschlussreicher, oft urkomischer Blick auf unseren Planeten, auf dem Milliarden von Menschen ständig in Bewegung sind, um ihr Glück zu finden.

»Ein im besten Sinne abenteuerliches Buch,
reflektiert und informativ und zugleich fesselnd erzählt.«
Bayern 2

»Phantastisch! Die packenden Beschreibungen, der erhellende Blick, die Weisheiten der Menschen vor Ort und abenteuerliche Gefahren, die wir uns gar nicht erst ausmalen wollen. Ein Buch über das wahre Reisen. Carl Hoffman hat mir die Augen geöffnet und mich zu Tränen gerührt.«
Keith Bellows, National Geographic Traveler

Jonas Jonasson

Der Hundertjährige,
der aus dem Fenster stieg
und verschwand

Roman

332 Seiten, Broschur
btb 74492

Der Sensationsbestseller aus Schweden!

»Ganz großes Kino.«
Berliner Morgenpost

»Ein Gute-Laune-Schmöker!«
Denis Scheck, ARD druckfrisch

»Ein Schelmenroman erster Güte!«
Der Spiegel

»Ein verrücktes, überbordendes Buch. 5 Sterne!«
Stern

»Ein großes Lesevergnügen!«
NDR Kultur

»Ein Roman, den man am liebsten ewig weiterlesen würde – unterhaltsam und bezaubernd!«
Abendzeitung, München

Katarina Bivald

Ein Buchladen zum Verlieben

Roman

448 Seiten, *btb* Hardcover

Übersetzt von Gabriele Haefs

Wie eine Buchhandlung einen verschlafenen Ort wieder zum Leben erweckt.

Es beginnt mit einer ungewöhnlichen Brieffreundschaft. Die 65-jährige Amy aus Iowa und die 28-jährige Sara aus Schweden verbindet eines: Sie lieben Bücher – mehr noch als Menschen. Begeistert beschließt Sara, ihre Seelenverwandte zu besuchen. Als sie jedoch in Broken Wheel ankommt, ist Amy tot. Und Sara mutterseelenallein. Irgendwo in Iowa. Doch Sara lässt sich nicht unterkriegen und eröffnet mit Amys Sammlung eine Buchhandlung. Ihre Empfehlungen sind so skurril und liebenswert wie die Einwohner selbst …

»Über die Leidenschaft zum Lesen, einen Ort, der langsam zu verfallen droht, und über die Liebe (natürlich!).«

Femina

ISBN 978-3-8094-4156-4

1. Auflage

Originaltitel: *L'orologiaio miope*, by Lisa Signorile
Dieses Werk wurde vermittelt durch die Christina Vikoler Literary Agency, München

Illustrationen und Buchgestaltung: Inka Hagen
Projektleitung dieser Ausgabe: Dr. Iris Hahner
Umschlaggestaltung: Atelier Versen, Bad Aibling
Herstellung: Angelika Tröger

Verlagsgruppe Random House FSC® N001967

FSC www.fsc.org
MIX
Papier aus verantwortungsvollen Quellen
FSC® C014496

Druck und Bindung: GGP Media GmbH, Pößneck

Printed in Germany

4337542801I2